ABITUR-TRAINING CHEMIE

Michael Hünten

Chemie 1

STARK

Bildnachweis.
Umschlagsbild: © Chris Dascher/istockphoto
Kapitelbild 1: © Sgame/Dreamstime.com
Kapitelbild 2: http://upload.wikimedia.org/wikipedia/commons/a/ab/Hexaplex_trunculus.jpg; Foto: Hans Hillewaert; lizenziert unter der Creative Commons Attribution ShareAlike 3.0-Lizenz
Kapitelbild 3: © Tezzstock/Dreamstime.com
Kapitelbild 4: © Phototom-Fotolia.com
Kapitelbild 5: © Pedro Nogueira-Fotolia.com
Kapitelbild 6: © dr34mc4st3r-Fotolia.com
S. 142: © wissenmedia in der inmediaONE] GmbH, Gütersloh
Kapitelbild 7: © Joe81-Fotolia.com

ISBN 978-3-86668-293-1

Inhalt

Vorwort

Aromatische Kohlenwasserstoffe 1

1 Benzol 2
1.1 Kekulé-Struktur des Benzols 2
1.2 Bindungsverhältnisse im Benzol aus heutiger Sicht 4
1.3 Mesomerieenergie des Benzols 5
1.4 Halogenierung des Benzols 6
1.5 Gewinnung und Verwendung von Benzol 7
1.6 Andere aromatische Verbindungen 9

2 Derivate des Benzols: Phenol und Anilin 12
2.1 Phenol (Monohydroxybenzol) 12
2.2 Vergleich der Acidität von Phenol, Alkanolen und Carbonsäuren 15
2.3 Anilin (Phenylamin) 18
2.4 Vergleich der Basizität von Anilin, Ammoniak und aliphatischen Aminen 18

Struktur und Eigenschaften von Farbstoffen 23

1 Molekülbau und Farbigkeit 25
1.1 Chromophore 27
1.2 Auxochrome, Antiauxochrome 28

2 Azofarbstoffe 33
2.1 Herstellung von Azofarbstoffen 33
2.2 Azofarbstoffe als Indikatoren 35

3 Naturfarbstoffe 40
3.1 Pigmente 40
3.2 Carotinoide 41
3.3 Chlorophylle 42
3.4 Textilfärbung 45

Kunststoffe 49

1 Herstellung von Kunststoffen 50
1.1 Radikalische Polymerisation 51
1.2 Polykondensation 54
1.3 Polyaddition 56

2 Struktur, Eigenschaften und Verwendung von Kunststoffen 61
2.1 Struktur und Eigenschaften von Kunststoffen 61
2.2 Verarbeitung und Verwendung von Kunststoffen 62
2.3 Abfallproblematik 64
2.4 Kohlenstofffasern und Silikone als moderne Werkstoffe 65

Fette und Tenside 71

1 Fette 72
1.1 Aufbau von Fetten 72
1.2 Physikalische Eigenschaften der Fette 75
1.3 Chemische Eigenschaften der Fette 77
1.4 Bedeutung der Fette als Nahrungsmittel und nachwachsende Rohstoffe 80

2 Tenside 87
2.1 Bau und Eigenschaften der Seifen 87
2.2 Nachteile wässriger Seifenlösungen 91
2.3 Synthetische Tenside 92

Kohlenhydrate und Stereoisomerie 95

1 Molekülchiralität und optische Aktivität 98
1.1 Spiegelbildisomerie 98
1.2 Optische Aktivität 100
1.3 Enantiomere und Diastereomere 102

2 Monosaccharide 104
2.1 Glucose 104
2.2 Fructose 109

3 Disaccharide 114
3.1 Disaccharide mit 1,4-Verknüpfung – Maltose und Cellobiose 114
3.2 Disaccharid mit 1,2-Verknüpfung – Saccharose 118

4 Polysaccharide 122
4.1 Stärke – Amylose und Amylopektin 122
4.2 Cellulose 123
4.3 Eigenschaften der Polysaccharide 124

Aminocarbonsäuren und Proteine 127

1 Aminocarbonsäuren 128
1.1 Optische Aktivität der α-Aminocarbonsäuren 129
1.2 Zwitterionische Struktur der α-Aminocarbonsäuren – Isoelektrischer Punkt 130

2 Polypeptide und Proteine 136
2.1 Peptidbindung, Aminosäuresequenz (Primärstruktur) 136
2.2 Konformation der Proteine 138
2.3 Einteilung und Funktion der Proteine 142

Reaktionsgeschwindigkeit und Enzymkatalyse 145

1 Reaktionsgeschwindigkeit 146
1.1 Durchschnitts- und Momentangeschwindigkeit 148
1.2 Abhängigkeit der Reaktionsgeschwindigkeit 149
1.3 Katalysatoren 150

2 Enzyme 154
2.1 Wirkungsweise von Enzymen 154
2.2 Abhängigkeit der Enzymaktivität von äußeren Faktoren 155
2.3 Verwendung von Enzymen 159

Lösungen 163

Stichwortverzeichnis 217

Autor: Michael Hünten

Vorwort

Liebe Schülerin, lieber Schüler,

dieser Trainingsband unterstützt Sie dabei, sich **zentrale Themen** der Oberstufe schnell und sicher anzueignen und zu vertiefen. Die gut verständlich aufbereiteten und klar strukturierten Kapitel

- **Aromatische Kohlenwasserstoffe**
- **Struktur und Eigenschaften von Farbstoffen**
- **Kunststoffe**
- **Fette und Tenside**
- **Kohlenhydrate und Stereoisomerie**
- **Aminocarbonsäuren und Proteine**
- **Reaktionsgeschwindigkeit und Enzymkatalyse**

ermöglichen Ihnen eine optimale Vorbereitung auf alle anstehenden Klausuren und das G8-Abitur.

Der Aufbau des Buches gliedert sich in einen **Theorie**- und einen **Aufgabenteil**. Anhand zahlreicher **Abbildungen**, anschaulicher **Beispiele** und prägnanter **Zusammenfassungen** am Ende eines jeden Kapitels werden die theoretischen Grundlagen leicht nachvollziehbar vermittelt.
Zahlreiche **Aufgaben** mit unterschiedlichem Schwierigkeitsgrad, die sich an jede theoretische Einheit anschließen, bieten Ihnen eine Möglichkeit, das erworbene Wissen sofort anzuwenden. Die ausführlichen Lösungen zu allen Aufgaben, die Sie am Ende des Buches finden, dienen der eigenständigen Lernkontrolle.

Viel Erfolg mit diesem Band wünscht Ihnen

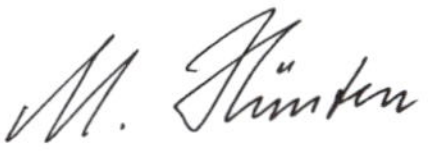

Michael Hünten

Aromatische Kohlenwasserstoffe

Benzol ist der einfachste aromatische Kohlenwasserstoff. Die exakte Struktur des Benzol-Moleküls blieb den Forschern lange Zeit ein Rätsel.

Neben den aliphatischen und cyclischen Verbindungen bilden die **Aromaten** eine weitere große Substanzklasse in der organischen Chemie. Ursprünglich wurden alle wohlriechenden organischen Verbindungen, die aus pflanzlichen Naturstoffen gewonnen wurden (z. B. Vanillin, Cumarin), als aromatische Verbindungen zusammengefasst.
Der klassische Vertreter der Aromaten ist das **Benzol**, von dessen Grundgerüst sich viele dieser wohlriechenden Verbindungen ableiten lassen. Alle Verbindungen, die in ihren charakteristischen Eigenschaften dem Benzol ähneln, werden als Aromaten bezeichnet, auch wenn sie den typischen aromatischen Geruch nicht besitzen.

1 Benzol

Benzol ist eine wasserklare, charakteristisch riechende Flüssigkeit mit der Summenformel C_6H_6.

> Benzol wirkt sowohl bei akuter als auch bei chronischer Belastung sehr **toxisch** und kann Krebs erzeugen.

Zunächst bereitete es große Schwierigkeiten, die Bindungsverhältnisse im Benzol-Molekül zu verstehen.

1.1 Die Kekulé-Struktur des Benzols

Kekulé schlug für das Benzol eine Cyclohexa-1,3,5-trien-Struktur vor, d. h. einen Ring aus sechs Kohlenstoff-Atomen mit drei lokalisierten Doppelbindungen zwischen dem 1. und 2., dem 3. und 4. sowie dem 5. und 6. Kohlenstoff-Atom. In dieser Struktur sind alle sechs Kohlenstoff-Atome vierbindig. Allerdings kann die Kekulé-Struktur des Benzols nicht alle experimentellen Befunde erklären.

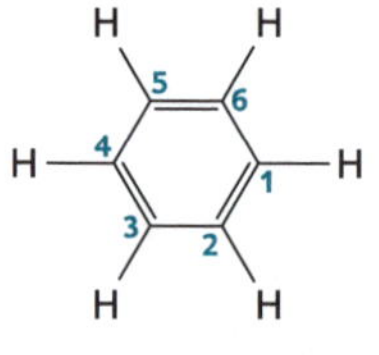

Sind die Doppelbindungen, wie im gezeigten Molekül, durch jeweils eine Einfachbindung getrennt, spricht man von **konjugierten Doppelbindungen**.

Eine Reihe von experimentellen Befunden stehen im Einklang mit der Cyclohexa-1,3,5-trien-Struktur:

- Die vollständige katalytische Hydrierung von Benzol liefert Cyclohexan (C_6H_{12}).
- Der Ersatz eines Wasserstoff-Atoms des Benzols durch ein einwertiges Atom X, z. B. ein Halogen-Atom, führt zu **einem Monosubstitutionsprodukt C_6H_5X**. Da die Substitution jedes der sechs Wasserstoff-Atome zur gleichen Verbindung führt, müssen alle Wasserstoff-Atome gleichwertig sein.
- Der Ersatz zweier Wasserstoff-Atome liefert **drei isomere Disubstitutionsprodukte $C_6H_4X_2$**, die sich in der relativen Stellung der Substituenten unterscheiden.

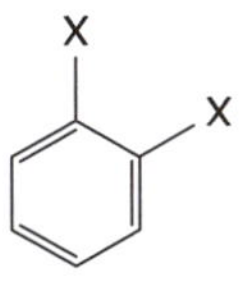

1,2-Stellung
ortho-

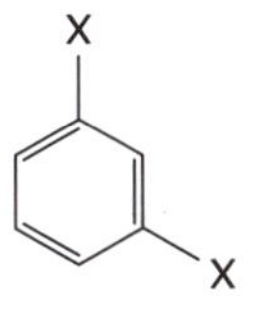

1,3-Stellung
meta-

1,4-Stellung
para-

Es gibt aber auch experimentelle Befunde, die im Widerspruch zur Cyclohexa-1,3,5-trien-Struktur stehen:

- Es existiert **nur ein 1,2-Disubstitutionsprodukt $C_6H_4X_2$**. Nach Kekulés Theorie müssten aber zwei Isomere mit folgenden Formeln vorkommen:

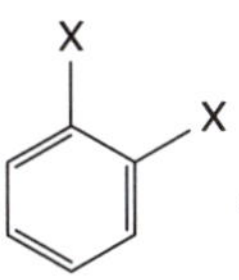

und

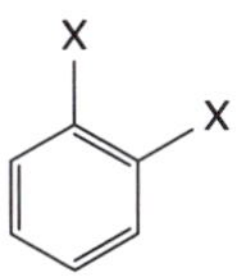

  Die Tatsache, dass diese Isomere nicht isoliert werden können, erklärte Kekulé mit einem fortwährenden Platzwechsel zwischen Einfach- und Doppelbindungen (Oszillationstheorie, 1872). Demnach sollten die beiden 1,2-Disubstitutionsprodukte in einem sich rasch einstellenden Gleichgewicht existieren und nicht einzeln fassbar sein.
- Die für das Benzol typische Reaktionsart ist die **Substitution** und nicht, wie für ungesättigte Verbindungen zu erwarten wäre, die Addition.
- Die **Hydrierungsenthalpie** des Benzols ist kleiner als dies für ein Cyclohexatrien zu erwarten wäre (vgl. S. 5).

- Durch Röntgeninterferenzuntersuchungen wurde festgestellt, dass alle C–C-Bindungen gleich lang sind. Die gemessene Länge liegt zwischen der einer Einfach- und einer Doppelbindung.

Heute geht man davon aus, dass die Doppelbindungen im Benzol-Molekül nicht zwischen jeweils zwei Atomen lokalisiert sind, sondern dass das zweite Elektronenpaar jeder Doppelbindung, die **π-Elektronen**, über alle sechs Kohlenstoff-Atome **delokalisiert** sind.

1.2 Bindungsverhältnisse im Benzol aus heutiger Sicht

Das Benzol-Molekül ist eben gebaut. Die Kohlenstoff-Atome sind in Form eines regulären Sechsecks angeordnet. Sämtliche Bindungswinkel betragen 120° und die C–C-Bindungslänge liegt, wie bereits erwähnt, zwischen der einer Einfach- und einer Doppelbindung.
Infolge der Delokalisation der π-Elektronen lässt sich das Benzol-Molekül nicht durch eine Strukturformel allein beschreiben.

Ist die Elektronenverteilung in einem Molekül nicht durch eine Strukturformel zu erfassen, so liegt **Mesomerie** vor.

Die Elektronenverteilung im Molekül lässt sich dann nur durch **mesomere Grenzstrukturen** (oder Grenzformeln) umschreiben. Die mesomeren Grenzstrukturen werden durch Mesomeriepfeile miteinander verbunden.

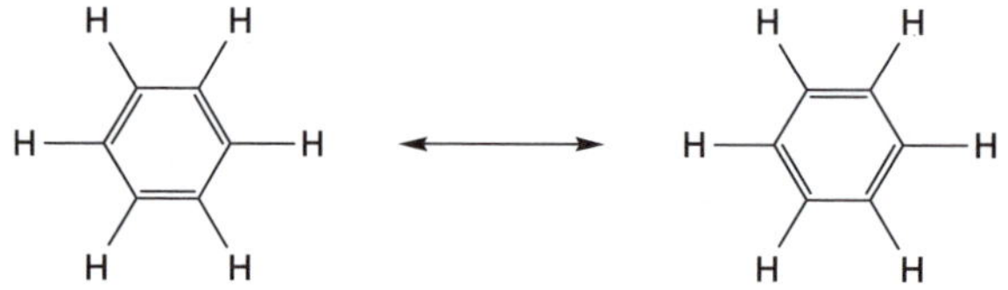

Es muss betont werden, dass die mesomeren Grenzstrukturen in der Realität nicht vorkommen. Benzol ist kein Gemisch aus zwei Molekülsorten, die den Grenzstrukturen entsprechen und sich ineinander umwandeln können. Vielmehr ist die tatsächliche Elektronenverteilung in allen Benzol-Molekülen gleich und entspricht einem Zwischenzustand zwischen den darstellbaren Grenzstrukturen.
Für das Benzol-Molekül ist daher auch folgendes Symbol üblich:

1.3 Mesomerieenergie des Benzols

Der tatsächliche Bindungszustand ist energieärmer und damit stabiler als jede Grenzstruktur. Das Ausmaß dieser **Mesomeriestabilisierung** lässt sich durch einen Vergleich der experimentell ermittelten mit der für ein Cyclohexatrien zu erwartenden **Hydrierungsenthalpie** abschätzen. Benzol besitzt eine niedrigere Hydrierungsenthalpie als dies für Cyclohexatrien zu erwarten wäre.

Bei der Hydrierung von Cyclohexen wird ein Energiebetrag von 119,8 kJ · mol^{-1} frei.

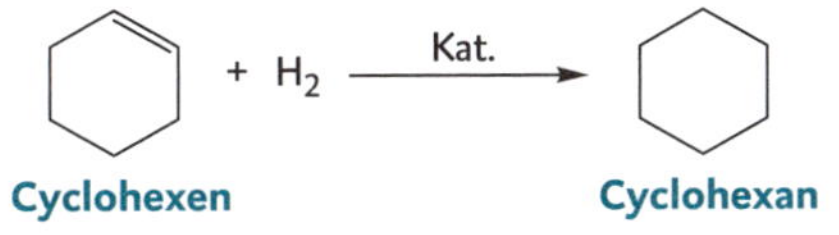

Hydriert man Cyclohexa-1,3-dien zu Cyclohexan, so sollte man die doppelte Menge frei werdender Energie erwarten. Bei experimenteller Bestimmung ergibt sich jedoch ein um 7,5 kJ · mol^{-1} geringerer Betrag von 232,1 kJ · mol^{-1}.

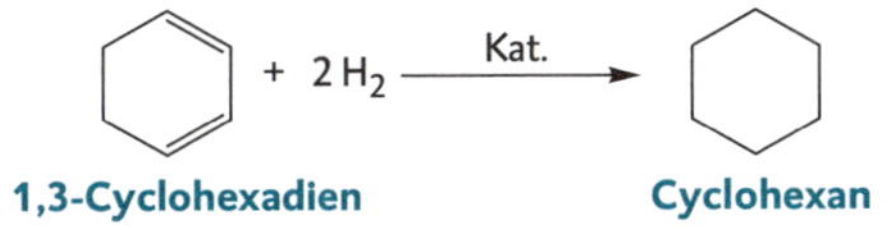

Hydriert man schließlich Benzol zu Cyclohexan, so beträgt die Hydrierungsenthalpie 208,7 kJ · mol^{-1} und nicht 3 · 119,8 kJ · mol^{-1}, wie es für ein Cyclohexatrien zu erwarten wäre; die Differenz beträgt 150,7 kJ · mol^{-1}.

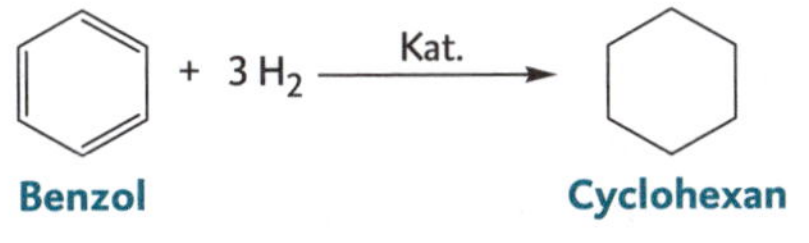

Um diesen Betrag ist Benzol aufgrund der Delokalisierung der π-Elektronen energieärmer als eine hypothetische Verbindung mit Cyclohexatrienstruktur. Man bezeichnet diesen Betrag als die **Mesomerieenergie des Benzols**.
Auch bei der Hydrierung von Cyclohexa-1,3-dien wird nicht der theoretisch erwartete Energiebetrag frei, da bereits bei dieser Verbindung eine gewisse Delokalisation der vier π-Elektronen möglich ist.

1.4 Halogenierung des Benzols

Benzol geht mit Halogenen wie Chlor oder Brom in Gegenwart eines Katalysators, z. B. wasserfreies Eisen(III)-bromid, **elektrophile Substitutionsreaktionen (S_E)** ein. Eine Erwärmung des Reaktionsgemisches ist dabei nicht nötig. Nachfolgend werden die einzelnen Reaktionsschritte der Bromierung von Benzol näher beschrieben.

1. Schritt: Addition des Elektrophils

Obwohl die π-Elektronenwolke des Benzols infolge der Delokalisation stabilisiert wird, stellt sie doch einen Bereich **erhöhter Elektronendichte** dar, an dem das Benzol angegriffen werden kann. Da die Elektronendichte jedoch für eine wirksame Polarisierung des Brom-Moleküls nicht ausreicht, ist ein Katalysator nötig.

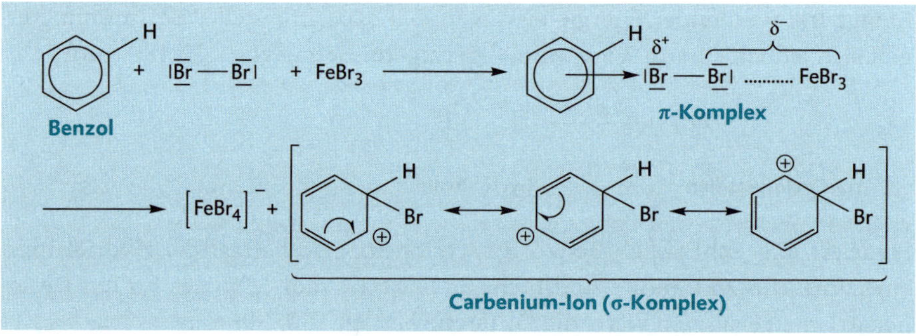

Bei der Bromierung tritt das Brom-Molekül zunächst in lose Wechselwirkung mit dem delokalisierten π-Elektronensystem des Benzols; es bildet sich der **π-Komplex** aus. Unter dem katalytischen Einfluss des Eisen(III)-bromids kommt es zur heterolytischen Spaltung des Brom-Moleküls. Dabei wird das bindende Elektronenpaar dem einen Brom-Atom vollständig zugeordnet, was zur Bildung eines Brom-Kations Br^+ und eines Brom-Anions Br^- führt. Das Brom-Kation greift das Benzol an der π-Elektronenwolke an und wird über ein π-Elektronenpaar an das Benzol gebunden. Teilchen, die bei einem Reaktionspartner an solchen elektronenreichen Stellen angreifen, werden als **Elektrophile** bezeichnet. Es entsteht ein **mesomeriestabilisiertes Carbenium-Ion (σ-Komplex)**. Das Brom-Anion (Bromid-Ion) lagert sich an das Eisen(III)-bromid zu $[FeBr_4]^-$.

Da für die Bindung des Br^+-Ions ein Elektronenpaar des π-Elektronensextetts benötigt wird, tritt im Ring des σ-Komplexes eine positive Ladung auf, die über den gesamten Ring delokalisiert ist; der σ-Komplex ist also mesomeriestabilisiert. Verschiebt man die π-Elektronenpaare innerhalb des Delokalisationsbereiches, so lassen sich die oben formulierten mesomeren Grenzstrukturen ableiten (Regeln zur Aufstellung von Grenzstrukturformeln siehe S. 13). In den mesomeren Grenzstrukturformeln befindet sich die positive Ladung immer an dem Kohlenstoff-Atom, von dem nur drei Bindungen ausgehen.

Hinweis: Beachten Sie dabei, dass jedes C-Atom, außer das C-Atom, an dem der elektrophile Angriff erfolgte, noch ein H-Atom bindet, das jedoch im Formelbild nicht eingezeichnet ist.

Diese **Delokalisation der positiven Ladung** wird in folgender Darstellung des Carbenium-Ions symbolisiert:

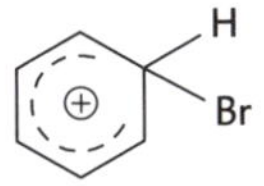

2. Schritt: Substitution und Rearomatisierung

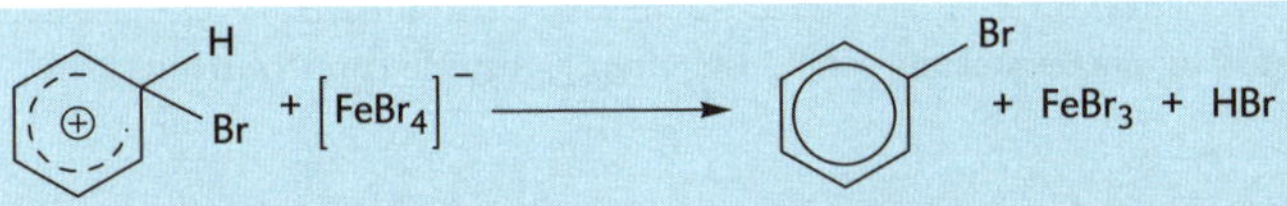

Im abschließenden Reaktionsschritt wird vom σ-Komplex ein Proton abgespalten, wodurch sich das **energetisch günstige** aromatische π-Elektronensextett wieder zurückbilden kann. Das abgespaltene Proton wird von dem komplexen $[FeBr_4]^-$-Ion gebunden, das anschließend in Bromwasserstoff und Eisen(III)-bromid (Rückbildung des Katalysators) zerfällt. Das bei der elektrophilen Substitutionsreaktion gebildete Brombenzol unterscheidet sich vom Benzol darin, dass ein H-Atom durch ein Br-Atom ersetzt ist.

> Die **Substitution** ist beim Benzol gegenüber der Addition bevorzugt, da sie zu einem **energieärmeren, stabileren** Endprodukt mit aromatischem π-Elektronensextett führt.

1.5 Gewinnung und Verwendung von Benzol

Während Benzol früher hauptsächlich durch Destillation von Steinkohleteer hergestellt wurde, gewinnt man heute den überwiegenden Teil bei der Aufbereitung von Erdöl zu Benzin.

Aufgrund seines **hydrophoben Charakters** kann Benzol als Extraktions- und Lösungsmittel für lipophile (fettähnliche) Substanzen verwendet werden. In weitaus größerem Maße wird Benzol allerdings als Ausgangsstoff für die Herstellung von Farbstoffen, Kunststoffen und Waschmitteln verwendet.

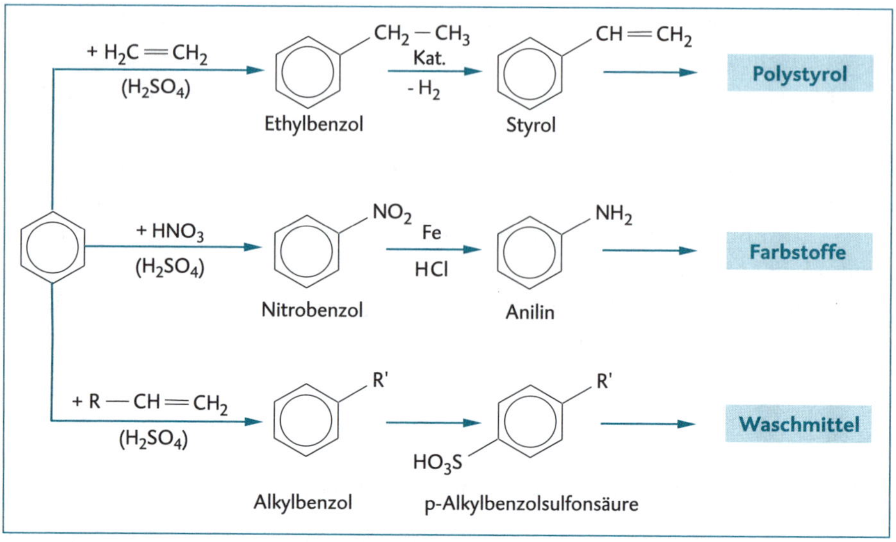

Abb. 1: Benzol als Ausgangsstoff für die Herstellung von Kunststoffen, Farbstoffen und Waschmitteln

Wegen seiner **Giftigkeit** sind beim Umgang mit Benzol strenge Sicherheitsvorkehrungen einzuhalten. Es besteht die Gefahr **ernster gesundheitlicher Schäden** beim Verschlucken oder bei direktem Hautkontakt. Einatmen von Benzoldämpfen kann zu Erbrechen, Schwindel und Bewusstlosigkeit führen. Als chronische Vergiftungserscheinungen können Schädigungen von Leber, Nieren und Knochenmark auftreten. Benzol wird als **kanzerogen** eingestuft, das heißt, es kann Krebs erzeugen.

Auch im Benzin ist Benzol enthalten, nach EU-Vorschriften sind Konzentrationen bis maximal 5 % zulässig, in Deutschland nur Konzentrationen bis 1 %. Das Benzol steigert die Klopffestigkeit des Benzins, d. h., es trägt dazu bei, dass sich das Benzin-Luft-Gemisch im Kolben eines Motors nicht vorzeitig, also bevor die Zündkerze einen Zündfunken erzeugt, selbst entzündet. Daher sollte man beim Umgang mit Benzin Vorsicht walten lassen und beim Tanken das Einatmen von Benzindämpfen oder den Kontakt von Benzin mit der Haut vermeiden. Auch sollte man keinesfalls Benzin von der Tankstelle verwenden, um bestimmte Gegenstände von hydrophoben Verunreinigungen zu befreien.

1.6 Andere aromatische Verbindungen

Neben Benzol gibt es eine Vielzahl weiterer Aromaten. Solche anderen aromatischen Verbindungen erkennt man daran, dass sie mindestens einen aromatischen Ring aus sechs Kohlenstoff-Atomen mit drei konjugierten Doppelbindungen (vgl. Benzol) enthalten.
Dem Benzol sehr ähnliche Aromaten erhält man, indem man ein Wasserstoff-Atom durch ein anderes Atom oder eine Atomgruppe ersetzt.

Beispiele

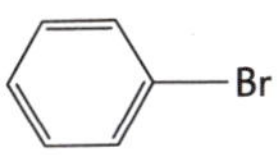

Brombenzol

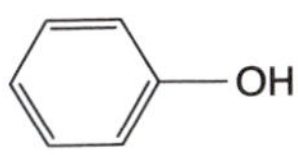

Hydroxybenzol
(Phenol)

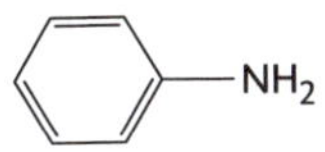

Aminobenzol
(Anilin)

Auch Kohlenwasserstoffe, in denen Benzolringe über gemeinsame C-Atome miteinander verbunden sind, sind aromatisch. Solche größeren Systeme aus konjugierten Doppelbindungen bezeichnet man als **kondensierte Aromaten**.

Beispiele

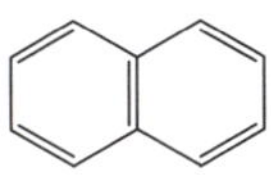
Naphthalin

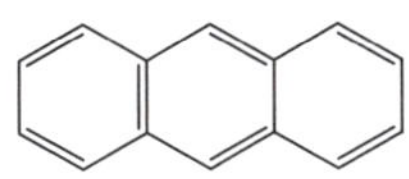
Anthracen

Naphthalin enthält 10, Anthracen 14 delokalisierte π-Elektronen.

In **heterocyclischen** Aromaten sind C-Atome durch Heteroatome (Nichtkohlenstoffatome), wie z. B. Stickstoff-Atome ersetzt. Sie bilden ebenfalls Ringsysteme aus, die aber nicht immer aus sechs Atomen bestehen müssen. Heterocyclische Aromaten besitzen ein delokalisiertes π-Elektronensystem, an dem neben den Elektronen der Doppelbindung auch ein freies Elektronenpaar der Heteroatome beteiligt sein kann.

Beispiele

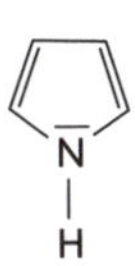

Pyrrol

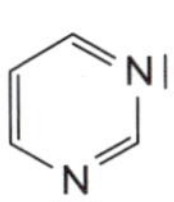

Pyrimidin

Zusammenfassung

- **Aromatische Kohlenwasserstoffe** sind Verbindungen, in denen Atome ringförmig durch ein System **konjugierter Doppelbindungen** verbunden sind.
- In dem System aus konjugierten Doppelbindungen sind die π-Elektronen **delokalisiert**, wodurch die Stabilität der Moleküle erhöht ist **(Mesomeriestabilisierung)**.
- Wegen der π-Elektronendelokalisation kann man für die Verbindung nur **mesomere Grenzstrukturen** (Grenzformeln) angeben.
- Die typische Reaktionsart des Benzols (und anderer Aromaten) ist die **elektrophile Substitution**.

Aufgaben

1. a Erklären Sie, was man unter der Kekulé-Struktur des Benzols versteht.
   b Nennen Sie die experimentellen Befunde, die im Einklang mit der Kekulé-Struktur des Benzols stehen.
   c Welche Befunde sprechen gegen die Kekulé-Struktur?
2. Erläutern Sie die Bindungsverhältnisse im Benzol.
3. Erläutern Sie am Beispiel des Benzols, was man unter Mesomerie versteht.
4. Beschreiben Sie die Vorgehensweise bei der Bestimmung der Mesomerieenergie des Benzols.
5. Inwiefern lassen die mesomeren Grenzstrukturen des Benzols erkennen, dass das Ausmaß der Mesomeriestabilisierung hoch sein dürfte?
6. Gibt es von o-Dichlorbenzol verschiedene Isomere?
   Begründen Sie.
7. Ethan reagiert mit Brom zu Monobromethan. Ethen reagiert mit Brom zu 1,2-Dibromethan. Benzol reagiert in Anwesenheit eines Katalysators mit Brom zu Monobrombenzol.
   a Formulieren Sie die Summengleichungen dieser drei Reaktionen.
   b Inwiefern lassen die Summengleichungen erkennen, ob es sich bei den Reaktionen um Substitutions- oder Additionsreaktionen handelt?
8. a Formulieren Sie den Reaktionsmechanismus für die Reaktion von Benzol mit Brom in Anwesenheit eines Katalysators.
   b Beschreiben Sie die Aufgabe des Katalysators bei dieser Reaktion.

c Erklären Sie, weshalb die Reaktion nach einem Substitutions- und nicht nach einem Additionsmechanismus verläuft.

9. Schüttelt man Bromwasser kräftig mit Benzol, so wird nach Entmischung der beiden Phasen eine Braunfärbung der Benzolphase festgestellt.
Finden Sie eine Erklärung für diese Beobachtung.

10. Die Reaktion von Benzol mit Jodchlorid liefert u. a. Monojodbenzol. Die Reaktion erfolgt nach dem Mechanismus der elektrophilen Substitution. Als Katalysator wirkt Aluminiumchlorid.
   a Formulieren Sie die Summengleichung der ablaufenden Reaktion.
   b Formulieren Sie den Mechanismus der ablaufenden Reaktion.
   c Begründen Sie, warum bei der Reaktion Monojodbenzol und nicht Monochlorbenzol entsteht.

11. Pyrrol ist eine heterocyclische aromatische Verbindung, für die nachfolgend eine unpolare Grenzstruktur (Grenzformel) angegeben ist.

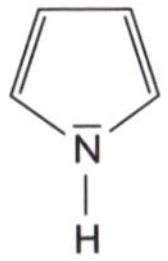

   a Erklären Sie, weshalb es sich bei Pyrrol um eine heterocyclische aromatische Verbindung handelt.
   b Formulieren Sie die weiteren mesomeren Grenzstrukturen des Pyrrols.

12. Geben Sie die mesomeren Grenzstrukturen des Naphthalins an.

2 Derivate des Benzols: Phenol und Anilin

Vom Benzol leiten sich zahlreiche Stoffe ab, die eine ähnliche Struktur wie dieses aufweisen. Man spricht von sogenannten **Derivaten**. Ersetzt man z. B. ein Wasserstoff-Atom des Benzols durch eine Hydroxygruppe, so erhält man das **Phenol**, ersetzt man das Wasserstoff-Atom durch eine Aminogruppe, erhält man **Anilin**.

2.1 Phenol (Monohydroxybenzol)

Phenol hat die Summenformel C_6H_5OH. Trotz der formalen Ähnlichkeit wird es aufgrund des abweichenden Reaktionsverhaltens nicht der Stoffklasse der Alkohole zugerechnet. Wässrige Phenollösungen reagieren beispielsweise deutlich **stärker sauer** als wässrige Alkohollösungen.

Säurecharakter (Acidität) des Phenols

Eine wässrige Lösung von Phenol reagiert sauer und verfärbt einen Indikator säurespezifisch. In der Lösung befinden sich also Oxonium-Ionen, die eine saure Reaktion bewirken. Sie werden folgendermaßen gebildet:

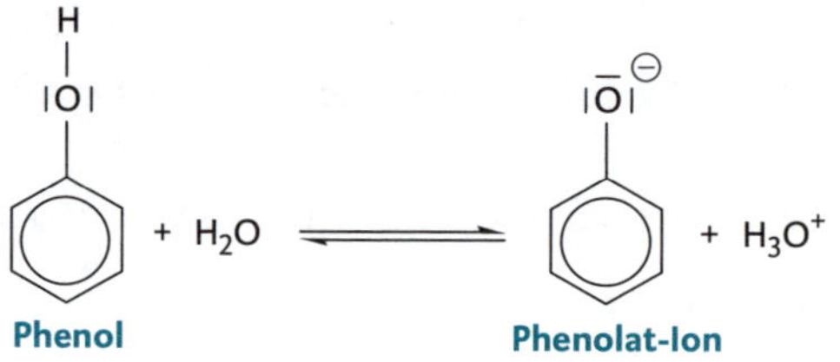

Phenol wirkt gemäß dieser Reaktionsgleichung als **Protonendonator** und somit als **Säure**. Das ist darauf zurückzuführen, dass sich ein freies Elektronenpaar der Hydroxygruppe an dem **aromatischen π-Elektronensystem** des Phenylrests beteiligt.

Hinweis: Als Phenylrest bezeichnet man den Teil des Benzols, der nach der Abspaltung eines Wasserstoff-Atoms übrig bleibt.

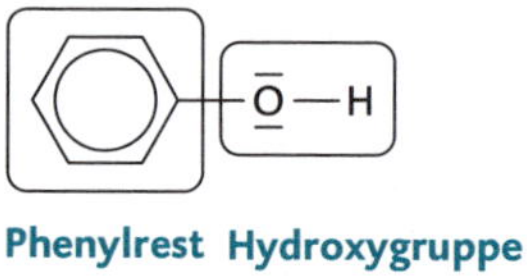

Durch diese Elektronenverschiebung wird die Elektronendichte im Phenylring erhöht. Die OH-Gruppe hat einen **+M-Effekt (positiver mesomerer Effekt)**.

Substituenten, die (mindestens) ein freies Elektronenpaar besitzen, das sich an der **Mesomerie des π-Elektronensystems** beteiligen kann und somit dessen **Elektronendichte erhöht**, haben einen **+M-Effekt**.

Die Beteiligung der Hydroxygruppe am π-Elektronensystem des Phenylrests erhöht die **Polarität** der O–H-Bindung, was eine **Protonenabgabe** begünstigt. Die Verschiebung eines freien Elektronenpaares der Hydroxygruppe in den Phenylrest lässt sich anhand von mesomeren Grenzstrukturen verdeutlichen. Bei der Formulierung mesomerer Grenzstrukturformeln müssen bestimmte Regeln berücksichtigt werden.

Regeln zur Erstellung mesomerer Grenzstrukturen (Grenzformeln)

- Es wird zunächst die **vollständige Strukturformel** (Lewis-Formel) angegeben, in der auch alle freien Elektronenpaare berücksichtigt werden.
- Das Gerüst der Atomrümpfe und die Anzahl der Valenzelektronen bleiben bei allen Grenzstrukturen **unverändert**.
- Durch **schrittweise Elektronenpaarverschiebung** erhält man die verschiedenen mesomeren Grenzstrukturen. Es dürfen dabei nur π-Elektronenpaare (das zweite Elektronenpaar einer Doppelbindung) und freie Elektronenpaare verschoben werden.
- Bei Ableitung einer mesomeren Grenzstruktur darf die Richtung der Elektronenpaarverschiebung nicht geändert werden.
- Die Grenzstrukturen werden durch einen **Mesomeriepfeil** verbunden.
- Erfolgt die Verschiebung zu einem Kohlenstoff-Atom, so ist das nur möglich, wenn dieses Kohlenstoff-Atom nur mit zwei oder drei Bindungspartnern verknüpft ist. Ein Kohlenstoff-Atom mit vier Bindungspartnern besitzt eine **vollständig besetzte Außenschale** und könnte die verschobenen Elektronen nicht aufnehmen.

Unter Anwendung dieser Regeln kann man nun durch schrittweises Verschieben von Elektronenpaaren (angedeutet durch die gebogenen Pfeile) die mesomeren Grenzstrukturen des Phenols ableiten.

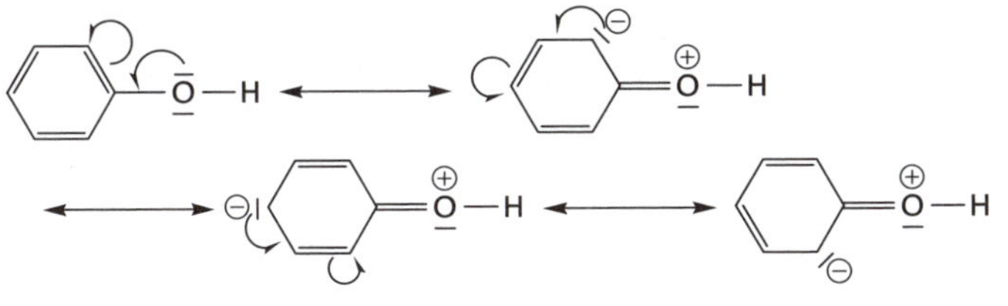

In den mesomeren Grenzstrukturen des Phenols erhalten bestimmte Kohlenstoff-Atome negative Ladungen. Dies ist dann der Fall, wenn ihnen ein freies Elektronenpaar durch Elektronenverschiebung vollständig zugeordnet wird. Zusätzlich zu diesen beiden Elektronen werden dem betrachteten C-Atom auch drei Bindungselektronen zugerechnet, die aus den Elektronenpaarbindungen zu den beiden benachbarten C-Atomen und dem H-Atom stammen. (**Hinweis:** In den Grenzstrukturen sind die C–H-Bindungen nicht dargestellt) Insgesamt ergeben sich damit fünf Valenzelektronen. Da dies ein Valenzelektron mehr ist, als dem Kohlenstoff aufgrund seiner Stellung im Periodensystem zukommt, trägt das C-Atom eine negative Ladung. Diese Ladung bezeichnet man als **Formalladung**, da sie in einer fiktiven Grenzstruktur auftritt. Das Sauerstoff-Atom hat in drei der vier Grenzformeln eine positive Formalladung, die sich damit erklären lässt, dass das O-Atom in diesen Grenzformeln lediglich fünf (je eins aus den drei bindenden Elektronenpaaren und zwei aus dem freien Elektronenpaar) statt sechs Valenzelektronen besitzt.
Es tragen nicht alle mesomeren Grenzstrukturen gleichermaßen zur **tatsächlichen Elektronenverteilung** im Molekül bei. Im Allgemeinen gilt, dass die **stabilste Grenzstruktur** der tatsächlichen Elektronenverteilung am nächsten kommt. Die Elektronendelokalisation ist umso ausgeprägter, je mehr möglichst energiearme (stabile) Grenzstrukturen formuliert werden können. Die Stabilität mesomerer Grenzstrukturen lässt sich unter Berücksichtigung bestimmter Faktoren abschätzen.

Beitrag der mesomeren Grenzstrukturen zum tatsächlichen Bindungszustand

- Es sind diejenigen Grenzstrukturen stabiler, bei denen alle Atome die **Edelgas konfiguration** erreichen.
- Grenzstrukturen mit Ladungstrennung **(polare Grenzstrukturen)** sind energetisch ungünstiger als Grenzstrukturen ohne Ladungstrennung **(unpolare Grenzstruk turen)**, da sich eine Ladungstrennung nur unter Aufwand von Energie erzwingen lässt.
- Tritt Ladungstrennung auf, so sind solche Grenzstrukturen, bei denen sich positive Formalladungen an stark elektronegativen Atomen bzw. negative Formalladungen an Atomen geringer Elektronegativität befinden, energetisch noch ungünstiger, als wenn positive Formalladungen an elektropositiven und negative Formalladungen an Atomen hoher Elektronegativität auftreten.

Anhand der polaren Grenzstrukturen des Phenols, bei denen sich an dem stark elektronegativen Sauerstoff-Atom eine positive und am gering elektronegativen Kohlenstoff-Atom eine negative Formalladung befindet, wird deutlich,

dass im Phenol die tatsächliche π-Elektronendelokalisation und somit das Ausmaß der Mesomeriestabilisierung gering sind.
Bei den mesomeren Grenzstrukturen des **Phenolat-Ions** tritt hingegen keine Ladungstrennung auf; die durch die Protonenabgabe bedingte negative Formalladung wird auf verschiedene Stellen des Phenylrests verteilt.

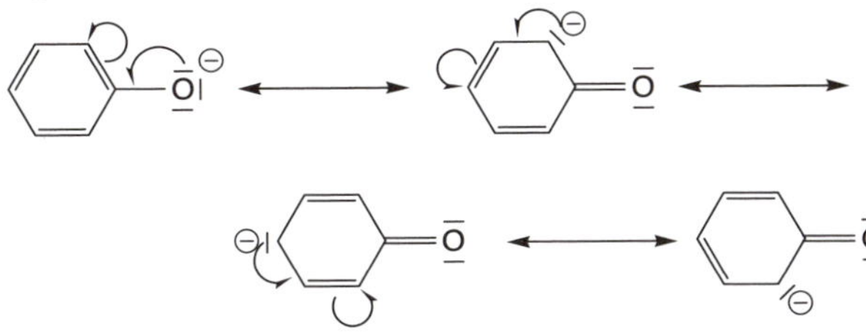

Die Grenzstruktur, in der der Sauerstoff eine negative Formalladung trägt, ist günstiger als die Grenzstrukturen, in denen am Kohlenstoff-Atom eine negative Formalladung auftritt. Die energetischen Unterschiede zwischen den Grenzstrukturen sind jedoch nicht sehr groß, sodass auch die etwas energiereicheren Grenzstrukturen einen Beitrag zum wahren Bindungszustand liefern. Das Phenolat-Ion ist deshalb besser mesomeriestabilisiert als das Phenol.

> Da durch die **Protonenabgabe** aus Phenol ein besser **mesomeriestabilisiertes** Phenolat-Ion entsteht, ist die Bereitschaft des Phenols zur Protonenabgabe **(Acidität)** erhöht.

2.2 Vergleich der Acidität von Phenol, Alkanolen und Carbonsäuren

Die Stoffklassen der Alkanole (Alkohole) und Carbonsäuren wurden in der 10. Jahrgangsstufe ausführlich besprochen. Alkohole sind die **Hydroxyderivate der Alkane**, also Verbindungen, die man erhält, wenn man ein Wasserstoff-Atom eines Alkans durch eine OH-Gruppe ersetzt. Die Hydroxygruppe ist die **funktionelle Gruppe** der Alkohole.

Beispiele

Alkane:

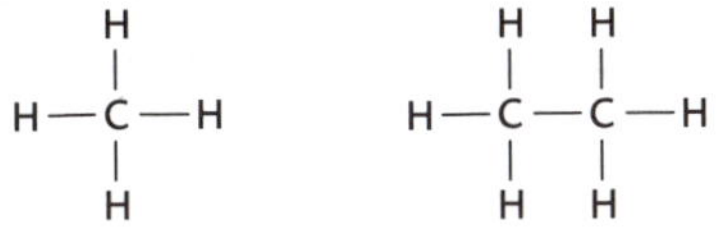

Methan Ethan

Alkanole:

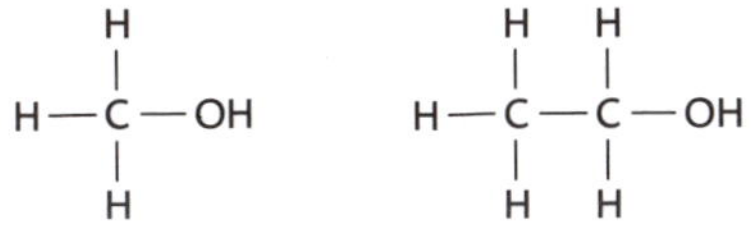

Methanol Ethanol

Die funktionelle Gruppe der Carbonsäuren ist die **Carboxygruppe**, die sich aus einer Carbonyl- und einer Hydroxygruppe zusammensetzt.

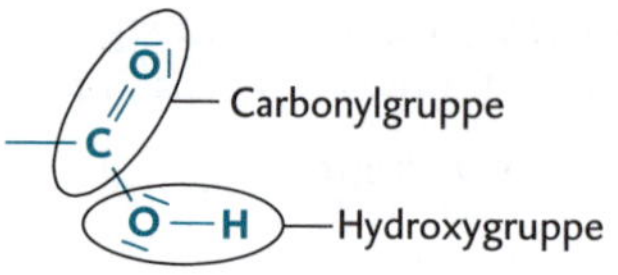

Carboxygruppe

Beispiele

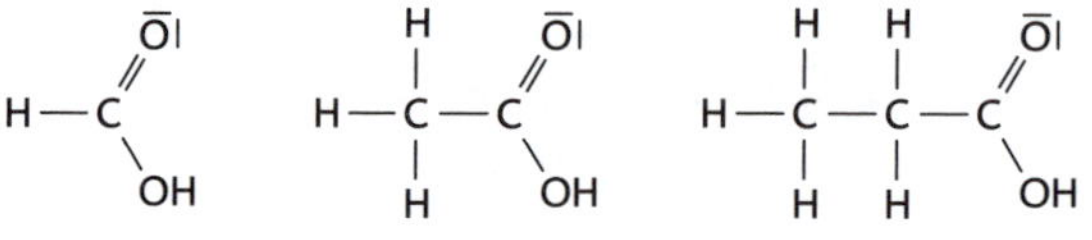

Methansäure **Ethansäure** **Propansäure**

Alkohole, Phenol und Carbonsäuren können das Wasserstoff-Atom der Hydroxygruppe prinzipiell als Proton abgeben. Dabei werden Alkoholat-, Phenolat- bzw. Carboxylat-Ionen gebildet. Die Bereitschaft zur Protonenabgabe **(Acidität)** ist jedoch ganz unterschiedlich stark ausgeprägt. Vergleicht man die Acidität zwischen einem Alkanol, Phenol und einer Carbonsäure, so ergibt sich folgende Reaktivitätsreihenfolge:

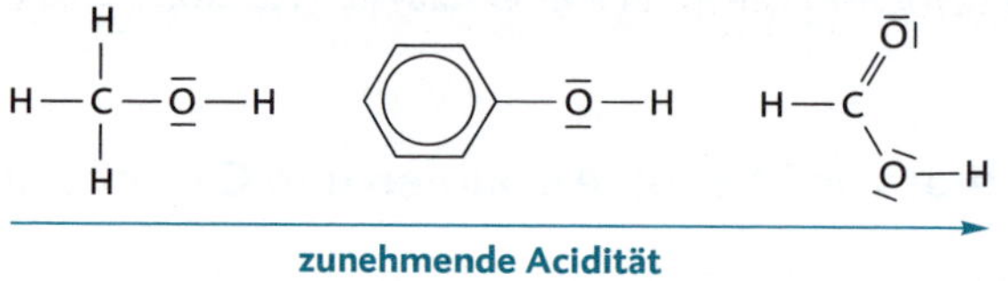

Im Alkoholat-Ion fehlt ein mesomeres System, an dem sich ein freies Elektronenpaar des Sauerstoffs beteiligen könnte. Das Alkoholat-Ion ist daher nicht mesomeriestabilisiert und seine Bildung durch Protonenabgabe nicht begünstigt. Methanol reagiert somit schwächer sauer als Phenol.
Die Carbonsäure reagiert hingegen stärker sauer als Phenol. Eine Erklärung für die Säurewirkung der Carbonsäuren liefern die mesomeren Grenzstrukturen.

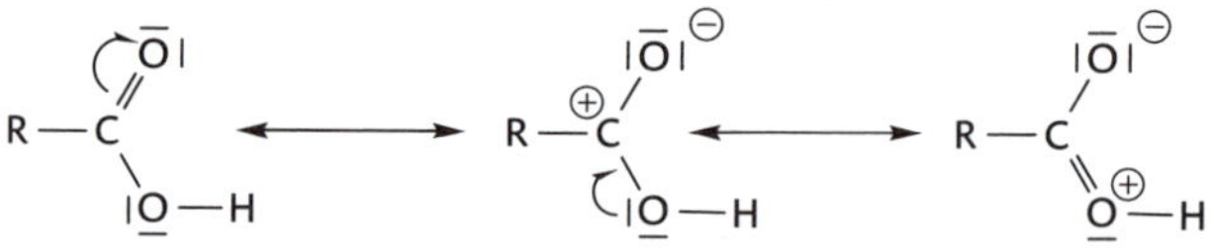

Bei der Carbonsäure können neben der unpolaren Grenzstruktur nur energiereiche Grenzstrukturen mit Ladungstrennung formuliert werden. Die Mesomeriestabilisierung ist gering.

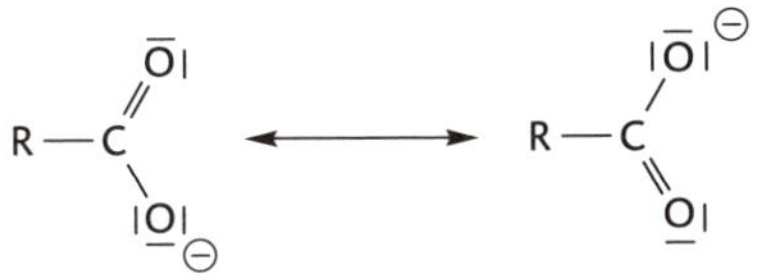

Beim Carboxylat-Ion hingegen lassen sich zwei energiegleiche Grenzstrukturen angeben, ein Zeichen für eine hohe Mesomeriestabilisierung. Da also durch die Protonenabgabe ein gut stabilisiertes Carboxylat-Ion entsteht, ist die Protonenabgabe auch besonders begünstigt und die Acidität gegenüber Phenol gesteigert.

Das nachfolgende Schema fasst dies noch einmal zusammen:

Alkanol (Alkohol):

$$R-\overline{\underline{O}}-H + H_2O \rightleftharpoons R-\overline{\underline{O}}|^{\ominus} + H_3O^+$$

Das durch die Protonenabgabe entstehende Alkoholat-Ion ist nicht mesomeriestabilisiert.

Phenol:

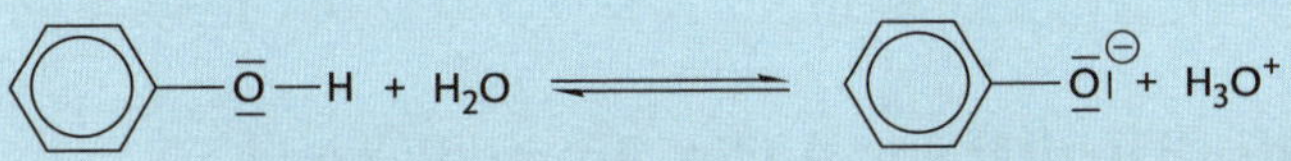

Das durch die Protonenabgabe entstehende Phenolat-Ion ist besser mesomeriestabilisiert als Phenol.

Carbonsäure:

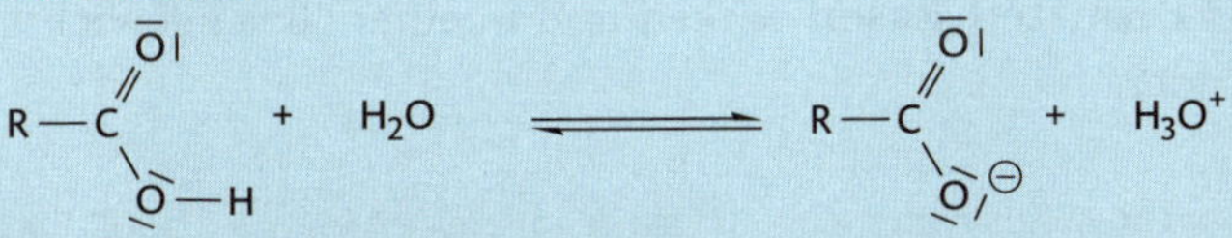

Das durch die Protonenabgabe entstehende Carboxylat-Ion ist erheblich besser mesomeriestabilisiert als die Carboxygruppe.

zunehmende Acidität (Bereitschaft zur Protonenabgabe)

2.3 Anilin (Phenylamin)

Ersetzt man im Ammoniak-Molekül die Wasserstoff-Atome schrittweise durch einen organischen Rest, ergeben sich **primäre**, **sekundäre** bzw. **tertiäre Amine**.

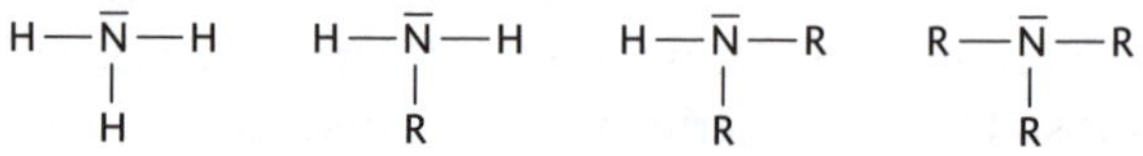

Ammoniak — **primäres Amin** — **sekundäres Amin** — **tertiäres Amin**

Anilin ist ein primäres Amin, in dem der organische Rest R einem Phenylrest entspricht. Anilin ist daher gleichzeitig ein **aromatisches Amin**. Bei aliphatischen Aminen handelt es sich bei dem Rest R um einen Alkylrest.

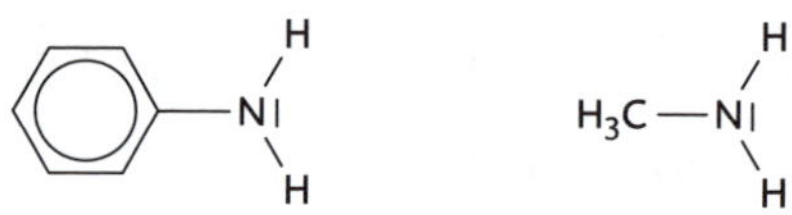

Anilin — **aromatisches Amin**; Methylamin — **aliphatisches Amin**

2.4 Vergleich der Basizität von Anilin, Ammoniak und aliphatischen Aminen

Aufgrund des freien Elektronenpaares am Stickstoff-Atom der Aminogruppe können Amine als **Brønsted-Basen** wirken und in einer Gleichgewichtsreaktion ein Proton binden.

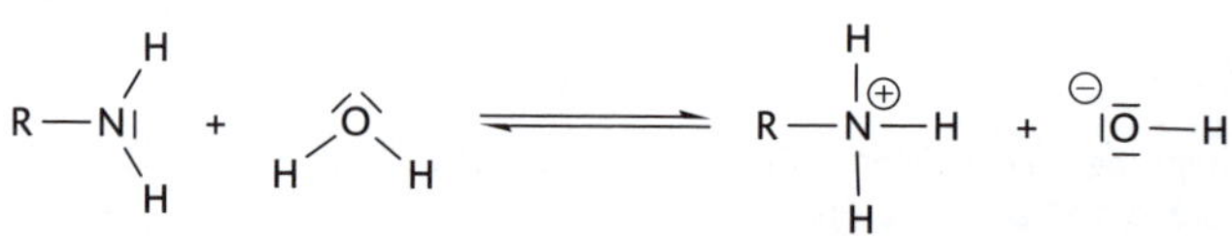

Vergleicht man die **Basizität** (Bereitschaft zur Protonenaufnahme) zwischen Anilin, Ammoniak und aliphatischen Aminen, so ergibt sich folgende Reihenfolge:

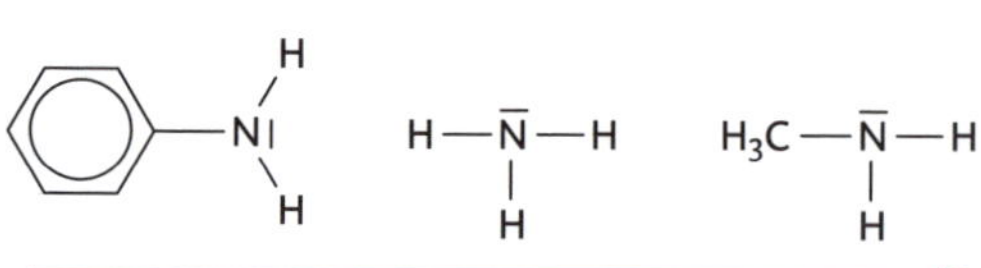

zunehmende Basizität

Anilin wirkt schwächer basisch als Ammoniak, da die Aminogruppe analog zur Hydroxygruppe einen +M-Effekt besitzt. Ein freies Elektronenpaar des Stickstoff-Atoms kann sich an der Mesomerie des Phenylrings beteiligen. Es lassen sich folgende mesomere Grenzstrukturen formulieren:

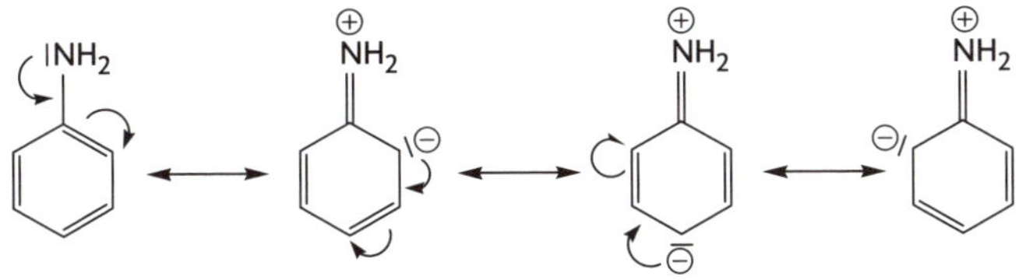

Trotz der Ladungstrennung in drei der vier mesomeren Grenzstrukturen, die zu verminderter π-Elektronendelokalisation führt, liegt eine gewisse Mesomeriestabilisierung vor.

Durch den +M-Effekt der Aminogruppe steht folglich das freie Elektronenpaar des Stickstoff-Atoms im Anilin nicht mehr uneingeschränkt zur Protonenaufnahme zur Verfügung. Hinzu kommt, dass die Bildung des durch Protonenaufnahme entstehenden Anilinium-Ions nicht begünstigt ist, da das Anilinium-Ion schlechter mesomeriestabilisiert ist als das Anilin. Das freie Elektronenpaar des Stickstoff-Atoms wird für die Bindung des Protons benötigt und kann sich deshalb nicht mehr an der Mesomerie des Phenylrings beteiligen. Beide Effekte führen dazu, dass die Protonenaufnahme beim Anilin erschwert und seine Basizität somit vermindert ist.

Werden im Ammoniak Wasserstoff-Atome durch Alkylreste wie z. B. Methylgruppen ersetzt, führt dies zu einer gesteigerten Basizität der Verbindungen. Da in diesen Fällen die Aminogruppe an kein mesomeres π-Elektronensystem gebunden ist, muss an dieser Stelle ein weiterer elektronischer Effekt zur Erklärung herangezogen werden, der als **I-Effekt** (Induktionseffekt) bezeichnet wird.

Induktionseffekt

Der I-Effekt führt zu einer Verschiebung des gemeinsamen Elektronenpaars in einer Atombindung.

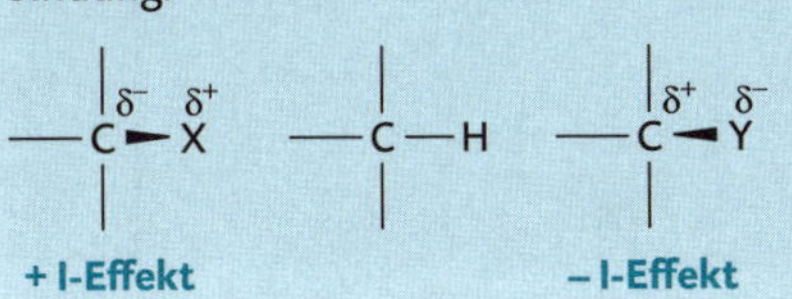

Zieht ein Substituent das bindende Elektronenpaar stärker an als ein H-Atom, spricht man von einem **–I-Effekt**. Dies ist typisch für stark elektronegative Atome (z. B. Halogenatome) oder Atomgruppen, die stark elektronegative Atome enthalten (z. B. Hydroxygruppe, Carbonylgruppe). Schiebt ein Substituent das bindende Elektronenpaar dem Bindungspartner zu, so hat er einen **+I-Effekt**. Einen solchen +I-Effekt üben Alkylreste wie z. B. Methylgruppen aus.

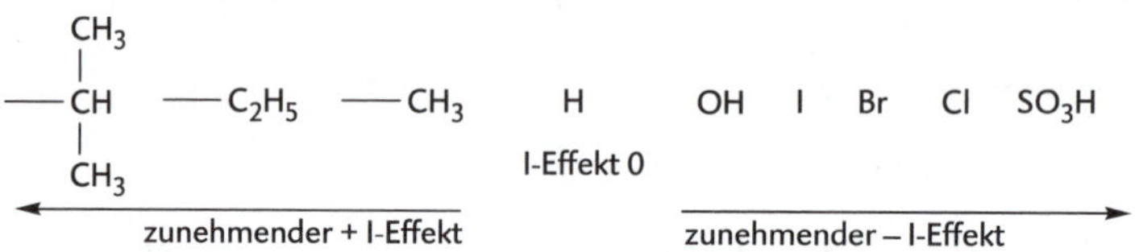

Mit diesen Kenntnissen kann die gegenüber Ammoniak gesteigerte Basizität von Methylamin erklärt werden. Die Methylgruppe mit ihrem +I-Effekt erhöht am Stickstoff-Atom die Elektronendichte, sodass das freie Elektronenpaar leichter zur Bindung eines Protons genutzt werden kann.

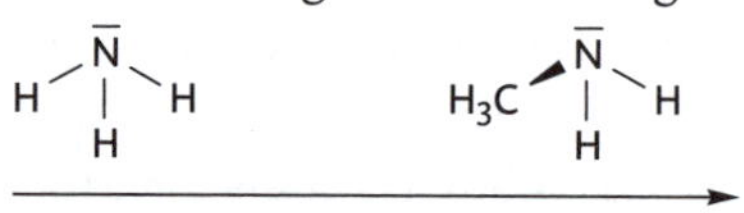

Zunahme der Elektronendichte am N-Atom

Das nachfolgende Schema fasst dies nochmals zusammen:

Anilin:

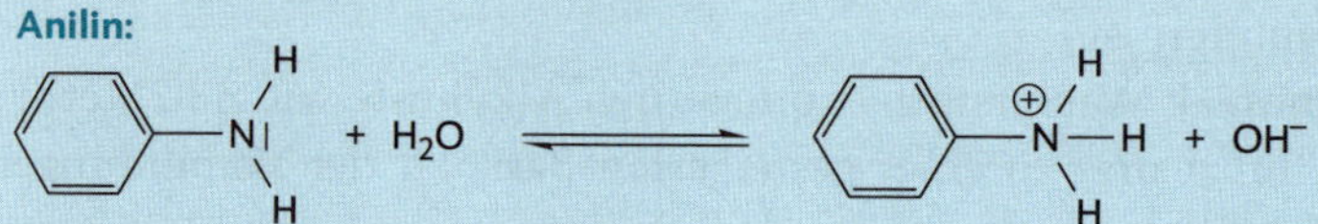

Das freie Elektronenpaar des Stickstoff-Atoms beteiligt sich an der Mesomerie des Phenylrests und steht für die Bindung eines Protons nicht uneingeschränkt zur Verfügung. Das Anilinium-Ion ist im Unterschied zum Anilin nicht mesomeriestabilisiert.

Ammoniak:

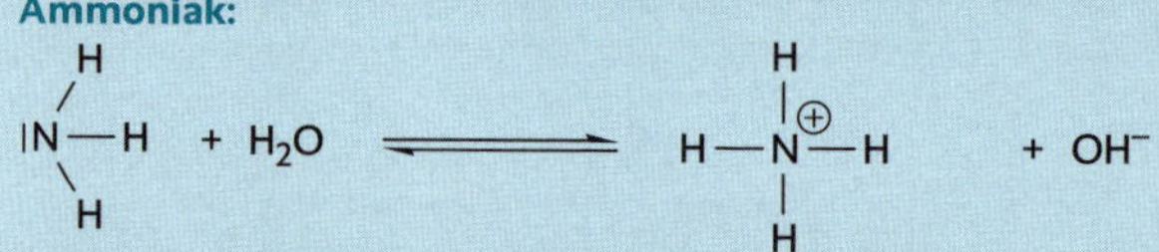

Das freie Elektronenpaar am Stickstoff-Atom steht zur Bindung eines Protons uneingeschränkt zur Verfügung.

Methylamin:

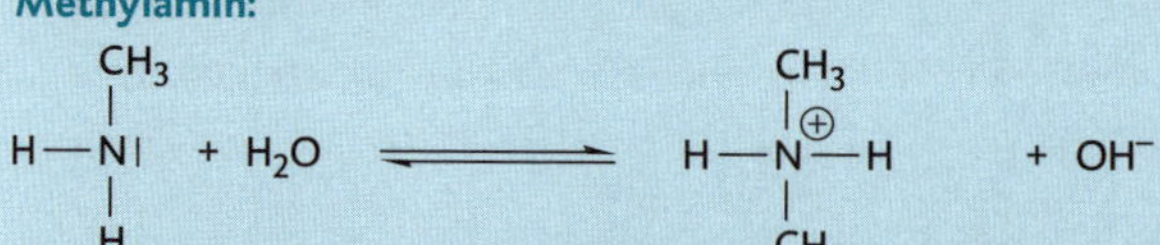

Durch den + I-Effekt der Alkylgruppe wird die Elektonendichte am N-Atom erhöht und die Bindung eines Protons über das freie Elektronenpaar des Stickstoffs begünstigt.

zunehmende Basizität (Bereitschaft zur Protonenaufnahme)

Zusammenfassung

- Atome oder Atomgruppen, die ein Wasserstoff-Atom im Benzol ersetzen, können die Elektronendichte im mesomeren System beeinflussen **(M-Effekt)**. Dies hat Auswirkungen auf die chemischen Eigenschaften der Verbindung.
- Durch Vergleich der Stabilität der formalen mesomeren Grenzstrukturen einer Verbindung lässt sich das Ausmaß der **Mesomeriestabilisierung** abschätzen.
- Die Bereitschaft zur Protonenabgabe **(Acidität)** steigt in der Reihenfolge: Alkohol, Phenol, Carbonsäure
- Die Bereitschaft zur Protonenaufnahme **(Basizität)** steigt in der Reihenfolge: Anilin, Ammoniak, primäres Amin

Aufgaben

13. Begründen Sie, weshalb Phenol im Unterschied zu Benzol bei Raumtemperatur fest ist.

14. Die OH-Gruppe des Phenols lässt sich leichter heterolytisch spalten als die OH-Gruppe von Ethanol.
Begründen Sie, worauf dieser Unterschied zurückzuführen ist.

15. Ist die Löslichkeit von Phenol in Wasser oder in Natronlauge höher?
Begründen Sie Ihre Antwort.

16. Anilin und Benzol reagieren mit Brom. Allerdings läuft die Reaktion mit Anilin ohne Katalysator ab, während Benzol nur in Gegenwart eines Katalysators bromiert werden kann.
Erklären Sie die gesteigerte Reaktivität des Anilins. Formulieren Sie dazu die mesomeren Grenzstrukturen von Benzol und Anilin und leiten Sie aus ihnen eine Begründung ab.

17. Versetzt man Anilin mit Salzsäure, entsteht Aniliniumchlorid.
Formulieren und erklären Sie diese Reaktion.

18. Phenol reagiert mit Brom. Über Monobrom- und Dibromphenole entsteht schließlich 2,4,6-Tribromphenol. (Dabei werden die C-Atome beginnend bei dem C-Atom, das die Hydroxygruppe trägt, durchnummeriert).
Untersucht man die zunächst gebildeten Monobromphenole, so stellt man fest, dass bevorzugt 2-Bromphenol (ortho-Bromphenol) und 4-Bromphenol (para-Bromphenol) gebildet werden.

a Formulieren Sie die Summengleichung für die Bildung von 2,4,6-Tribromphenol.

b Formulieren Sie die mesomeren Grenzstrukturen der Carbeniumionen, die entstehen, wenn der elektrophile Angriff des Br^+-Ions am C-Atom 2, 3 bzw. 4 erfolgt.
Argumentieren Sie mithilfe dieser Grenzstrukturen, warum der Angriff des Elektrophils an bestimmten C-Atomen bevorzugt erfolgt.

Struktur und Eigenschaften von Farbstoffen

Setzt man das gelbliche Drüsensekret der sogenannten Purpurschnecke dem Sonnenlicht aus, so färbt es sich nach einer gewissen Zeit violett. Im alten Rom war dieser kostbare Farbstoff ausschließlich den Senatoren und dem Kaiser vorbehalten. Zur Herstellung von einem Gramm des reinen Purpurfarbstoffs benötigte man etwa 8000 Schnecken.

Bei den Farbmitteln unterscheidet man zwischen **Farbstoffen** und **Pigmenten**:

Farbmittel

Pigmente	**Farbstoffe**
• **unlösliche** Farbmittel • überwiegend **anorganische** Verbindungen • Mit einem Bindemittel vermischt erhält man Farben. Das trocknende Bindemittel bewirkt die Haftung des Pigments auf dem Untergrund. • Pigmente können auch der zu färbenden Masse zugesetzt werden, z. B. zu Zement zur Herstellung farbiger Betonsteine.	• **lösliche** Farbmittel • **organische** Verbindungen • Nicht jedes lösliche Farbmittel ist ein Farbstoff. Von einem Farbstoff spricht man erst, wenn das Farbmittel in der Lage ist, dauerhaft auf dem Untergrund, meist einer Textilfaser, zu haften.

Bis Mitte des 19. Jahrhunderts standen zum Färben nur **Naturfarbstoffe** zur Verfügung. Purpur wurde aus Purpurschnecken, Karmin aus der Cochenillelaus isoliert, Indigo konnte aus den Blättern des tropischen Indigofera-Strauches oder des einheimischen Färberwaids gewonnen werden und das gelbe Alizarin aus den Wurzeln des Krapp. Auch wenn diese Aufzählung nicht vollständig ist, kann man dennoch erahnen, dass die Palette der Naturfarbstoffe nur wenige Farben umfasste.

Die zur Farbstoffgewinnung nötigen Rohstoffe, die nur in begrenztem Maße zur Verfügung standen, enthielten oftmals nur geringe Farbstoffmengen, die in **aufwendigen Verfahren** isoliert werden mussten. Dies hatte zur Folge, dass die Farbstoffe sehr teuer und daher meist nur Wohlhabenden zugänglich waren.
Im Jahre 1856 entdeckte W. H. PERKIN durch Zufall den ersten industriell genutzten **synthetischen Farbstoff**, das violette Mauvein. Dies war der Anfang einer stürmischen Entwicklung, die zur Entdeckung neuer synthetischer Farbstoffe (1863: Herstellung des ersten Azofarbstoffs, vgl. S. 33) oder zur technischen Synthese natürlicher Farbstoffe (1869: Alizarin; 1878: Indigo, vgl. S. 45) führte. Aus natürlichen Rohstoffen gewonnene Farbstoffe wurden durch die weit billigeren synthetischen fast völlig verdrängt.
Die industrielle Herstellung von Farbstoffen und der dazu notwendigen Ausgangsstoffe (z. B. Anilin) führte zu einem schnellen Aufschwung der chemischen Industrie in Deutschland. Die Namen bekannter Chemiekonzerne, wie **BASF** (Badische Anilin- und Sodafabrik), **AgfA** (Aktiengesellschaft für Anilinfabrikation), **Bayer** und **Hoechst** (früher: Farbwerke Bayer, Farbwerke Hoechst) weisen darauf hin, dass sie anfänglich ihren Schwerpunkt bei der Farbenherstellung hatten.

1 Molekülbau und Farbigkeit

Die Farbtheorie von O. N. WITT (1876) zeigt einen ersten Zusammenhang zwischen der Farbigkeit und der Molekülstruktur **(Konstitution)** einer chemischen Verbindung.

> Eine Verbindung erscheint **farbig**, wenn sie aus dem **sichtbaren kontinuierlichen Spektrum** bestimmte Wellenlängenbereiche **absorbieren** kann.

Sichtbares Licht ist **elektromagnetische Strahlung** im Wellenlängenbereich zwischen 400 und 760 nm. Dieses sogenannte „weiße“ Licht lässt sich durch ein Prisma in die verschiedenen Spektralbereiche zerlegen. Das Spektrum lässt die folgenden Farben erkennen, die jeweils ineinander übergehen:

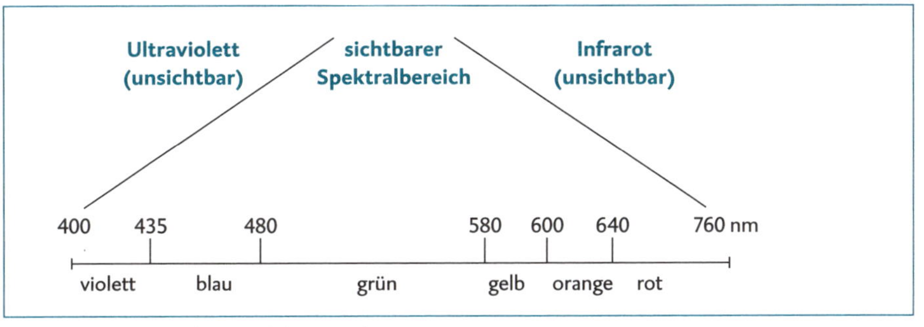

Abb. 2: Spektralbereich des sichtbaren Lichts

Den verschiedenen Farben sind unterschiedliche Frequenzen ν bzw. Wellenlängen λ und damit verschiedene Energiegehalte E zugeordnet. Die genannten physikalischen Größen stehen in folgendem Zusammenhang:

$$E = h \cdot \nu = h \cdot \frac{c}{\lambda}$$

h: Plancksches Wirkungsquantum (Konstante)
ν: Frequenz
λ: Wellenlänge
E: Lichtenergie
c: Lichtgeschwindigkeit

Daraus ergibt sich, dass Licht umso **energiereicher** ist, je kürzer seine Wellenlänge ist. Im sichtbaren kontinuierlichen Spektrum ist somit Violett das energiereichste und Rot das energieärmste Licht.

Vereinigt man die einzelnen Spektralbereiche in ihrem ursprünglichen Intensitätsverhältnis, resultiert wieder weißes Licht.

Trifft nun Licht auf einen Farbstoff, so werden bestimmte Wellenlängenbereiche aus dem sichtbaren Spektrum **absorbiert**. Die restlichen Wellenlängenbereiche werden **reflektiert** und erzeugen beim Menschen einen **Farbeindruck**. Dabei entspricht dieser Farbeindruck einer Mischfarbe, die man wahrnimmt, wenn alle reflektierten Farbanteile gleichzeitig auf die Netzhaut des Auges treffen. Werden von einem Farbstoff alle Wellenlängen reflektiert, so ist er für das Auge weiß, werden alle Wellenlängen absorbiert, erscheint er schwarz.

Das **Farbenpaar** aus absorbierter **Spektralfarbe** und der sich aus allen reflektierten sichtbaren Wellenlängenbereichen ergebenden **Mischfarbe** bezeichnet man als **Komplementärfarben.**

Absorbierte Spektralfarbe	rot	orange	gelb	grün	blau	violett
Reflektierte Mischfarbe	grün	blau	violett	rot	orange	gelb

Bei der Lichtabsorption werden Elektronen in den Molekülen der absorbierenden Verbindung von einem **Grundzustand** auf ein höheres Energieniveau, einen **angeregten Zustand**, angehoben. Dabei werden nur solche Lichtquanten absorbiert, deren Energiegehalt exakt der Energiedifferenz zwischen Grundzustand und angeregtem Zustand entspricht. Da es jedoch neben der Elektronenanregung auch zur Anregung von Schwingungen im Molekül kommt, werden nicht diskrete Wellenlängen absorbiert, sondern man beobachtet Absorptionsbanden. Ihre Lage wird durch die Wellenlänge charakterisiert, für die die Absorption am größten ist (λ_{max}). Der angeregte Zustand ist sehr **kurzlebig**. Bei der Rückkehr in den Grundzustand wird die Energie, z. B. in Form von Wärme, wieder abgegeben.

Vergleichende Untersuchungen von Farbstoffen zeigen, dass sich in ihren Molekülen stets ein mehr oder weniger ausgeprägtes System an **konjugierten Doppelbindungen** befindet. Zwar können auch Elektronen von Einfachbindungen oder isolierten Doppelbindungen Licht absorbieren, für die Anregung kann jedoch nur energiereiches UV-Licht genutzt werden. Solche Verbindungen absorbieren nicht im sichtbaren Bereich und sind daher farblos.

1.1 Chromophore

Polyene haben die allgemeine Formel $CH_3(-CH{=}CH)_n-CH_3$. Alle Polyene mit $n < 9$ sind farblos, absorbieren also im UV-Bereich des Lichts. Das Polyen mit $n = 9$ absorbiert gerade sichtbares violettes Licht.

$$H_3C-CH{=}CH-CH{=}CH-CH{=}CH-(CH{=}CH)_3-CH{=}CH-CH{=}CH-CH{=}CH-CH_3$$

Allgemeiner Hinweis: Für die Halbstrukturformeln langkettiger Moleküle gibt es verschiedene Darstellungsmöglichkeiten.

Beispiel

$$R-CH_2-CH_2-CH_2-CH_2-CH_2-CH_2-R$$

Halbstrukturformel

$R-(CH_2)_6-R$ (1) $\quad$ $R(-CH_2)_6-R$ (2) $\quad$ $R\!-\!\!(\!-CH_2\!-\!)_6\!\!-\!R$ (3)

gekürzte Halbstrukturformeln

(1) ist dabei die gebräuchlichste Darstellung, wenngleich sie die Bindungsverhältnisse im Molekül nicht ganz exakt wiedergibt. Alle drei (gekürzten) Halbstrukturformeln beschreiben dasselbe Molekül.

Mit steigender Anzahl konjugierter Doppelbindungen verschiebt sich offenbar das **Absorptionsmaximum** in den zunehmend längerwelligen Bereich, was als **bathochromer Effekt** bezeichnet wird.
Bindet man formal anstelle der endständigen Methylgruppen des Polyens je einen Phenylrest, so erhält man **Diphenylpolyene**.

Beispiel

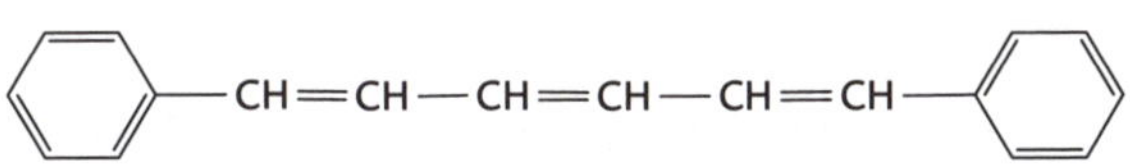

Hier absorbiert bereits das Diphenylpolyen mit $n = 3$ violettes Licht, da die gebundenen Phenylreste das System aus konjugierten Doppelbindungen vergrößern.

> Ungesättigte Atomgruppen mit durch Licht anregbaren π-Elektronen werden als **chromophore Gruppen** bezeichnet.

Diese **chromophoren Gruppen** verleihen einer Verbindung Farbigkeit, da sie über ein ausreichend großes konjugiertes System verfügen, das im sichtbaren Bereich absorbiert. Bei der Betrachtung der Bindungsverhältnisse im Chromophor eines Diphenylpolyens begegnet uns erneut das Phänomen der Mesomerie (vgl. S. 4). Auch hier sind die π-Elektronen der Doppelbindungen nicht lokalisiert, sondern über das gesamte konjugierte System **delokalisiert**. Analog zum Benzol spricht man von einem **mesomeren System**, bei dem man nur mit Angabe von Grenzstrukturen den tatsächlichen Bindungszustand umschreiben kann.

Nach heutigen Modellvorstellungen wird bei der **Erweiterung** des mesomeren Systems die Energiedifferenz zwischen dem Grundzustand und dem angeregten Zustand **geringer**. Durch Absorption von Lichtquanten, deren Energie dem Energieunterschied zwischen diesen beiden Niveaus entspricht, kommt es zur **π-Elektronenanregung**. Handelt es sich bei den absorbierten Lichtquanten um sichtbares Licht, so ist die Verbindung farbig.

> Je größer die Anzahl **konjugierter C=C-Doppelbindungen**, je größer also das zusammenhängende mesomere System, umso weniger Energie ist zur **π-Elektronenanregung** nötig und umso größer ist die Wellenlänge des absorbierten Lichts.

Neben der –CH=CH-Gruppe kann auch die Azogruppe (–N=N–) an der Ausbildung eines Chromophors beteiligt sein.

Beispiel

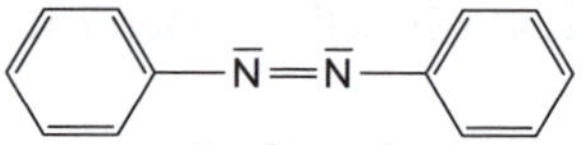

Azobenzol

1.2 Auxochrome, Antiauxochrome

Auf die Farbigkeit einer Verbindung hat aber nicht nur die Größe des mesomeren Systems Einfluss. Auch bestimmte Atome oder Atomgruppen, die an das mesomere System gebunden sind, bewirken einen bathochromen Effekt.

Cyanine haben die allgemeine Formel:

$$(CH_3)_2N(-CH{=}CH)_n-CH{=}\overset{\oplus}{N}(CH_3)_2$$

Beispiel

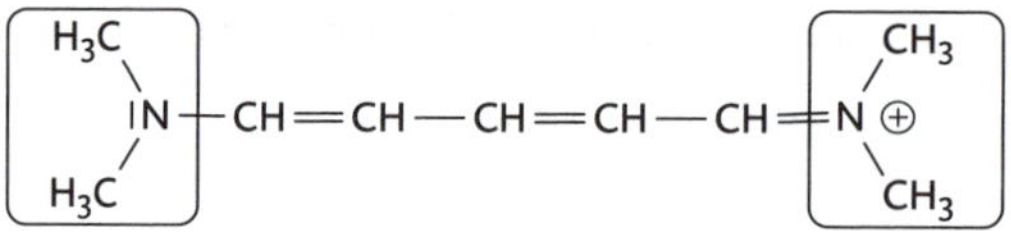

Dimethylaminogruppe **Dimethylimmoniumgruppe**

Während bei den Polyenen erst bei n = 9 eine Verbindung vorliegt, die im violetten Bereich absorbiert, ist dies bei den Cyaninen bereits bei n = 2 gegeben. Weshalb aber reicht hier ein deutlich kleineres chromophores System aus, um eine Absorption im sichtbaren Bereich des Lichts zu erreichen? Der Vergleich des Molekülbaus beider Verbindungen lässt vermuten, dass dafür die Dimethylamino- und Dimethylimmoniumgruppe verantwortlich sind. Beide können sich an dem mesomeren System des Chromophors beteiligen.
Dabei hat die Dimethylaminogruppe einen **+M-Effekt**; ein freies Elektronenpaar des Stickstoffs kann sich an der Mesomerie beteiligen. Die Dimethylimmoniumgruppe am anderen Ende des Moleküls hat einen **–M-Effekt**.

Substituenten mit +M-Effekt werden als **Auxochrome**, solche mit –M-Effekt als **Antiauxochrome** bezeichnet. Beide bewirken eine **Vergrößerung** des mesomeren Systems und damit einen **bathochromen** Effekt.

Der bathochrome Effekt ist besonders ausgeprägt, wenn das Auxochrom als **Elektronendonator** und das Antiauxochrom als **Elektronenakzeptor** zusammenwirken.

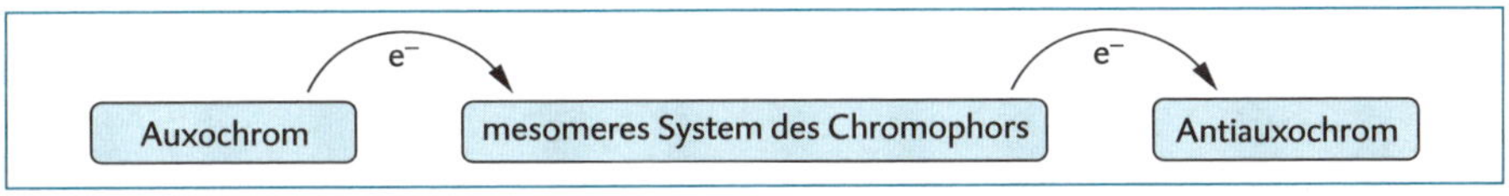

Abb. 3: Zusammenspiel der auxochromen und antiauxochromen Substituenten

Durch das Zusammenspiel von auxo- und antiauxochromer Gruppe lassen sich von Cyanin zwei **energiegleiche** mesomere Grenzstrukturen formulieren, ein Zeichen für eine ideale Delokalisation (vgl. S. 14). Bei den Polyenen, bei denen diese Gruppen fehlen, kommt es in den mesomeren Grenzstrukturen zur Ladungstrennung.

Mesomere Grenzstrukturen eines Polyens:

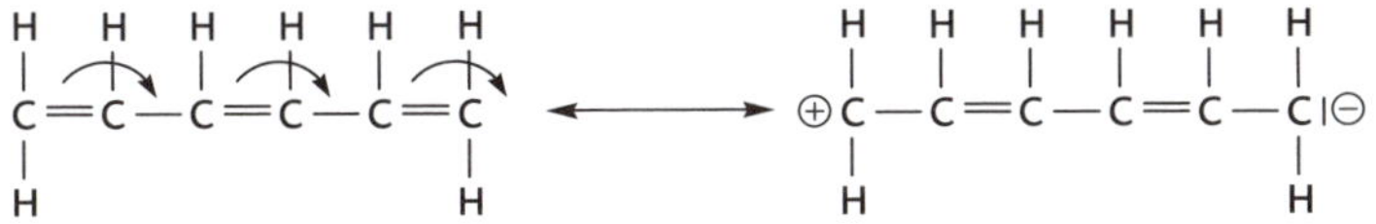

Mesomere Grenzstrukturen eines Cyanins:

Mesomere Effekte

Substituenten, die an ein mesomeres System gebunden sind, können dessen Elektronendichte erhöhen oder erniedrigen. Substituenten, die die Elektronendichte erhöhen, wurden bereits auf S. 12 besprochen.

> Besitzt ein Substituent mindestens ein freies Elektronenpaar, so kann sich dieses an der Mesomerie beteiligen und die Elektronendichte des mesomeren Systems **erhöhen**. Der Substituent besitzt einen **+M-Effekt** und wird als **Auxochrom** bezeichnet.

Beispiele

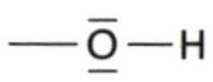

Hydroxygruppe

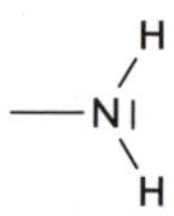

Aminogruppe

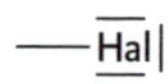

Halogenatom

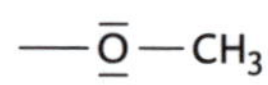

Methoxygruppe

> Zieht ein Substituent Elektronen aus einem mesomeren System ab und **erniedrigt** somit dessen Elektronendichte, hat er einen **–M-Effekt**. Er wird als **Antiauxochrom** bezeichnet.

Beispiele

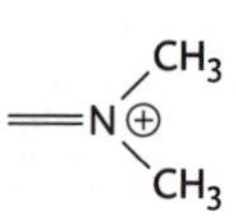

Dimethylimmoniumgruppe

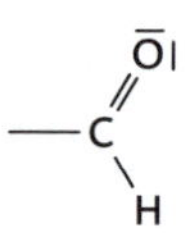

Aldehydgruppe

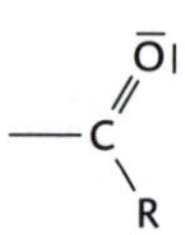

Ketogruppe

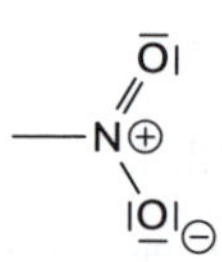

Nitrogruppe

Wie die Beispiele zeigen, besitzen diese Substituenten eine Doppelbindung, deren π-Elektronen zum mesomeren System in Konjugation stehen, und enthalten mindestens ein stark elektronegatives Atom (z. B. O-Atom).

Zusammenfassung

- Ein Stoff ist farbig, wenn er aus dem sichtbaren Spektrum (400 nm – 760 nm) bestimmte Wellenlängenbereiche **absorbieren** kann. Seine Farbe ist die **Komplementärfarbe** der absorbierten Wellenlängenbereiche.
- Um sichtbares Licht absorbieren zu können, brauchen Farbstoffe ein **ausgedehntes mesomeres System**, also ein System aus konjugierten Doppelbindungen **(Chromophor)**. Durch die absorbierte Lichtenergie werden π-Elektronen auf ein höheres Energieniveau gehoben.
- **Auxochrome** (mit +M-Effekt) und **Antiauxochrome** (mit –M-Effekt) können das mesomere System vergrößern, wodurch die Absorption in den längerwelligen Bereich verschoben wird **(bathochromer Effekt)**.

Aufgaben

19. Welche Farbe hat eine Substanz, die sämtliche Wellenlängen des sichtbaren Lichts reflektiert bzw. hindurchlässt?

20. Ein Farbstoffgemisch erscheint blau.
Erläutern Sie die verschiedenen Ursachen dieser Färbung.

21. Welche Stoffe erscheinen schwarz?

22. Geben Sie die mesomeren Grenzstrukturen von Aminobenzol (Anilin) und Nitrobenzol an und erklären Sie daran, was man unter einem +M- bzw. –M-Effekt versteht.

23. Gegeben sind drei Verbindungen mit nachfolgenden Formeln.

(1) 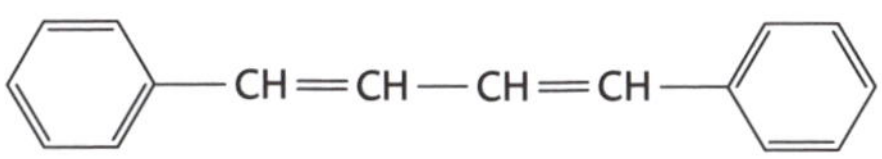

(2) 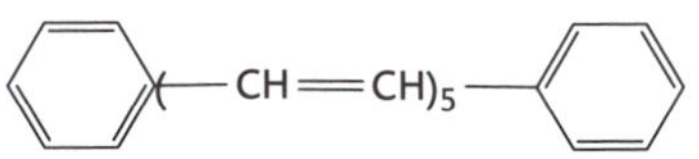

(3) 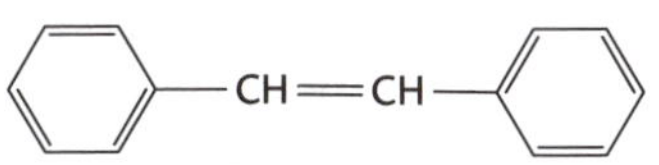

Ordnen Sie die Verbindungen nach zunehmender Wellenlänge des absorbierten Lichts und begründen Sie die gewählte Reihenfolge.

24. Verbindung (1):

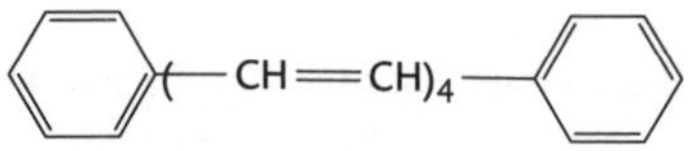

Verbindung (2):

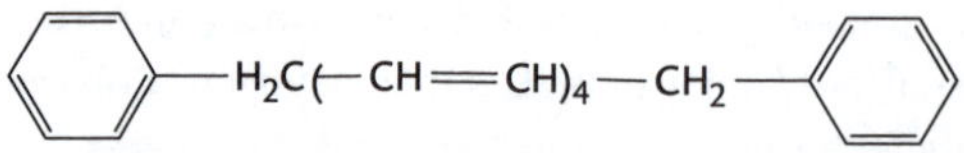

Eine der angegebenen Verbindungen ist farblos, die andere ist grün. Begründen Sie, welche der beiden Verbindungen farbig ist.

25. Polyene bzw. Cyanine lassen sich mit den nachfolgend angegebenen allgemeinen Formeln beschreiben:

Polyene: $H(-CH{=}CH)_n-CH{=}CH_2$

Cyanine: $(H_3C)_2\overline{N}(-CH{=}CH)_n-CH{=}\overset{\oplus}{N}(CH_3)_2$

a Geben Sie jeweils zwei mesomere Grenzstrukturen für ein Polyen bzw. Cyanin mit n = 2 an.

b Bei einem identisch niedrigen Wert von n ist eine Verbindung farbig, die andere farblos.
Begründen Sie, welche der beiden Verbindungen farbig ist.

26. Gegeben sind die Verbindungen Benzol, Triphenylmethan und die Verbindung M.

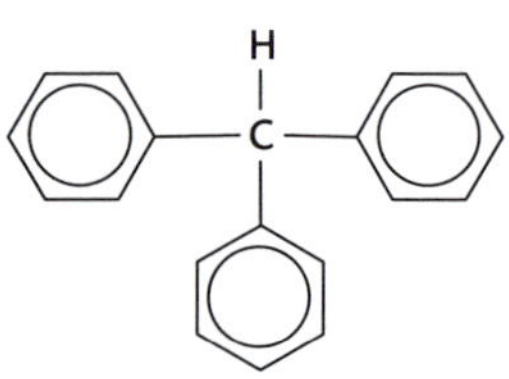

Triphenylmethan

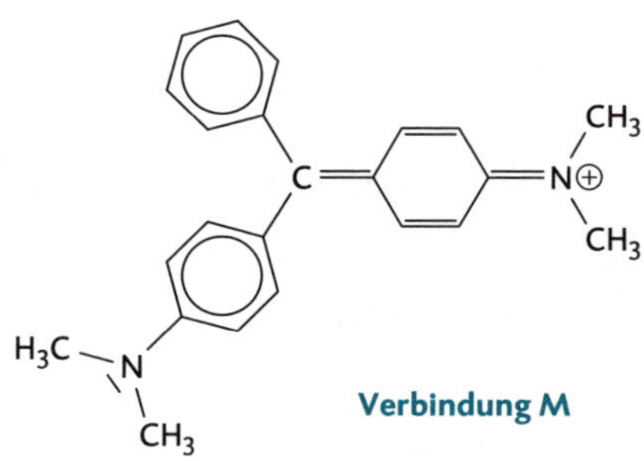

Verbindung M

Entscheiden und begründen Sie, welche dieser Verbindungen farbig ist.

2 Azofarbstoffe

Für Vertreter dieser Farbstoffklasse ist charakteristisch, dass sie mindestens eine Azogruppe **–N=N–** besitzen. Sie ist ein Teil des Chromophors und verknüpft zwei aromatische Teilbereiche. Der einfachste Azofarbstoff ist das Anilingelb.

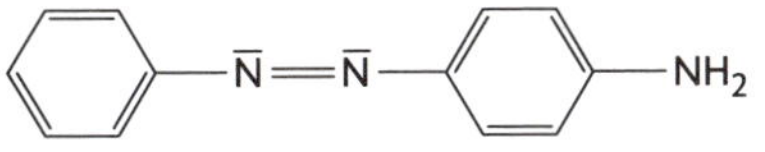

Anilingelb

Der systematische Name von Anilingelb lautet **p-Aminoazobenzol**. Das p steht für para und gibt die Stellung der Aminogruppe relativ zur Azogruppe an.

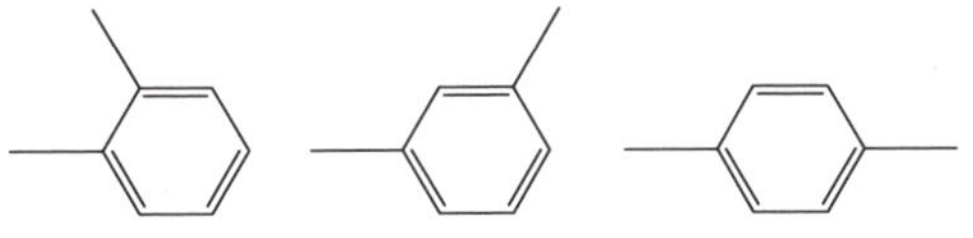

ortho- **meta-** **para-**

Durch Variation der organischen Komponenten und durch gezielten Einbau von Auxo- und Antiauxochromen lässt sich die Lichtabsorption beeinflussen. Es gibt über 2 000 verschiedene Azofarbstoffe der verschiedensten Farben.

2.1 Herstellung von Azofarbstoffen

Die Herstellung eines Azofarbstoffs, wie z. B. Anilingelb, erfolgt in zwei Schritten, der **Diazotierung** und der **Azokupplung**.

1. Schritt: Diazotierung

Bei der Diazotierung wird ein primäres aromatisches Amin, die (Di)Azokomponente, mit salpetriger Säure HNO_2 zu einem **Diazoniumsalz** umgesetzt.
Die instabile salpetrige Säure wird bei der Umsetzung von Natriumnitrit mit Salzsäure gewonnen **(1)**. Sie reagiert mit dem primären Amin zu einer **N-Nitrosoverbindung (2)**, die dann in dem sauren Milieu unter Wasserabspaltung in das **Diazoniumsalz** übergeht **(3)**.
Das Diazonium-Ion ist bei höheren Temperaturen instabil, da es leicht unter Stickstoffabspaltung zerfällt. Um diesen unerwünschten Zerfall zu verhindern, wird es bei niedrigen Temperaturen (2 °C–5 °C) sofort dem zweiten Reaktionsschritt zugeführt.

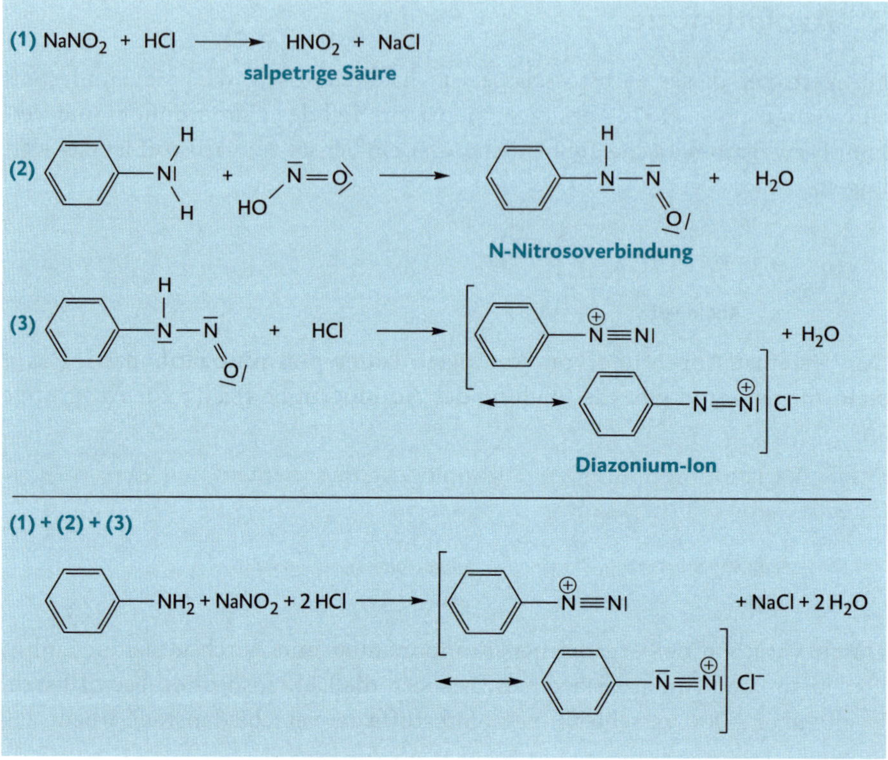

2. Schritt: Azokupplung

Das Diazonium-Ion lagert sich elektrophil an einen als **Kupplungskomponente** benannten Reaktionspartner an. Dabei handelt es sich um einen Aromaten, der mindestens einen **Substituenten mit +M-Effekt** besitzt, wie z. B. Anilin. Durch einen solchen Substituenten wird die Elektronendichte des aromatischen Systems erhöht und dadurch der elektrophile Angriff des Diazonium-Ions erleichtert. Das Diazonium-Ion greift die Kupplungskomponente an und wird über ein Elektronenpaar aus der π-Elektronenwolke gebunden. Durch Protonenabspaltung bildet sich das aromatische π-Elektronensystem zurück und es entsteht der **Azofarbstoff**. Die Reaktion verläuft nach dem bereits bekannten Mechanismus der **elektrophilen Substitution** (vgl. S. 6).

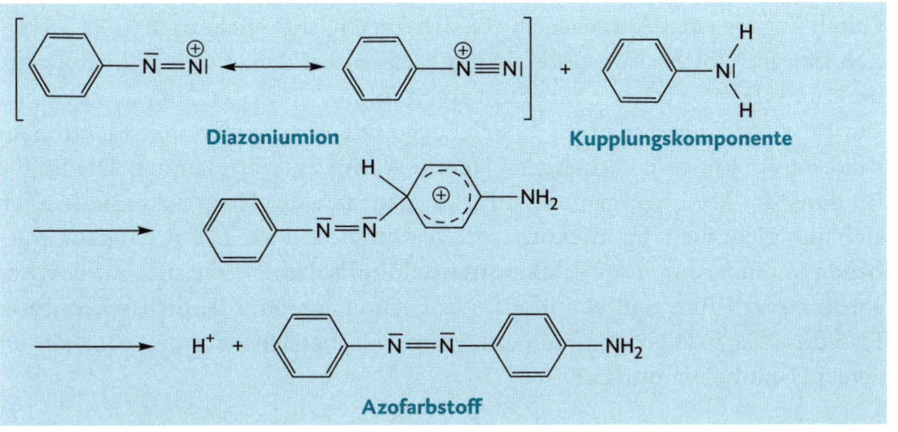

Durch Variation von Azo- und Kupplungskomponenten sind die verschiedensten Farbstoffe zugänglich.

Beispiele

Azokomponenten

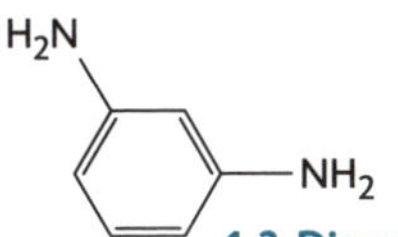
1,3-Diaminobenzol

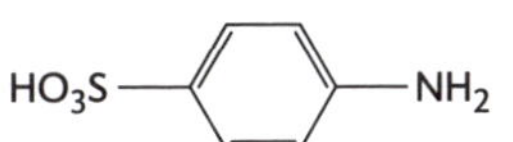
Sulfanilsäure

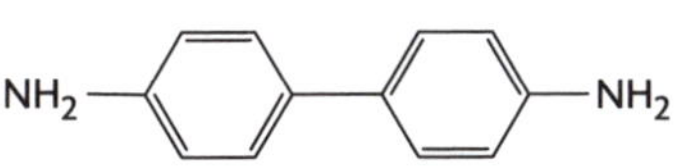
Benzidin

Kupplungskomponenten

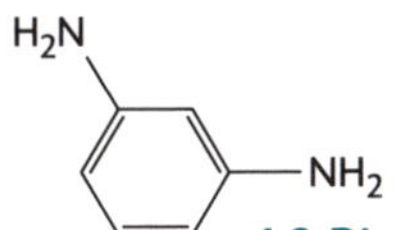
1,3-Diaminobenzol

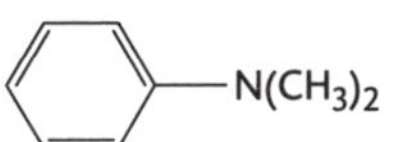
N,N-Dimethylanilin

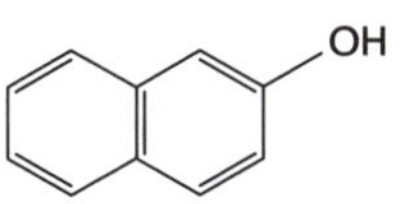
β-Naphthol

2.2 Azofarbstoffe als Indikatoren

Bestimmte Farbstoffe verändern in Abhängigkeit vom pH-Wert ihre Farbe. Sie eignen sich als **Säure-Base-Indikatoren**.

$$\text{H-Ind} \rightleftharpoons \text{Ind}^- + \text{H}^+\text{(aq)}$$

H-Ind: **Indikatorsäure**; Ind^-: **korrespondierende Indikatorbase**

Durch Zugabe einer Säure verschiebt sich das Gleichgewicht nach links. Es eignen sich nur solche Farbstoffe als Indikatoren, bei denen sich Indikatorsäure und Indikatorbase in ihrer Farbe **unterscheiden**.
Zur Farbänderung kommt es, da sich zugesetzte Protonen an freie Elektronenpaare der im Molekül enthaltenen Hetero-Atome anlagern können. Die für die Bindung der Protonen genutzten Elektronenpaare der Hetero-Atome können sich nun nicht mehr am **mesomeren System** beteiligen. Die sich daraus ergebende Veränderung der **π-Elektronendelokalisation** wirkt sich auf das Absorptionsverhalten und somit auf die Färbung aus. Ein deutlich erkennbarer Farbumschlag erfolgt innerhalb eines Umschlagbereichs, der ungefähr ein bis zwei pH-Einheiten umfasst.

Methylorange ist ein Azofarbstoff, der als Säure-Base-Indikator verwendet wird. Er verändert in einem pH-Bereich zwischen 3 und 4,5 seine Farbe von rot nach orange. Aus dem Absorptionsspektrum von Methylorange in stark saurer (pH = 1) bzw. basischer Lösung (pH = 12) erkennt man, dass das Absorptionsmaximum im Sauren bei einer größeren Wellenlänge liegt als im Basischen.

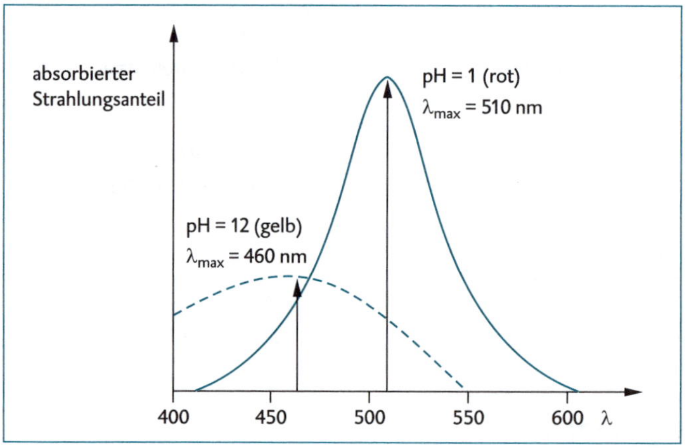

Abb. 4: Absorptionsspektren von Methylorange bei pH 12 und 1

Dies zeigt, dass sich im sauren Milieu das π-Elektronensystem mit energieärmerem Licht anregen lässt als im basischen Milieu. Die Delokalisation der π-Elektronen ist also bei den in saurer Lösung vorliegenden Molekülen größer.

Eine **π-Elektronendelokalisation** ist umso ausgeprägter, je **geringer** der **Energieunterschied** zwischen den formulierbaren **mesomeren Grenzstrukturen** ist oder anders ausgedrückt, je weniger sich die mesomeren Grenzstrukturen in ihrer Stabilität unterscheiden.

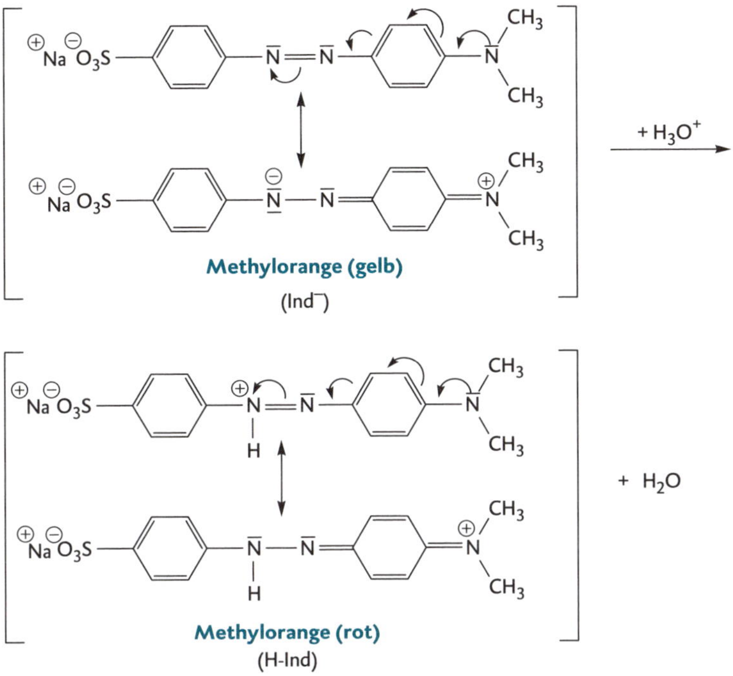

Die Verschiebung eines Elektronenpaares in der Molekülstruktur der gelben Indikatorbase (Ind^-) führt zu einer energiereichen mesomeren Grenzstrukturformel mit verstärkter Ladungstrennung. Von der roten Indikatorsäure (H-Ind) können dagegen zwei mesomere Grenzstrukturen ähnlichen Energiegehalts formuliert werden; die π-Elektronendelokalisation ist hier stärker ausgeprägt und es genügt energieärmeres Licht zur Anregung der π-Elektronen.

Zusammenfassung

- Azofarbstoffe enthalten als charakteristisches Strukturmerkmal mindestens eine **Azogruppe** als Chromophor.
- Die Synthese von Azofarbstoffen erfolgt in zwei Reaktionsschritten, der **Diazotierung** und der **Azokupplung**.
- **Indikatoren** sind Farbstoffe, die in Abhängigkeit vom pH-Wert der Lösung ihre Farbe verändern.

Aufgaben

27. Geben Sie für folgende Azofarbstoffe jeweils die Formeln von Diazo- und Kupplungskomponente an:

a
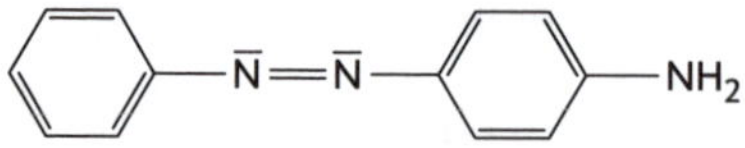

b
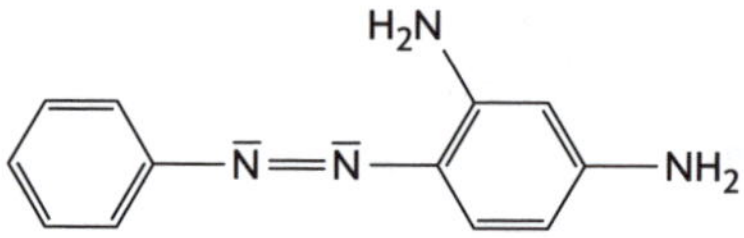

c
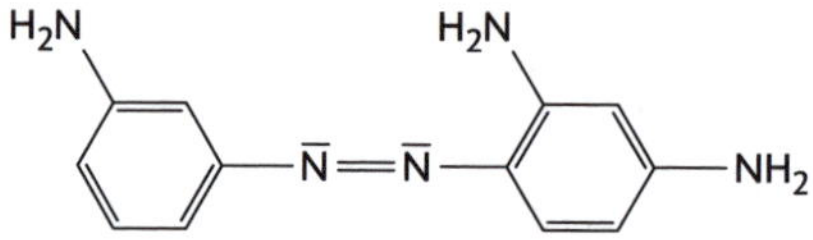

d
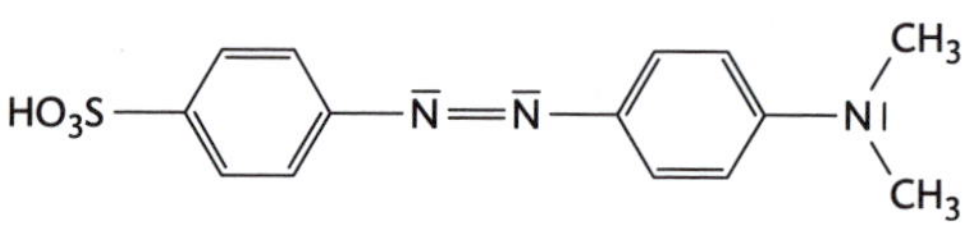

e
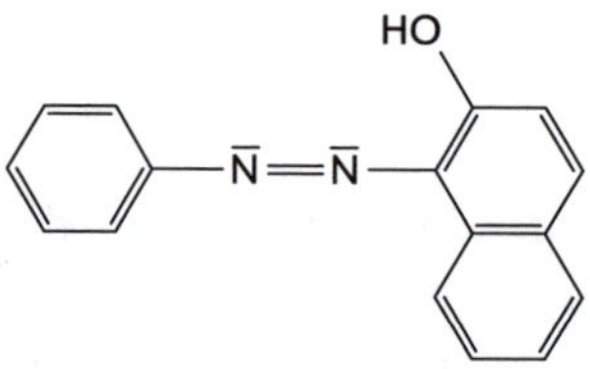

f
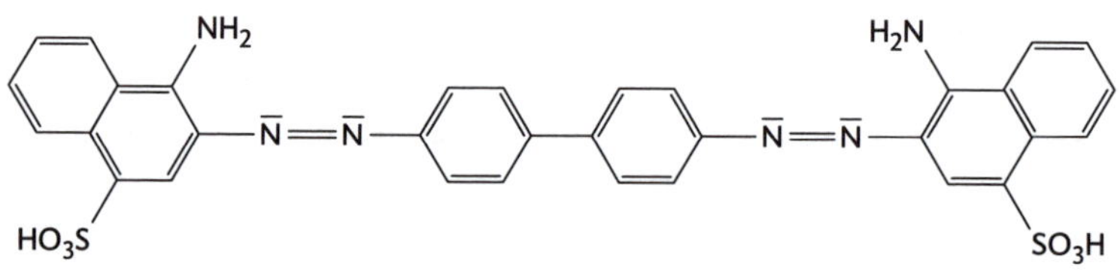

28. Chrysoidin ist ein Farbstoff, den man zur Färbung von Leder einsetzt. Er hat folgende Strukturformel:

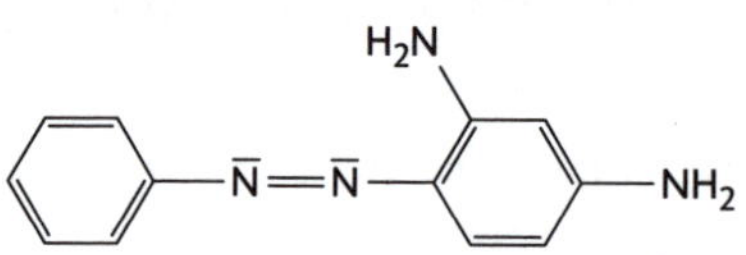

Erläutern Sie die einzelnen Schritte zur Herstellung des Farbstoffs.

29. Welchen Azofarbstoff kann man herstellen, wenn neben anorganischen Chemikalien nur Anilin zur Verfügung steht?
Geben Sie die Strukturformel und den Namen des Azofarbstoffs an.

30. Geben Sie an, aus welchen Ausgangsstoffen sich Methylorange herstellen lässt.

31. Phenolphthalein ist ein Farbstoff, der Indikatoreigenschaften besitzt, also in Abhängigkeit vom pH-Wert Farbänderungen zeigt.
Bei einem Versuch gibt man Phenolphthalein in wässrige Lösungen von pH = 3 bzw. pH = 11. In einer der Lösungen verfärbt sich der Indikator rotviolett, in der anderen bleibt er farblos.
   a Erläutern Sie allgemein die pH-Wert-Skala.
   b Ordnen Sie eine der nachfolgenden Formeln A und B dem farblosen Phenolphthalein zu.
   Begründen Sie Ihre Auswahl.

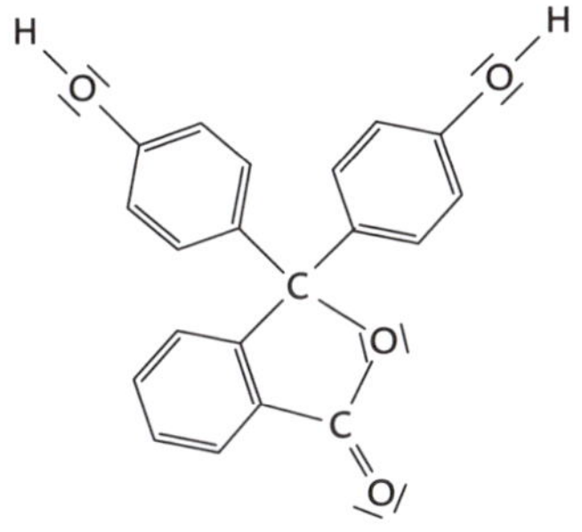

Formel A

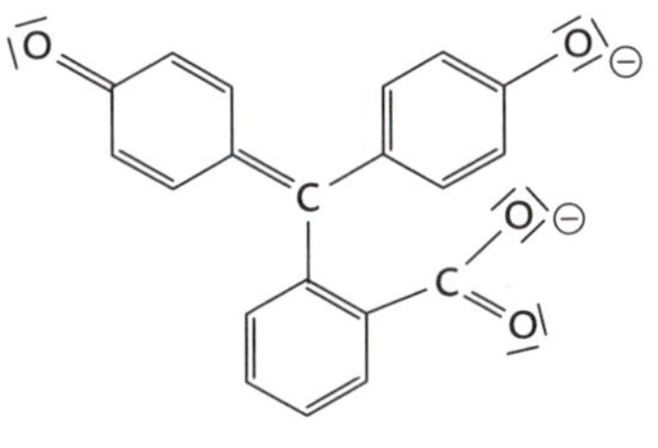

Formel B

   c Geben Sie für die farbige Form eine weitere mesomere Grenzstruktur an.

3 Naturfarbstoffe

Farbstoffe spielen auch in der Natur eine wichtige Rolle. Sie werden in diesem Zusammenhang oftmals als Pigmente bezeichnet.
Mithilfe von Pigmenten ist es grünen Pflanzen im Zuge der Fotosynthese möglich, Kohlenhydrate herzustellen. Um den Energiebedarf für die Herstellung solch energiereicher Reaktionsprodukte aus energiearmen Ausgangsstoffen zu decken, nutzen sie Lichtenergie. Da nur die Energie des absorbierten Lichts von den Pflanzen genutzt werden kann, sind sie mit Pigmenten ausgestattet.

3.1 Pigmente

Zerreibt man grüne Blätter in einem Mörser mit etwas Quarzsand und Propanon, so werden die Pigmente aus den Blättern herausgelöst. Dieser **Gesamtpigmentextrakt** lässt sich chromatografisch in die einzelnen Pigmente auftrennen.
Bei der **Papierchromatografie** bringt man mit einer Kapillare den Gesamtpigmentextrakt auf einem Chromatografiepapier an der **Startlinie** auf. Dann hängt man das Papier in eine mit einem **Fließmittel** (meist einem Gemisch organischer Lösungsmittel) beschickte Chromatografiekammer, sodass das Papier am unteren Rand etwas in das Fließmittel eintaucht. Das Fließmittel wird durch Kapillarkräfte im Papier nach oben gesaugt und nimmt dabei die Pigmente mit. Die verschiedenen Pigmente wandern unterschiedlich schnell, je nach dem Maß ihrer Löslichkeit in dem im Papier gebundenen Wasser **(stationäre Phase)** bzw. im Fließmittel **(mobile Phase)**. Hat die Fließmittelfront das Ende des Papierstreifens fast erreicht, wird das Papier aus der Kammer genommen, die Fließmittelfront markiert und das Chromatogramm getrocknet.
Zur Identifizierung der voneinander getrennten Substanzen kann man **R_f-Werte** benutzen.

$$R_f = \frac{\text{Entfernung Startlinie – Fleckmittelpunkt}}{\text{Entfernung Startlinie – Fließmittelfront}}$$

Unter gleichen Versuchsbedingungen wird eine Substanz durch ihren R_f-Wert charakterisiert. Eine Identifizierung ist auch dadurch möglich, dass man neben dem zu trennenden Gemisch bekannte Vergleichssubstanzen mitlaufen lässt. Identische Substanzen haben gleiche Steighöhen.

Bei der **Dünnschichtchromatografie (DC)** verwendet man DC-Platten anstelle von Papier. Bei diesen Platten ist auf ein dünnes Aluminiumblech die stationäre Phase (z. B. Kieselgel) aufgezogen. Wandern die Pigmente mit dem Fließmittel über die stationäre Phase, so werden sie unterschiedlich stark von dem Kieselgel festgehalten **(adsorbiert)** und somit ebenfalls getrennt.

Nach der Trennung zeigt das Chromatogramm verschiedene Banden folgender Pigmente: Xanthophylle, Chlorophyll a, Chlorophyll b, Carotin.

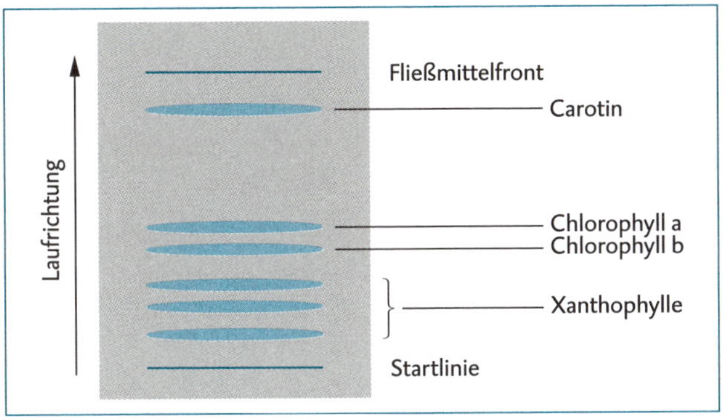

Abb. 5: Chromatographische Auftrennung eines Gesamtpigmentextrakts

3.2 Carotinoide

Xanthophylle und **Carotine** fasst man unter dem Sammelbegriff Carotinoide zusammen. Während in Carotinen kein Sauerstoff gebunden ist, sind Xanthophylle **sauerstoffhaltige Derivate** der Carotine.

Beispiele

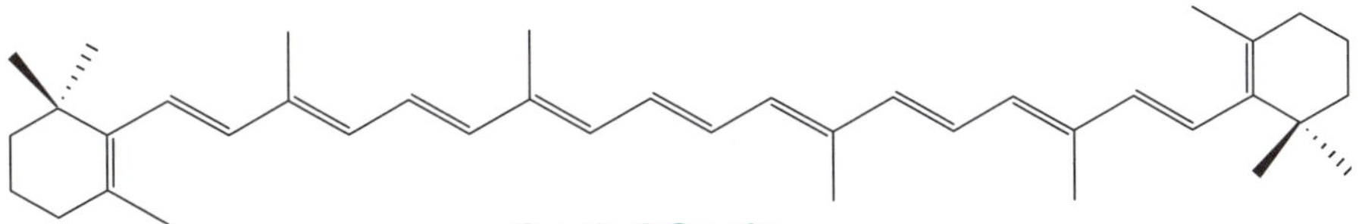

Carotin: β-Carotin

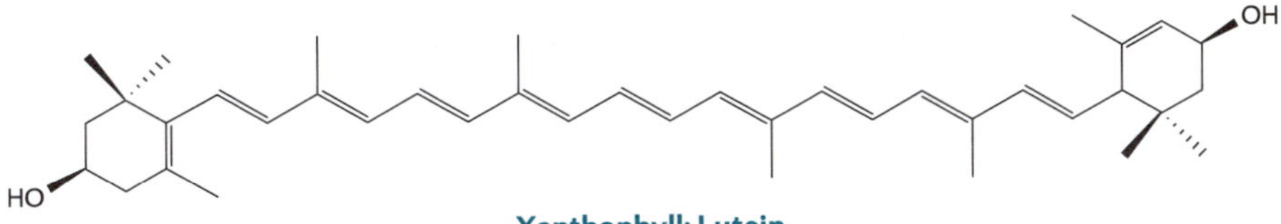

Xanthophyll: Lutein

Carotinoide sind **Polyenfarbstoffe**, die ihre Farbigkeit einem ausgedehnten mesomeren System verdanken (vgl. S. 27 f.).

3.3 Chlorophylle

Das Chromatogramm (S. 41) zeigt zwei verschiedene Chlorophylle, Chlorophyll a und b, die sich geringfügig in ihrem Molekülbau unterscheiden.
Ein Chlorophyll-Molekül besitzt als Grundstruktur ein **Porphyrinsystem** mit einem **zentralen Magnesium-Atom**. Das Porphyrinsystem setzt sich aus vier substituierten **Pyrrolringen** zusammen, die über Methylengruppen (–CH=) verknüpft sind. Pyrrol (vgl. S. 9) ist ein aromatischer Kohlenwasserstoff, der aus einem heterozyklischen Fünfring (Fünfring mit einem Nichtkohlenstoff-Atom) besteht.

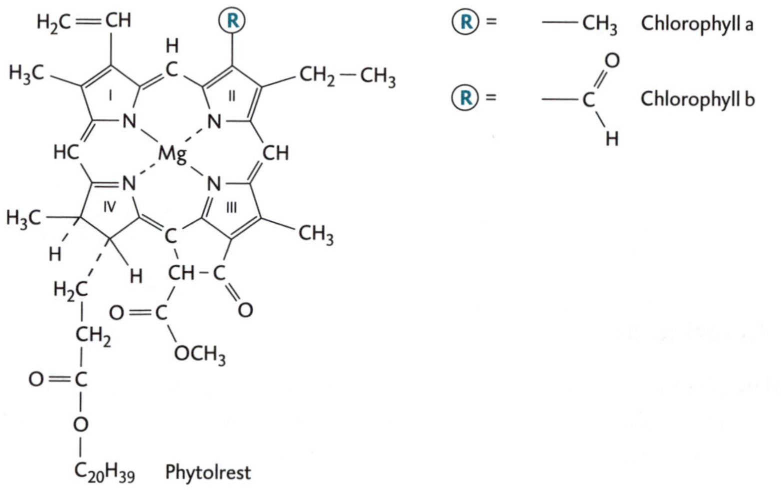

Abb. 6: Strukturformel des Chlorophylls

Von den an das Porphyrinsystem gebundenen Substituenten seien erwähnt:

- Die **Methylgruppe** am Pyrrolring II des Porphyrinsystems von Chlorophyll a. Das Chlorophyll b unterscheidet sich vom Chlorophyll a dadurch, dass es anstelle der Methylgruppe eine **Aldehydgruppe** trägt.
- Der **Propansäurerest** am Pyrrolring IV, an dem über eine Esterbindung der langkettige Alkohol Phytol ($C_{20}H_{39}OH$) gebunden ist.

Die Molekülstruktur der Chlorophylle weist elf konjugierte Doppelbindungen auf; es liegt also ein ausgedehntes mesomeres System vor. Dieses System ist so groß, dass zur π-Elektronenanregung sichtbares Licht ausreicht.

Absorptionsspektren der Blattpigmente

Bestimmt man das Ausmaß der Lichtabsorption von Lösungen der verschiedenen Pigmente in Abhängigkeit von der Wellenlänge des Lichts in einem **Spektralfotometer**, erhält man sogenannte **Absorptionsspektren**.

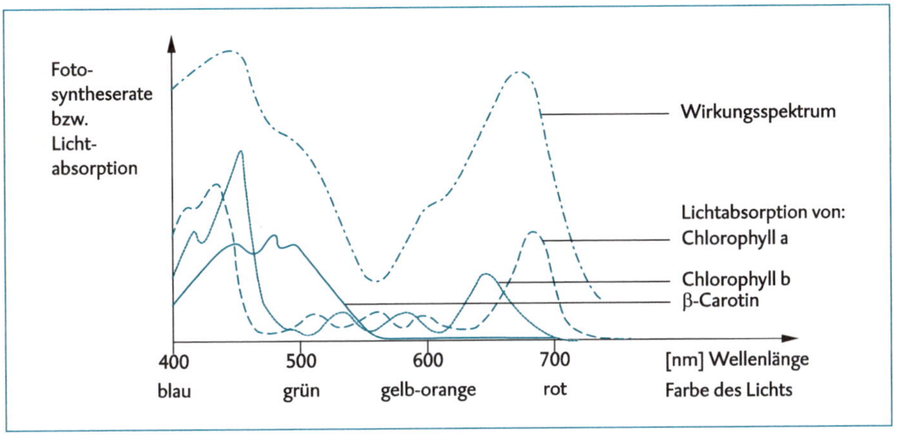

Abb. 7: Absorptionsspektren der Pigmente und Wirkungsspektrum

Zwar wird das Absorptionsverhalten vom verwendeten Lösungsmittel beeinflusst, doch kann man allgemein sagen, dass Chlorophyll a besonders stark im blauen und roten Bereich absorbiert; beim Chlorophyll b liegen die Absorptionsmaxima etwas näher zusammen, und zwar im blaugrünen und orangeroten Bereich.

Die Energie des absorbierten Lichts wird zur Anregung der π-Elektronen genutzt. Beim Chlorophyll gibt es **zwei Anregungszustände**. Es können nur solche Lichtquanten absorbiert werden, deren Energie der Energiedifferenz zwischen Grundzustand und einem der beiden angeregten Zustände entspricht. Zur Anhebung auf den 1. Anregungszustand genügt energieärmeres rotes Licht, zur Anhebung auf den 2. Anregungszustand benötigt man energiereicheres blaues Licht. Die angeregten Elektronen verbleiben nur Sekundenbruchteile in den Anregungszuständen und kehren unter **Energieabgabe** wieder in den Grundzustand zurück. Beim Rücksprung vom zweiten in den ersten Anregungszustand wird diese Energie in Form von **Wärme** abgegeben. Bei der Rückkehr vom ersten Anregungszustand in den Grundzustand kann die Energie in Form von Wärme oder in Form von rotem Licht abgegeben werden. Dieses Phänomen bezeichnet man als **Fluoreszenz**.

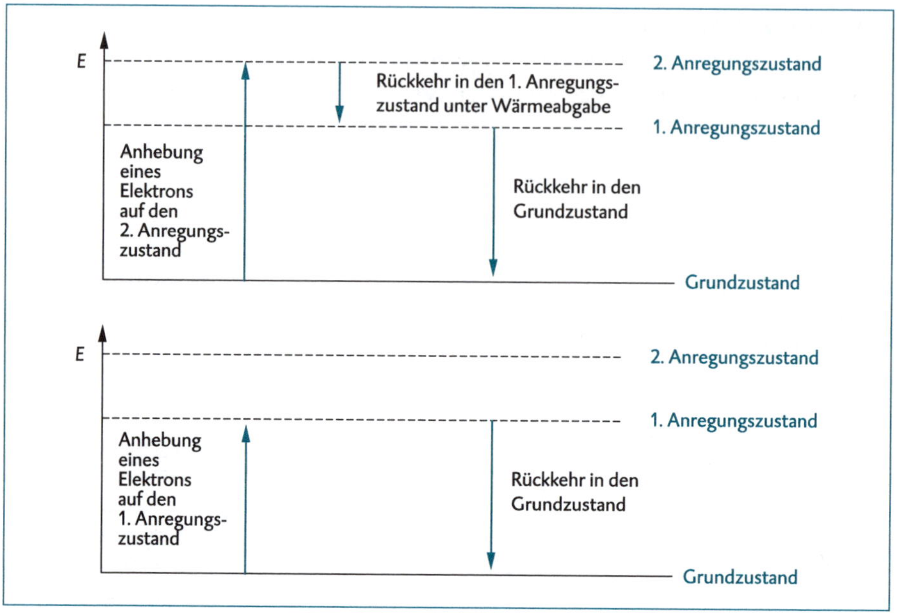

Abb. 8: Anregung des Chlorophylls durch blaues Licht (oben) bzw. durch rotes Licht (unten) und Rückkehr in den Grundzustand

In den **Chloroplasten**, den Zellorganellen der Fotosynthese, kann im angeregten Zustand ein Elektron des Chlorophylls abgegeben und in einer komplizierten Reaktionsfolge zur Herstellung von Zwischenprodukten verwendet werden. Die Zwischenprodukte werden benötigt, um energiereiche Kohlenhydrate herzustellen.

Das **Wirkungsspektrum** (vgl. Abb. 7) zeigt die Abhängigkeit der Fotosyntheserate von der Wellenlänge des Lichts. Die Abweichungen des Wirkungsspektrums von den Absorptionsspektren der Chlorophylle zeigen, dass an der Lichtabsorption auch Carotinoide, wie z. B. das β-Carotin, beteiligt sind, deren Absorptionsvermögen auch Wellenlängen für die Fotosynthese nutzbar machen, die von den Chlorophyllen nicht absorbiert werden.

3.4 Textilfärbung

Farbstoffe, die bei der Textilfärbung zum Einsatz kommen, müssen auf der Faser ausreichend fest fixiert werden können, damit sie nicht ausgewaschen werden (Waschechtheit). Wie dies erreicht wird, soll am Beispiel der Küpenfärbung verdeutlicht werden.

Bei den **Küpenfarbstoffen**, wie z. B. dem **Indigo**, der vor allem zur Färbung von Baumwolle (Bluejeans) eingesetzt wird, ist der eigentliche blaue Farbstoff **wasserunlöslich**. Um ihn auf die Baumwollfaser aufbringen zu können, wird er in alkalischer Lösung (z. B. Natriumdithionit) reduziert und dabei in die **wasserlösliche**, schwach gelbe **Leukoform** überführt.

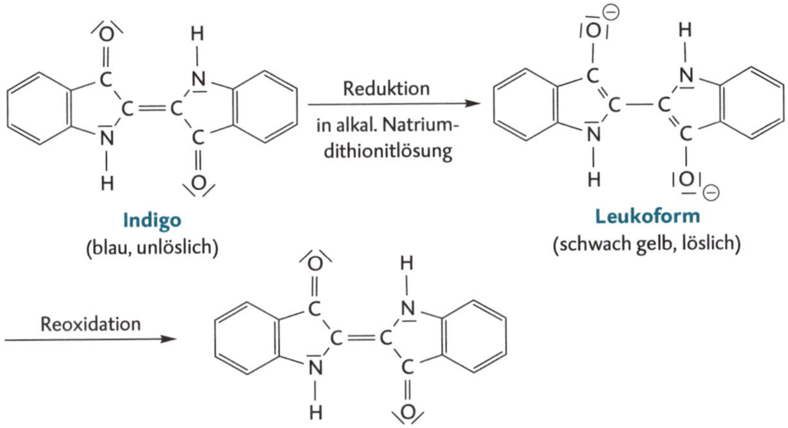

Indigo
(blau, unlöslich)

Die Leukoform kann über die geladenen Sauerstoff-Atome in stärkerem Maße mit **Wasserdipolen** in Wechselwirkung treten, was zur verbesserten Löslichkeit führt. Die Leukoform kann nur im kurzwelligen Bereich des sichtbaren Spektrums absorbieren und erscheint daher farblos bzw. schwach gelb. Im Gegensatz zur oxidierten Form, in der die Sauerstoff-Atome wechselseitig in den mesomeren Grenzstrukturen ein Elektronenpaar übernehmen können, ist dies bei der Leukoform nicht möglich.

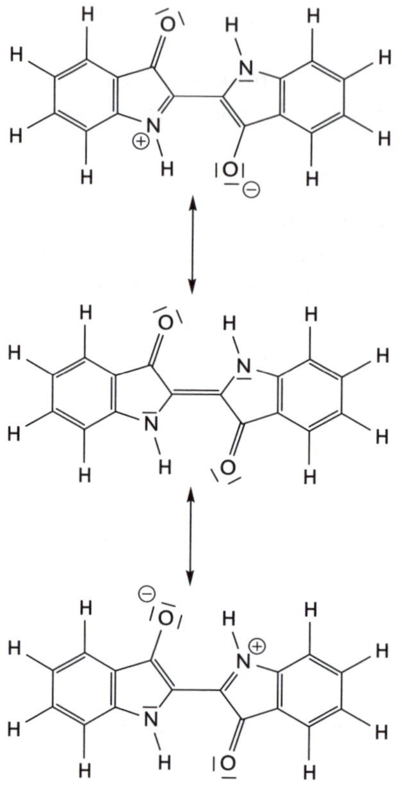

Die Ionen der Leukoform dringen in das Baumwollgewebe ein, wobei **elektrostatische Anziehungskräfte** zwischen den Ionen und den **polaren** OH-Gruppen der Cellulose wirksam werden.

Anschließend wird die Leukoform reoxidiert und der wasserunlösliche blaue Farbstoff wird zurückgebildet. Die Farbstoff-Moleküle werden über **Van-der-Waals-Kräfte** und **Wasserstoffbrückenbindungen** an der Faser gehalten. An stark beanspruchten Stellen können Moleküle „herausgerieben" werden, was zu hellen Bereichen im Gewebe führt. Indigo-Moleküle, die nicht ausreichend festgehalten werden, werden bei den ersten Wäschen herausgelöst.

Moderne Färbeverfahren führen meist zu einer stabileren Verankerung des Farbstoffs an den Fasern.

Zusammenfassung

- Der Gesamtpigmentextrakt grüner Pflanzen kann **chromatografisch** in die einzelnen Pigmente aufgetrennt werden.
- **Chlorophylle** sind natürliche Farbstoffe, die Lichtenergie absorbieren können. Die absorbierte Energie kann z. T. zum Aufbau energiereicher Stoffe wie z. B. Glucose verwendet werden.
- Xanthophylle und Carotine zählen zu den **Carotinoiden**, einer weiteren Klasse natürlicher Farbstoffe.
- Zum Färben von Fasern sind nur solche Farbstoffe geeignet, die sich ausreichend fest verankern lassen.
- **Indigo** zählt zu den sogenannten **Küpenfarbstoffen**, die sich nicht in Wasser lösen. Vor dem Aufbringen auf die Textilfasern werden die Farbstoffe zunächst durch Reduktion in die wasserlösliche **Leukoform** überführt und anschließend wieder reoxidiert.

Aufgaben

32. Erklären Sie, weshalb Chlorophylllösung grün erscheint.

33. Die rote Farbe von Tomaten wird vor allem durch den Farbstoff Lycopin verursacht. Gibt man zu Tomatensaft Bromwasser, verblasst die rote Farbe zunächst, bis sich der Saft schließlich vollständig entfärbt.

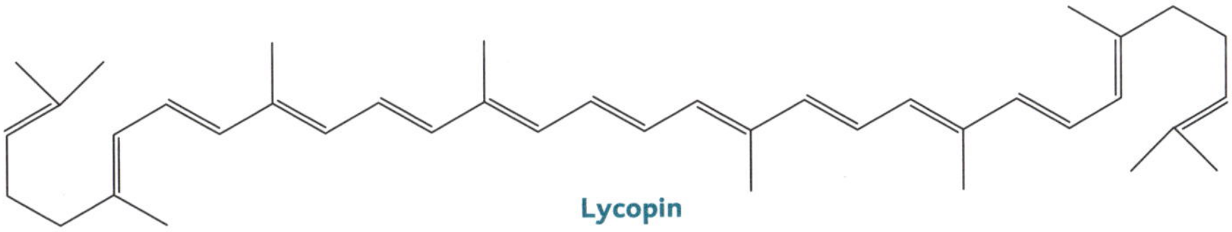

Lycopin

   a Erklären Sie, worauf die Farbigkeit von Lycopin zurückzuführen ist.
   b Geben Sie die Anzahl der konjugierten Doppelbindungen an, die im Chromophor vorhanden sind.
   c Worauf ist die durch das Bromwasser hervorgerufene Farbänderung zurückzuführen?

34. Farbstoffe, die zum Färben von Textilien Verwendung finden, müssen möglichst fest auf der Faser haften.
Geben Sie drei Beispiele für Wechselwirkungen, die diese Haftung bedingen können.

Kunststoffe

Moderne Kunststoffe sind aus unserem Alltag nicht mehr wegzudenken. Aufgrund ihrer herausragenden Eigenschaften kommen Kunststoffe in vielen verschiedenen Bereichen, wie etwa der Lebensmittel-, Auto- oder Bauindustrie, zum Einsatz.

1 Herstellung von Kunststoffen

Kunststoffe sind aus der heutigen Zeit nicht mehr wegzudenken. Durch folgende Merkmale lassen sich Kunststoffe von anderen Werkstoffen abgrenzen:

- Kunststoffe sind **organische Verbindungen** und somit stets kohlenstoffhaltig. Neben Kohlenstoff können auch andere Elemente, wie z. B. Wasserstoff, Sauerstoff, Stickstoff, Halogene oder Silicium, enthalten sein.
- Kunststoffe sind **makromolekulare Verbindungen**, d. h., sie sind aus Riesenmolekülen aufgebaut, deren Molekülmasse 10 000 u überschreitet. Dabei können die Massen der Makromoleküle variieren.
- Kunststoffe kann man in zwei Gruppen einteilen, in halbsynthetische und vollsynthetische Kunststoffe.
  Bei den **halbsynthetischen Kunststoffen** greift man auf natürliche Makromoleküle zurück. Werden die natürlichen Makromoleküle nur vorübergehend während des Bearbeitungsprozesses chemisch verändert, so spricht man von **regenerierten Naturprodukten**. Beispielsweise wird bei der Herstellung von Viskose Cellulose in einem Nassspinnverfahren durch Düsen in ein Bad aus verdünnter Schwefelsäure gepresst, wobei sich die Cellulose in ihrer natürlichen Form wieder zurückbildet. Von **Naturproduktderivaten** spricht man, wenn der Molekülbau des Ausgangsstoffs bleibend verändert wird. So handelt es sich beim Celluloid um Cellulosenitrat, das durch Behandlung von Cellulose mit Salpetersäure gewonnen wird.
  Bei **vollsynthetischen Kunststoffen** greift man hingegen nicht auf natürliche Makromoleküle zurück, sondern stellt die Polymere durch Verknüpfung von Monomeren her. Durch geschickte Wahl der eingesetzten Ausgangsstoffe und der Reaktionsbedingungen lassen sich die Eigenschaften der entstehenden Kunststoffe in starkem Maße beeinflussen.

Es werden drei verschiedene Herstellungsarten für vollsynthetische Kunststoffe betrachtet. Welches Verfahren Anwendung finden kann, wird von den strukturellen Merkmalen der Monomere bestimmt.

1.1 Radikalische Polymerisation

Zur Polymerisation sind Monomere geeignet, die eine **Kohlenstoff-Kohlenstoff-Doppelbindung** aufweisen.
Bei der Polymerisation lagern sich die Monomere zusammen, wobei die π-Elektronenpaare der Doppelbindungen jeweils gelöst und deren Elektronen zur Verknüpfung der Monomere verwendet werden.

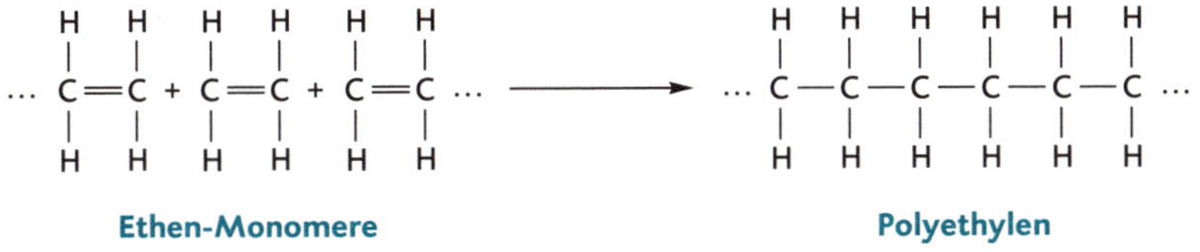

Bei der Reaktion werden keine Nebenprodukte gebildet, sodass die Elemente in den Polymeren im gleichen prozentualen Verhältnis vorhanden sind wie in den Monomeren.
Um die radikalische Polymerisation zu starten, muss das π-Elektronenpaar der Doppelbindung entkoppelt werden.

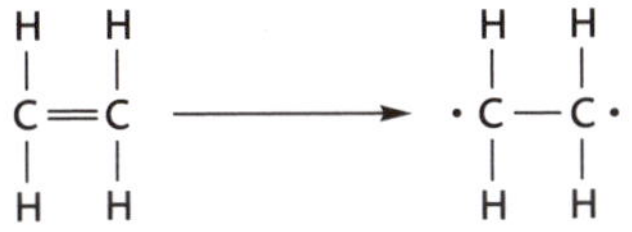

Bei dieser **homolytischen Spaltung** entstehen sehr reaktionsfreudige Teilchen mit ungepaarten Elektronen, die man als **Radikale** bezeichnet. Die zur Spaltung der π-Bindung nötige Energie kann in Form von Wärme zugeführt werden. Meist setzt man jedoch **Initiatoren** ein.

Initiatoren sind Moleküle, die besonders leicht in Radikale zerfallen.

Beispiel

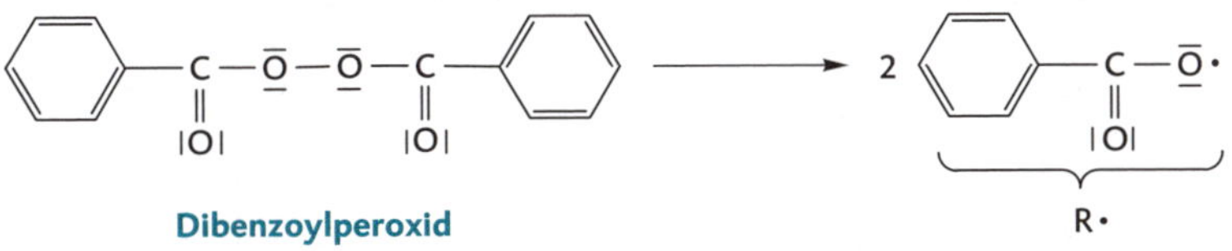

Die aus den Initiatoren gebildeten Startradikale lagern sich an die Monomere an und bringen damit die Polymerisation, die in verschiedene Schritte unterteilt wird, in Gang.

Der genaue Verlauf der radikalischen Polymerisation wird im Folgenden an der Bildung von Polyacrylnitril (PAN) aus dem Monomer Acrylnitril dargestellt.

Bildung von Startradikalen

Durch den Zerfall des Initiator-Moleküls entstehen zwei reaktive Startradikale.

Startreaktion

Das Startradikal reagiert mit einem Acrylnitril-Monomer unter Spaltung des π-Elektronenpaares der Doppelbindung. Ein Elektron dieser Bindung wird für die Verknüpfung mit dem Startradikal verwendet, das zweite Elektron bleibt ungepaart; es bildet sich ein neues Radikal.

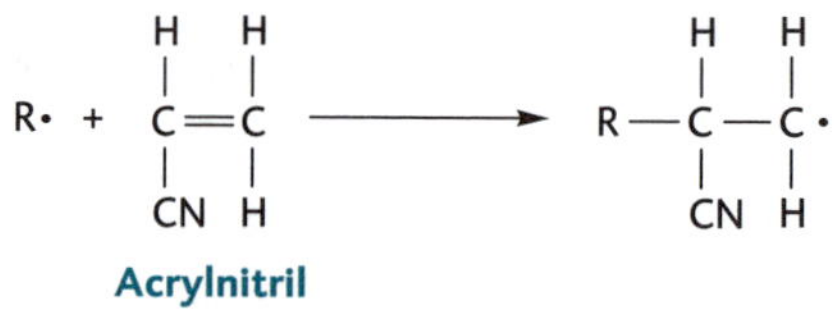

Wachstumsreaktion

Das gebildete Radikal greift ein weiteres Monomer an, wobei sich, analog zu oben, erneut ein Radikal bildet.

Solche Wachstumsreaktionen können sich vielfach wiederholen, was zur Verlängerung der Molekülkette des neu entstehenden Radikals führt.

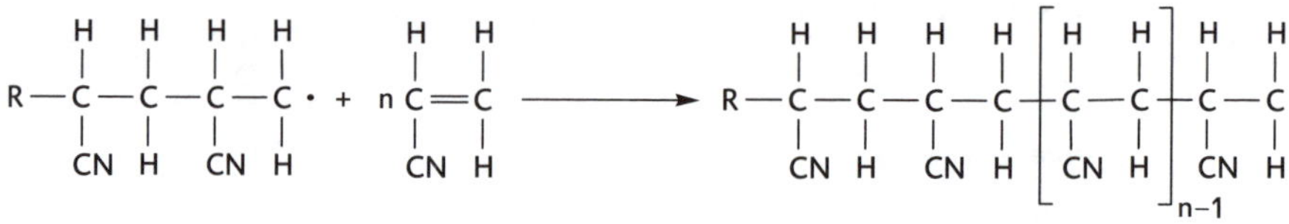

Kettenabbruchreaktion

Das Kettenwachstum wird unterbrochen, wenn sich zwei Radikale unter Bildung von Molekülen zusammenlagern; da kein neues Radikal entsteht, kommt es zum Kettenabbruch.

- Erfolgt der Abbruch der Reaktionskette durch **Rekombination** zweier Radikale, wird **ein** Molekül gebildet.

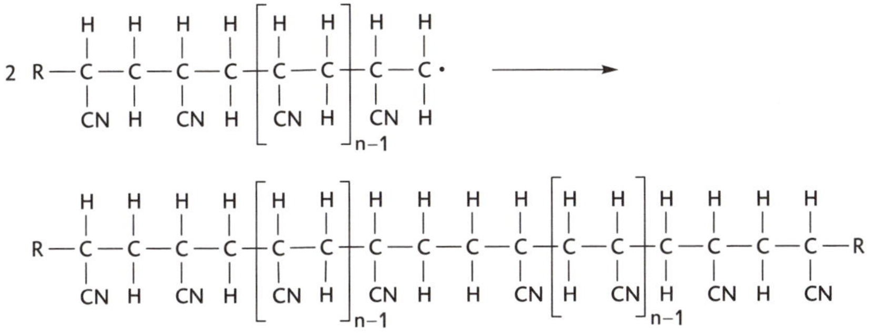

- Bei einer **Disproportionierung** entstehen **zwei** Moleküle, ein gesättigtes und ein ungesättigtes. Formal kann man sich vorstellen, dass von dem einen Radikal ein Wasserstoff-Atom auf das andere übertragen wird.

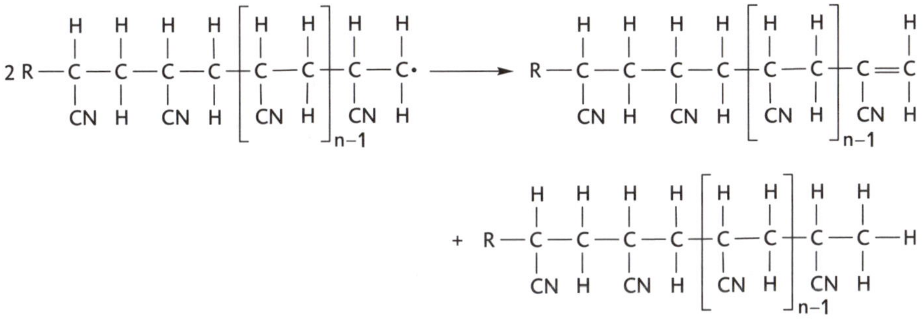

Wie häufig solche Kettenabbruchreaktionen auftreten, kann durch die Wahl der Reaktionsbedingungen beeinflusst werden. Niedrige Initiatorkonzentrationen und niedrige Temperaturen begünstigen die Bildung längerer Polymere. Hohe Initiatorkonzentrationen und hohe Temperaturen führen zu häufigeren Abbrüchen und somit zu kleineren Makromolekülen. Auch der Zusatz von Reglern, die wie Initiatoren leicht in Radikale zerfallen, erhöht die Wahrscheinlichkeit von Abbruchreaktionen.
Die entstehenden Makromoleküle unterscheiden sich also in ihrer Größe und damit auch in ihrer Molekülmasse; man spricht auch von einem **unterschiedlichen Polymerisationsgrad**. Für die Makromoleküle einer Kunststoffprobe lässt sich daher nur eine **mittlere Molekülmasse** angeben.

Der **Aufbau** eines Kunststoffes wird durch die sogenannte **Repetiereinheit** charakterisiert. Darunter versteht man einen (mindestens auf ein Monomer zurückgehenden) **Molekülabschnitt**, der sich im Polymer regelmäßig wiederholt.

Beispiel

Repetiereinheit des Polyacrylnitrils:

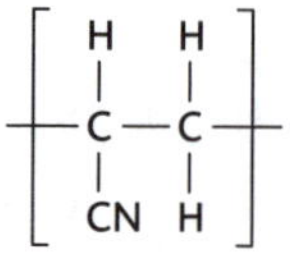

1.2 Polykondensation

Für eine Polykondensation sind Monomere geeignet, die mindestens **bifunktionell** sind, also über mindestens zwei reaktionsfreudige funktionelle Gruppen verfügen.

Beispiele

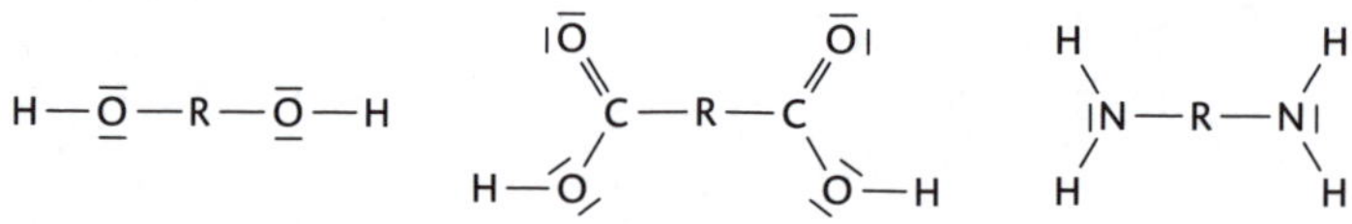

Diole **Dicarbonsäuren** **Diamine**

Die Monomere können sich stufenweise unter **Abspaltung** niedermolekularer Nebenprodukte zusammenlagern.

Treten Moleküle unter Abspaltung kleiner Moleküle zusammen, spricht man von einer **Kondensationsreaktion**.

Wiederholte Kondensationsreaktionen führen zu einem **makromolekularen Polykondensationsprodukt**. Durch Abkühlung des Reaktionsgemisches lässt sich die Polykondensation zum Stillstand bringen.

Beispiel

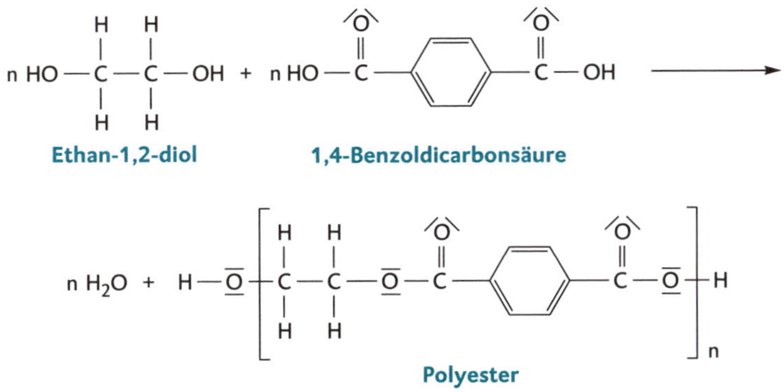

Sind beide Ausgangsstoffe bifunktionell, so entstehen **kettenförmige** (lineare) Makromoleküle. Ist mindestens ein Ausgangsstoff trifunktionell (d. h., er besitzt drei funktionelle Gruppen), entsteht ein **dreidimensional vernetztes** Polymer.

Polyamide entstehen bei der Reaktion von Dicarbonsäuren und Diaminen. Dabei kommt es zur Abspaltung von Wasser zwischen den Carboxygruppen der Dicarbonsäure und den Aminogruppen des Diamins.

Beispiel

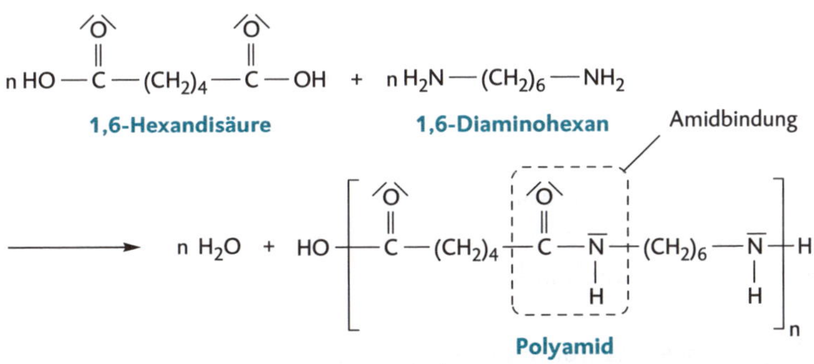

Die Amidbindung gleicht der Bindung zwischen Aminosäuren (vgl. S. 136); sie wird in diesen Verbindungen allerdings als Peptidbindung bezeichnet.

1.3 Polyaddition

Zu den Polyadditionskunststoffen zählen u. a. die **Polyurethane**, bei deren Herstellung man von Diolen und Diisocyanaten als Monomere ausgeht.

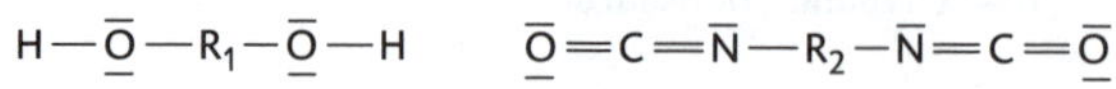

Diol   Diisocyanat   (R_1, R_2 = Alkylreste)

Im Gegensatz zur Polykondensation entstehen bei der Polyaddition keine Nebenprodukte.

Polyurethane

Bei der Polyadditionsreaktion zur Darstellung von Polyurethanen addiert ein Sauerstoff-Atom des Diols an das Kohlenstoff-Atom der Isocyanatgruppe (–N=C=O). Das Proton der Hydroxygruppe wird dabei auf das Stickstoff-Atom der Isocyanatgruppe übertragen.

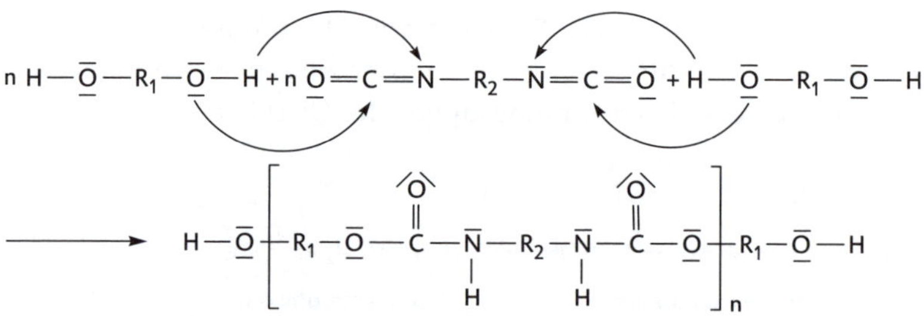

Sind die Monomere bifunktionell, entstehen **lineare** Polyurethane. Besitzen die Moleküle mehr als zwei funktionelle Gruppen, so bilden sich dreidimensional vernetzte Makromoleküle aus.

Verknüpfung linearer Makromoleküle

Zu vernetzten Makromolekülen führt die Polyaddition auch dann, wenn die Synthese mit einem **Überschuss** an Diisocyanat durchgeführt wird. Die NH-Gruppen linearer Makromoleküle addieren an das Kohlenstoff-Atom der Isocyanatgruppe überschüssiger Diisocyanat-Moleküle und das Wasserstoff-Atom der NH-Gruppe wird an das Stickstoff-Atom der Isocyanatgruppe gebunden.

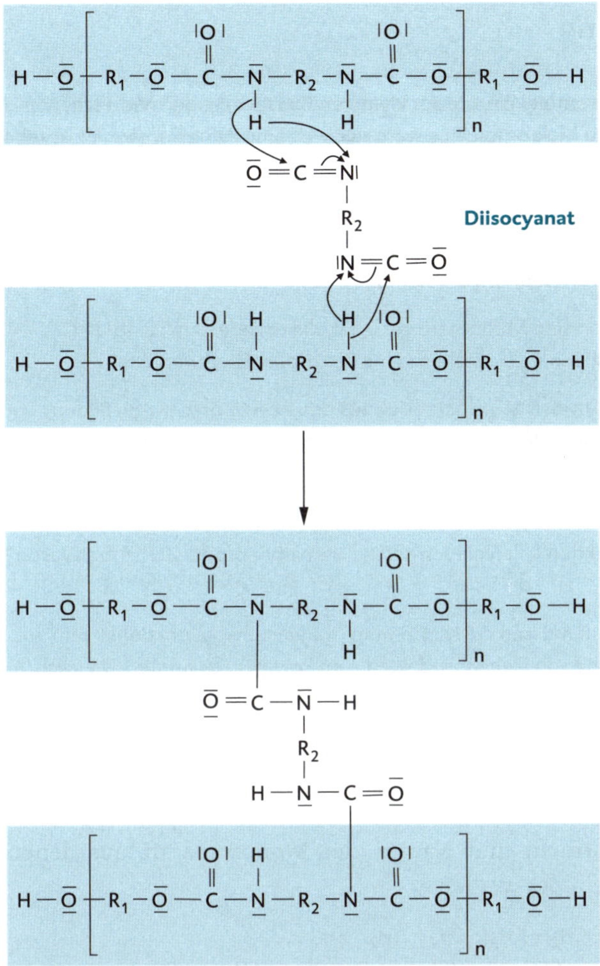

Aufgeschäumte Polyurethane erhält man, wenn man während der Synthese geringe Mengen Wasser zusetzt. Die Isocyanatgruppen eines Teils der Diisocyanat-Moleküle reagieren mit Wasser unter Bildung von Kohlenstoffdioxid. Dieses Gas treibt den durch Polyaddition entstehenden Kunststoff auf.

$$O{=}C{=}N{-}R_1{-}N{=}C{=}O + H_2O \longrightarrow H_2N{-}R_1{-}N{=}C{=}O + CO_2\uparrow$$

Die Eigenschaften der Polyurethane variieren in Abhängigkeit von den eingesetzten Ausgangsstoffen und den gewählten Reaktionsbedingungen. Die Palette der möglichen Eigenschaften ist groß. So begegnen uns Polyurethane in Form von Schaumstoffen, Fasern, Kunststoffen verschiedener Härte und Elastizität sowie in Lacken und Klebstoffen.

Zusammenfassung

- Kunststoffe sind Makromoleküle, die aus kleineren Bausteinen, den **Monomeren** aufgebaut werden. Die Makromoleküle werden durch eine **Repetiereinheit** gekennzeichnet.
- Je nach Herstellung unterscheidet man zwischen **Polymerisations-** (z. B. Polyacrylnitril, Polyethylen), **Polykondensations-** (z. B. Polyester, Polyamide)- und **Poly additionskunststoffen** (z. B. Polyurethane).
- Für eine Polymerisation sind Monomere geeignet, die (mindestens) eine **C=C-Doppelbindung** besitzen. Es entstehen keine Reaktionsnebenprodukte.
- Die **radikalische Polymerisation** setzt sich aus den Reaktionsschritten Bildung von Startradikalen, Kettenstart, Wachstumsreaktion und Kettenabbruchsreaktion zusammen.
- Für eine **Polykondensation** sind Monomere geeignet, die mindestens bifunktionell sind. Im Zuge der Reaktion fallen niedermolekulare Nebenprodukte (häufig Wasser) an.
- Bei einer **Polyaddition** müssen die Monomere (mindestens) bifunktionell sein; sie treten ohne Abspaltung von Nebenprodukten zum Polymer zusammen. Die wich tigsten Polyadditionskunststoffe sind die **Polyurethane**, die aus Diolen und Diisocyanaten gebildet werden.

Aufgaben

35. Geben Sie die Formeln und Namen der Monomere an, aus denen die Kunststoffe a–f gebildet werden.

a $--- CH_2-CH_2-CH_2-CH_2-CH_2-CH_2---$

b $--- CO-(CH_2)_4-CO-O-(CH_2)_6-O-CO-(CH_2)_4-CO ---$

c $--- NH-(CH_2)_6-NH-CO-(CH_2)_4-CO-NH-(CH_2)_6-NH---$

d $--- CH_2-CHCl-CH_2-CHCl-CH_2-CHCl ---$

e $--- CF_2-CF_2-CF_2-CF_2-CF_2-CF_2---$

f $--- CO-NH-(CH_2)_6-NH-CO-O-(CH_2)_4-O---$

36. Vergleichen Sie radikalische Polymerisation und Polykondensation miteinander.

37. Nennen Sie natürliche Makromoleküle und charakterisieren Sie diese kurz.

38. Gegeben sind die allgemeinen Formeln zweier Kunststoffe:

(A) 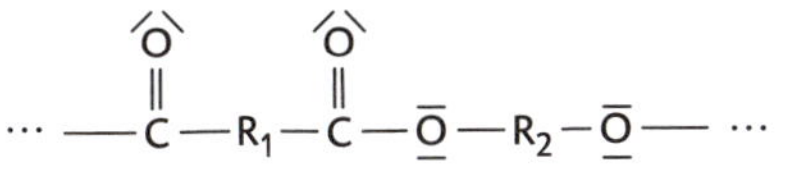

(B) 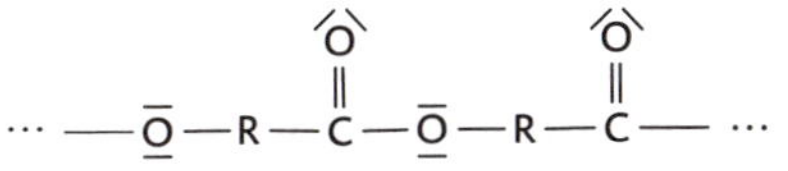

a Benennen Sie den für die Synthese von Kunststoff (A) bzw. (B) zugrunde liegenden Reaktionstyp.

b Geben Sie Strukturformeln und Namen der beteiligten Monomere an und erläutern Sie, worin sich die Edukte grundsätzlich unterscheiden.

39. Geben Sie das charakteristische Strukturmerkmal eines Polyesters bzw. eines Polyamids an.
Nennen Sie weitere Verbindungsklassen, in denen diese Strukturmerkmale auftreten.

40. Bei einer Polykondensation lagern sich die Monomere zunächst zu Di-, Tri- oder Oligomeren und kurzkettigen Polymeren zusammen, die sich dann zu einem Makromolekül verbinden.
Wie verändert sich die durchschnittliche Länge der Makromoleküle, wenn man ein Diol und eine Dicarbonsäure nicht wie üblich im Molverhältnis 1 : 1 mischt, sondern stattdessen von einem Molverhältnis 2 : 1 ausgeht? Begründen Sie Ihre Erwartung.

41. Aus Propen lässt sich Polypropylen herstellen. Für die Monomere gibt es verschiedene Möglichkeiten, sich zu einem Makromolekül zusammenzulagern.
Stellen Sie drei verschiedene Anordnungsmöglichkeiten in schematischen Skizzen und in Strukturformelausschnitten dar.

42. Nylon-(6,6) ist ein Polyamid. Die Zahlen im Namen entsprechen der Anzahl der Kohlenstoff-Atome innerhalb der Monomere.
Geben Sie die Strukturformeln und Namen der Ausgangsstoffe an.

43. Formulieren Sie die einzelnen Reaktionsschritte für die Bildung von Polyethylen durch radikalische Polymerisation.
Erläutern Sie die verschiedenen Möglichkeiten, wie es zum Abbruch der Reaktionskette kommen kann.

44. Bei der Bildung von Polyethylen durch radikalische Polymerisation können auch verzweigte Makromoleküle entstehen.
Entwickeln Sie eine Hypothese, wie es zu solchen Verzweigungen kommen kann.

45. Sind am Aufbau eines Makromoleküls verschiedene Arten von Monomeren beteiligt, so spricht man von Copolymeren. Hierbei wird zwischen alternierenden Copolymeren, in denen sich die verschiedenen Monomere regelmäßig abwechseln, und statistischen Copolymeren, in denen die verschiedenen Monomere in zufälliger Reihenfolge verknüpft sind, unterschieden.
Geben Sie einen Strukturformelausschnitt aus einem alternierenden und einem statistischen Copolymer an, das aus Styrol (Phenylethen) und Monochlorethen gebildet werden kann.

46. Zu den Polycarbonaten zählt man einen Polykondensationskunststoff, der aus Bisphenol A und Phosgen hergestellt wird.
Geben Sie die Repetiereinheit des Kunststoffes an und benennen Sie das bei dieser Synthese anfallende Nebenprodukt.

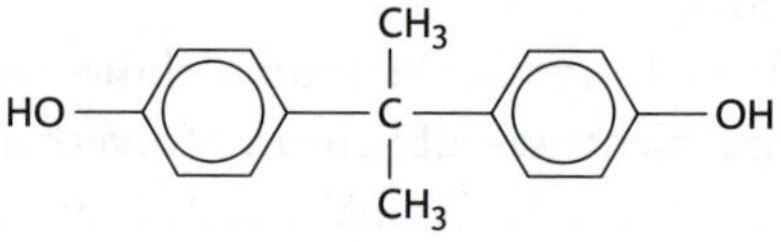

Bisphenol A

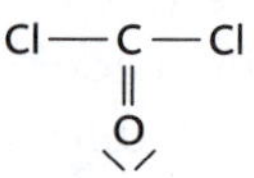

Phosgen

47. Der Kunststoff, der durch unten stehende Repetiereinheit charakterisiert wird, entsteht in einer Polykondensationsreaktion. Um die Bildungsreaktion zu begünstigen, muss das entstehende Reaktionsnebenprodukt möglichst vollständig entfernt werden. Da dies umso leichter ist, je niedriger der Siedepunkt des Reaktionsnebenprodukts ist, geht man von Ausgangsstoffen aus, die neben dem Kunststoff Methanol liefern.
Geben Sie die Strukturformeln der Ausgangsstoffe an.

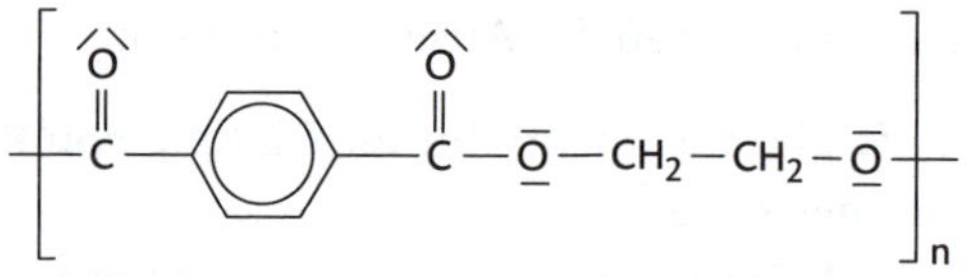

2 Struktur, Eigenschaften und Verwendung von Kunststoffen

2.1 Struktur und Eigenschaften von Kunststoffen

In Abhängigkeit von ihren Eigenschaften kann man Kunststoffe in drei Gruppen einteilen: **Thermoplaste, Duroplaste** und **Elastomere**. Ursächlich für die unterschiedlichen Eigenschaften ist der verschiedenartige Aufbau dieser Kunststoffe.

Thermoplaste

Thermoplaste sind Kunststoffe, die beim Erwärmen **verformbar** werden. Der bei Raumtemperatur feste Kunststoff erweicht zunächst langsam und geht unter Schmelzen in den **plastischen Zustand** über.
Thermoplaste bestehen aus linearen oder verzweigten Makromolekülen. Die Anordnung der bis zu 1/1 000 mm langen Makromoleküle in der Kunststoffprobe kann ganz unterschiedlich sein. In den **amorphen Bereichen** sind die Makromoleküle bzw. Makromolekülabschnitte ungeordnet und wirr miteinander verknäult. In anderen Bereichen, den **kristallinen Bereichen** oder Kristalliten liegen Molekülabschnitte in geordneter Form parallel nebeneinander.

> Der Anteil der **kristallinen Bereiche** am Gesamtvolumen wird als **Kristallinitätsgrad** bezeichnet.

Den Zusammenhalt zwischen den Makromolekülen bewirken **Sekundärbindungskräfte**, deren Natur vom Bau der Makromoleküle abhängig ist. Zwischen unpolaren Atomgruppen wirken **Van-der-Waals-Kräfte**. Besitzen die Makromoleküle polare Gruppen, können **Dipol-Dipol-Wechselwirkungen** oder **Wasserstoffbrückenbindungen** auftreten.
Da die Sekundärbindungskräfte im Bereich der Kristallite besonders stark sind, hat der Kristallinitätsgrad Einfluss auf die Kunststoffeigenschaften.

> Je höher der Kristallinitätsgrad eines Kunststoffs, umso größer ist die **mechanische Festigkeit** des Kunststoffes und umso höher ist auch sein Schmelzbereich. Aufgrund der Lichtreflektion an den Kristallebenen nimmt mit zunehmendem Kristallinitätsgrad die **Lichtdurchlässigkeit** ab.

Erwärmt man einen Thermoplasten, so werden die intermolekularen Anziehungskräfte teilweise überwunden und Makromoleküle bzw. Makromolekülabschnitte können aneinander vorbeigleiten; der Kunststoff erweicht. Beim Erkalten verhindern die Sekundärbindungskräfte diese Verschiebungen wieder; der Kunststoff erhärtet.
Wird beim weiteren Erhitzen der **Zersetzungstemperaturbereich** erreicht, so kommt es innerhalb der Makromoleküle zur Spaltung von Atombindungen. Der Kunststoff zersetzt sich, was meist mit einem Verkohlen der Probe einhergeht.

Duroplaste

Duroplaste sind meist härter als Thermoplaste und erweichen beim Erwärmen **nicht**. Sie werden aus Monomeren hergestellt, die sich im Verlauf der Synthese dreidimensional miteinander vernetzen. Da die Vernetzung unter Ausbildung von Atombindungen erfolgt, entspricht die Kunststoffprobe sozusagen einem einzigen Molekül, in dem sich beim Erwärmen keine Molekülabschnitte verschieben können. Wird der Zersetzungstemperaturbereich erreicht, kommt es auch hier zur Spaltung von Atombindungen. Der Duroplast zersetzt sich, ohne vorher weich geworden zu sein.

Elastomere

Elastomere haben **gummielastische** Eigenschaften. Im Unterschied zum Duroplasten bestehen sie aus **weitmaschig** vernetzten Makromolekülen. Übt man eine Zugspannung aus, so lassen sich die Molekülabschnitte zwischen den Vernetzungspunkten gegeneinander verschieben. Lässt der Zug nach, nehmen diese Molekülabschnitte wieder ihre ursprüngliche Lage ein.

2.2 Verarbeitung und Verwendung von Kunststoffen

Aufgrund vieler positiver Eigenschaften (z. B. sehr geringe elektrische Leitfähigkeit, niedrige Dichte, Beständigkeit gegenüber vielen Chemikalien, geringe Wärmeleitfähigkeit) eignen sich Kunststoffe zur Herstellung verschiedenster Produkte. Je nachdem, ob man von Thermo- oder Duroplasten ausgeht, werden unterschiedliche Verarbeitungsmethoden angewendet.

Verarbeitung von Thermoplasten

Thermoplaste werden erwärmt und dann in die gewünschte Form gebracht. Beim **Extrudieren** wird die weichplastische Kunststoffmasse (der man gegebenenfalls noch Zusatzstoffe, wie z. B. Farbstoffe, beigemischt hat) in einem kontinuierlichen Arbeitsprozess durch speziell geformte Düsen gepresst und abgekühlt. Je nach Form der Düse entstehen Rohre, Platten, Profile etc.
Die Formgebung kleinerer Kunststoffgegenstände kann auf unterschiedliche Weise erfolgen. Beim **Warmformen** wird eine Kunststoffplatte erwärmt und über ein Formteil gezogen. Beim **Spritzgießen** wird die weichelastische warme Kunststoffmasse in eine Spritzform gepresst. Diese Spritzform besteht aus zwei Teilen, die so zusammenpassen, dass dazwischen gerade ein Hohlraum der gewünschten Form, z. B. für eine Schüssel, frei bleibt. In diesen Hohlraum wird der Kunststoff eingespritzt. Nach dem Abkühlen werden die Zweiteiler aufgeklappt und der geformte Gegenstand ausgeworfen. Wird die plastische Kunststoffmasse zwischen Walzen breit gepresst oder durch Schlitzdüsen in ein Wasserbad gedrückt, entstehen Folien.
Sind Kunststoffe für ihren Verwendungszweck zu spröde, so können **Weichmacher** zugesetzt werden. Die Moleküle der Weichmacher lagern sich zwischen die Molekülketten des Kohlenstoffs, stören die Ausbildung kristalliner Bereiche und machen die Makromoleküle gegeneinander beweglicher.
Thermoplaste sind auch die Basis zur Herstellung von **Kunstfasern**. Beim **Schmelzspinnen** wird die Kunststoffschmelze durch feine Düsen gepresst und abgekühlt. Auch Kunststofflösungen lassen sich so verspinnen. Beim Lösen schieben sich die Lösungsmittelmoleküle unter Bildung einer zähflüssigen Lösung zwischen die Makromoleküle. Beim Nassspinnen wird aus dem entstehenden Faden das Lösungsmittel in einem Fällbad herausgelöst. Beim Trockenspinnen verdunstet das Lösungsmittel in einem erwärmten Luftstrom aus den Fäden. Die Form der Faser findet auf molekularer Ebene ihre Entsprechung, denn die Makromoleküle sollten überwiegend parallel zur Faserrichtung ausgerichtet sein. Je höher der Kristallinitätsgrad in der Faser, umso höher deren Reißfestigkeit.
Um einen möglichst hohen Kristallinitätsgrad zu erreichen, werden die Fasern **verstreckt**, d. h., sie werden längs der Faserrichtung sehr stark gedehnt. Durch diese Zugspannung werden die Makromolekülketten gedehnt und in verstärktem Maße zueinander parallelisiert. Da diese Anordnung auch ohne Zugspannung erhalten bleiben soll, sind nur solche Kunststoffe verstreckbar, bei denen zwischen den Makromolekülen ausreichend starke Sekundärbindungskräfte wirksam sind, um die parallelisierte Anordnung zu stabilisieren.

Verarbeitung von Duroplasten

Da Duroplaste nicht wärmeformbar sind, müssen sie in der gewünschten Form aushärten. Im ausgehärteten Zustand kann ein Duroplast nur noch spanabhebend bearbeitet werden, d. h., er kann etwa durch Bohren oder Schneiden verändert werden. Bei der Herstellung des Duroplasten können auch Glasfasern in den Kunststoff eingebettet werden, was zu hochfesten **Verbundkunststoffen** führt.

2.3 Abfallproblematik

Die in immer größeren Mengen anfallenden Kunststoffabfälle (z. B. von Verpackungen, „Wegwerfartikeln") bereiten bei der Entsorgung Probleme.
Viele Kunststoffe sind **biologisch kaum abbaubar**, d. h., ihre Makromoleküle können von Mikroorganismen nicht gespalten werden. Das liegt vor allem daran, dass den Mikroorganismen entsprechende Enzyme für die erforderliche hydrolytische oder oxidative Spaltung der Makromoleküle fehlen.
Solche Kunststoffe werden sich folglich in einer **Deponie** anhäufen. Um Kunststoffe verrottbar zu machen, kann durch den Einsatz UV-empfindlicher Monomere oder durch Zusatz von UV-Sensibilisatoren erreicht werden, dass ein Kunststoff bei ausreichend langer Einwirkung von UV-Licht zerfällt. Dabei werden die lichtempfindlichen Teile des Makromoleküls gespalten oder die Sensibilisatoren zerfallen in Radikale, die ebenfalls zu Kettenbrüchen führen.

Energetische Verwertung

Ein anderer Weg der Abfallbeseitigung ist die **Verbrennung**. Obwohl der Abfall auf diese Weise nahezu rückstandslos beseitigt werden kann und die gewonnene Energie zur Stromerzeugung genutzt werden kann, stellt die Verbrennung keine optimale Lösung des Müllproblems dar. Schädliche Emissionen machen eine aufwändige Rauchgasreinigung erforderlich. Bei der Verbrennung von PVC (Polyvinylchlorid) bildet sich beispielsweise Chlorwasserstoff. Auch andere z. T. hochgiftige Verbrennungsprodukte können bei der Müllverbrennung entstehen.

Rohstoffliche Verwertung

Umweltschonender ist die **Pyrolyse**, bei der die Makromoleküle unter Sauerstoffausschluss bei ca. 500 °C verschwelen und dabei in kleinere Bausteine zerlegt werden. Die entstehenden gasförmigen oder flüssigen Produkte können als Brennstoffe oder als erdölähnliche Rohstoffe verwendet werden.

Werkstoffliche Verwertung

Ein direktes Recycling von thermoplastischen Kunststoffanteilen im Müll ist problematisch, da der Abfall aus verschiedensten, oftmals stark verschmutzten Kunststoffen besteht. Die Kunststoffanteile müssen getrennt und gereinigt werden, was das Recycling oft unrentabel macht. Ein **Umschmelzen zu neuen Produkten** ist z. B. in Kunststoff verarbeitenden Betrieben rentabel, wo große Mengen eines nicht verunreinigten Kunststoffs anfallen.

Um die Problematik von Kunststoffabfällen zu verringern, sollte der **Abfallvermeidung** mehr Gewicht beigemessen werden.

2.4 Kohlenstofffasern und Silikone als moderne Werkstoffe

Kohlenstofffasern (Carbonfasern)

Bereits im 19. Jahrhundert wurden Kohlenstofffasern als Glühfäden in elektrischen Lampen eingesetzt. EDISON stellte sie durch Verkokung (Pyrolyse) von Zellulosefasern her. In den 60er-Jahren des 20. Jahrhunderts wurden neue Herstellungsverfahren für Kohlenstofffasern entwickelt. Gleichzeitig erkannte man auch ihre Bedeutung für die Verstärkung von beanspruchten Leichtbauteilen. Der hohe Preis der Fasern war verantwortlich dafür, dass sie zunächst nur in der Luft- und Raumfahrtindustrie zum Einsatz kamen. Nachdem diese Materialien aber preisgünstiger geworden waren, eröffnete sich eine breite Anwendung in sogenannten kohlenstofffaserverstärkten Kunststoffen (CFK), in denen Kohlenstofffasern in eine Kunststoffmasse (Matrix) eingebettet werden.
Zur Herstellung der Kohlenstofffasern kann man nicht von elementarem Kohlenstoff ausgehen, der in der Natur nur in Form von **Graphit** und **Diamant** vorkommt. In diesen beiden Modifikationen ist Kohlenstoff weder schmelzbar noch löslich und kann daher nicht zu Fasern geformt werden. Man geht stattdessen von organischen Fasern aus, aus denen alle gebundenen Elemente, mit Ausnahme von Kohlenstoff, entfernt werden. Als Ausgangsmaterial **(precursor)** wird überwiegend „verstrecktes" Polyacrylnitril (PAN, vgl. S. 52) eingesetzt, das in einem mehrstufigen Prozess zu Kohlenstofffasern verarbeitet wird.

1. Stufe: Cyclisierung

Zunächst wird Polyacrylnitril in eine unschmelzbare Form umgewandelt, indem es in Gegenwart von Sauerstoff auf 200–300 °C erhitzt wird und dabei cyclisiert. Um die Bildung der Kohlenstofffasern anschaulich zu machen, wird nachfolgend die Repetiereinheit des Polyacrylnitrils, die bereits auf Seite 54 vorgestellt wurde, in veränderter Form dargestellt.

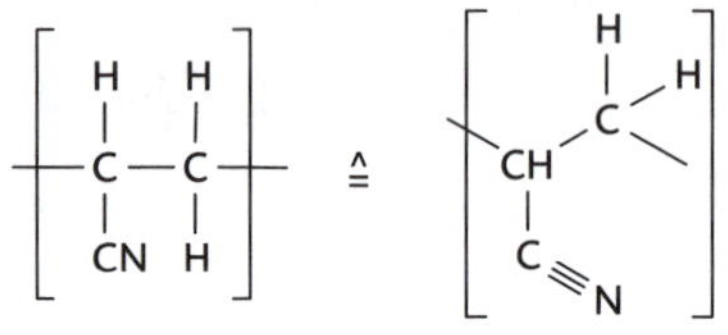

Cyclisierung von Polyacrylnitril:

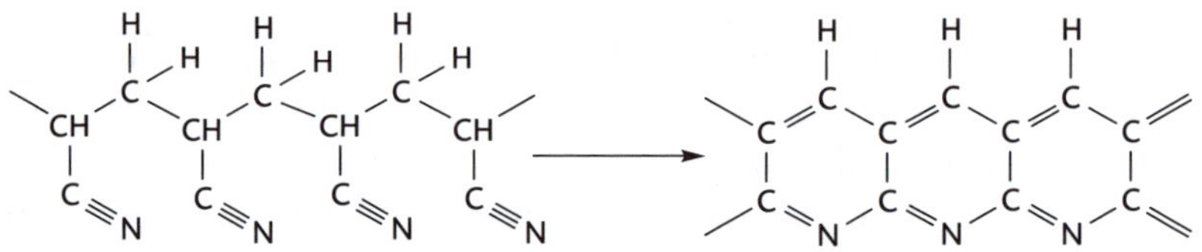

Die entstehenden Makromoleküle werden wegen ihrer Form auch als **Leiterpolymere** bezeichnet.

2. Stufe: Carbonisierung und Graphitierung

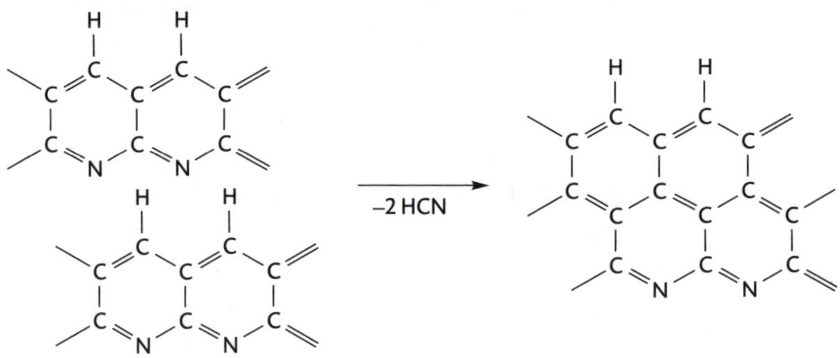

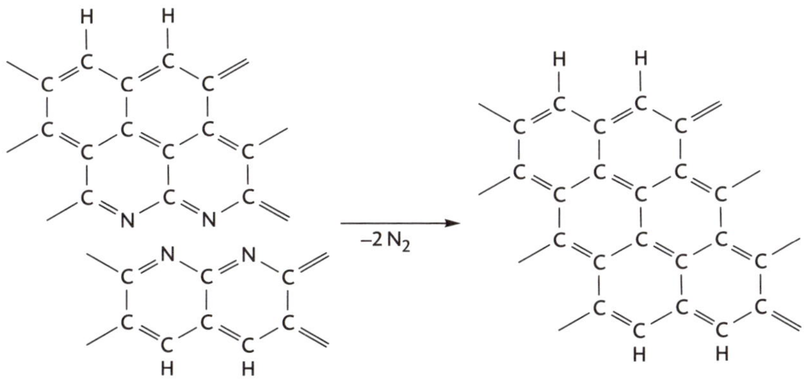

In Stickstoff- oder Argonatmosphäre werden die Nichtkohlenstoff-Atome unter Bildung flüchtiger Verbindungen weitgehend abgespalten, wobei sich wie im Graphit Ebenen aus Kohlenstoffsechsecken bilden. Es tritt ein Massenverlust von ca. 50 % ein. Bei Temperaturen zwischen 1 200 °C und 2 500 °C wird durch Zugspannung die Ausrichtung der Graphitebenen parallel zur Faserrichtung erhöht. Die **Parallelisierung** ist umso ausgeprägter, je höher die zur Graphitierung gewählte Temperatur ist.
Eine Kohlenstofffaser hat einen Durchmesser von ca. 5 bis 8 µm. In der Regel werden über 20 000 Einzelfasern zu einem Bündel zusammengefasst. Die so entstehenden Fäden können zu textilen Strukturen verwoben werden.
Zu den zahlreichen günstigen Eigenschaften von Kohlenstofffasern zählen ein niedriges spezifisches Gewicht, hohe Festigkeit und Steifigkeit. Sie sind zudem chemisch inert und temperaturbeständig. In eine Grundmasse aus Kunststoff eingebettet (Carbonfaserverstärkte Kunststoffe), finden sie aufgrund dieser Eigenschaften Anwendung im Flugzeug- und Raumschiffbau, bei der Herstellung von Sportgeräten (z. B. Tennis- und Golfschläger, Bootsmasten, Angelruten, Fahrradrahmen) sowie bei der Konstruktion von Prothesen etc.

Siliciumorganische Kunststoffe – Silikone

Silicium steht wie Kohlenstoff in der 4. Hauptgruppe. Auch vom Silicium leiten sich Kunststoffe ab, die als **Silikone** oder **Polysiloxane** bezeichnet werden. In diesen siliciumorganischen Verbindungen sind Silicium-Atome, die organische Reste tragen, über Sauerstoff-Atome miteinander verknüpft.

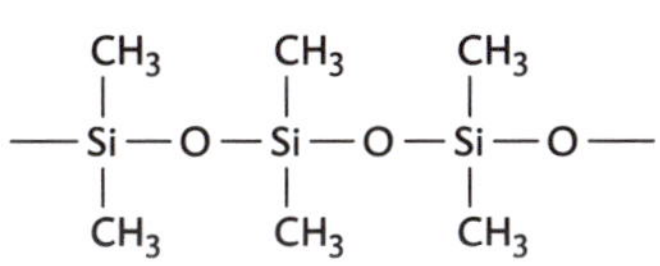

lineares Silikon

Die Herstellung von Silikonen verläuft in mehreren Schritten.

1. Schritt: Herstellung von Alkylchlorsilanen (Müller-Rochow-Synthese)

Die Ausgangsstoffe zur Herstellung von Silikonen sind **Alkylchlorsilane**, die bei der Reaktion von Silicium mit Monochlormethan in Gegenwart fein verteilten, katalytisch wirkenden Kupfers bei ca. 300 °C gebildet werden. Dabei entsteht ein Gemisch aus Methyltrichlor-, Dimethyldichlor- und Trimethylchlorsilanen, die durch Destillation voneinander getrennt werden.

$$3\,Si + \underset{\text{Monochlormethan}}{6\,H_3CCl} \xrightarrow[300\,°C]{Cu} \underset{\text{Methyltrichlorsilan}}{H_3CSiCl_3} + \underset{\text{Dimethyldichlorsilan}}{(H_3C)_2SiCl_2} + \underset{\text{Trimethylchlorsilan}}{(H_3C)_3SiCl}$$

Da bei der Silikonherstellung hauptsächlich Dimethyldichlorsilan benötigt wird, werden die Reaktionsbedingungen so gewählt, dass die Ausbeute an diesem Produkt möglichst hoch ist.

2. Schritt: Hydrolyse

Das Dimethyldichlorsilan wird mit Wasser umgesetzt, wobei die Si–Cl-Bindungen hydrolytisch gespalten werden; es entstehen Silandiole.

$$(H_3C)_2SiCl_2 + 2\,H_2O \longrightarrow 2\,HCl + \underset{\text{Dimethylsilandiol}}{(H_3C)_2Si(OH)_2}$$

Setzt man anstelle von Wasser Methanol ein, so entsteht als Nebenprodukt Monochlormethan, das wieder für die Herstellung von Alkylchlorsilanen genutzt werden kann.

$$(H_3C)_2SiCl_2 + 2\,H_3COH \longrightarrow 2\,H_3CCl + (H_3C)_2Si(OH)_2$$

3. Schritt: Polykondensation

Geht man bei der Polykondensationsreaktion von Silandiolen aus, so erhält man **lineare** Silikone.

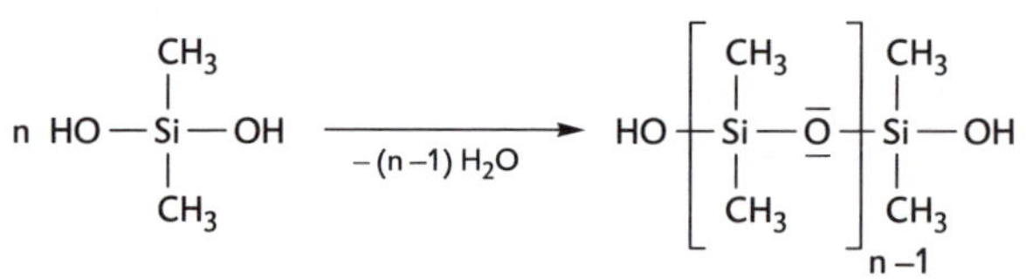

Zu Kettenabbrüchen kommt es durch Silanole, die nur eine Hydroxygruppe besitzen. Sie entstehen durch Hydrolyse von dem Reaktionsgemisch zugesetztem Trimethylchlorsilan.

Lineare Silikone sind flüssig; ihre **Viskosität** steigt mit zunehmender Kettenlänge. Sie zeigen eine **hohe Temperaturbeständigkeit** und finden z. B. als Brems- und Hydraulikflüssigkeiten Anwendung. Wegen ihrer **wasserabweisenden Eigenschaften** werden sie auch zur Imprägnierung von Textilien eingesetzt. Die Mischkondensation von Silandiolen und Silantriolen, die man durch Hydrolyse von Methyltrichlorsilan erhält, führt zu räumlich vernetzten Reaktionsprodukten. In Abhängigkeit von Molekülmasse und Ausmaß der Vernetzung können diese Reaktionsprodukte elastisch bis fest sein. Während elastische Silikone beispielsweise in der plastischen Chirurgie eingesetzt werden, dienen feste Silikone, die duroplastische Eigenschaften haben, zur Herstellung hitzebeständiger Dichtungen. Da Silicone den elektrischen Strom nicht leiten, finden sie auch als Isolatoren oder Kabelummantelungen Anwendung.

Zusammenfassung

- Nach ihren Eigenschaften lassen sich Kunststoffe in **Thermoplaste, Duroplaste** und **Elastomere** einteilen.
- Thermoplaste sind **unvernetzte Makromoleküle**, deren Zusammenhalt durch zwischenmolekulare Kräfte (z. B. Van-der-Waals-Kräfte, Wasserstoffbrücken) bewirkt werden. Sie erweichen beim Erwärmen.
- Duroplaste sind durch Atombindungen vernetzte Makromoleküle, die beim Erwärmen nicht erweichen. Bei höheren Temperaturen zersetzen sie sich.
- Elastomere sind Makromoleküle, die durch Atombindungen vernetzt und durch Zugspannung **elastisch verformbar** sind.
- Kunststoffabfälle können **energetisch**, **rohstofflich** oder **werkstofflich** verwertet werden.
- **Carbonfaserverstärkte Kunststoffe** sind aufgrund ihrer Eigenschaften sehr gut als moderne Werkstoffe geeignet. Carbonfasern werden ausgehend von Polyacrylnitril hergestellt und zeichnen sich besonders durch ein geringes spezifisches Gewicht sowie hohe Festigkeit aus.
- **Silikone** sind siliciumorganische Verbindungen, die ausgehend von Alkylchlorsilanen hergestellt werden.

Aufgaben

48. Zeigen Sie anhand von schematischen Skizzen, worin sich der Aufbau von Thermoplasten, Duroplasten und Elastomeren grundsätzlich unterscheidet.

49. Es sollen ein thermoplastischer und ein duroplastischer Polyester hergestellt werden.
Machen Sie an selbstgewählten Beispielen deutlich, welche Voraussetzungen die Edukte erfüllen müssen, und geben Sie jeweils einen charakteristischen Strukturformelauschnitt an.
Beschreiben Sie das Verhalten der beiden Kunststoffe beim Erhitzen.

Fette und Tenside

Olivenöl wird beim Kaltpressverfahren aus dem Fruchtfleisch und den Kernen von Oliven gewonnen. Je nach Herstellungsbedingungen und Inhaltsstoffen unterscheidet man verschiedene Güteklassen: Natives Olivenöl extra, Natives Olivenöl, Olivenöl.

1 Fette

Fette sind praktisch in sämtlichen Tier- und Pflanzenzellen vorhanden. Besonders fettreich sind bei den Tieren die Zellen des Fettgewebes, das als umgebildetes Bindegewebe z. B. in der Unterhaut und an den Eingeweiden zu finden ist. Das gespeicherte Fett stellt für das Tier ein wichtiges Depot an **energiereichen Reservestoffen** dar, das in Zeiten des Nahrungsmangels abgebaut werden kann. Darüber hinaus kann Fett als Isolationsschicht bzw. Druckpolster Schutz vor Wärmeverlust und mechanischen Verletzungen bieten. Bei den Pflanzen sind oftmals die Samen und Früchte, wie z. B. Nüsse, Oliven, Sonnenblumenkerne, besonders reich an Fetten bzw. Ölen (Öle sind flüssige Fette). Diese Reserven werden bei der Keimung abgebaut und ermöglichen es dem Keimling, der zunächst noch keine Fotosynthese betreiben kann, sich zu entwickeln.
Fette und Öle spielen auch als **nachwachsende Rohstoffe** eine wichtige Rolle. Durch die Verseifung von Fetten lassen sich die ältesten bekannten Tenside, die **Seifen**, herstellen.

1.1 Aufbau von Fetten

Fette und Öle sind **Ester**, an denen der dreiwertige Alkohol **Glycerin** und meist **langkettige Monocarbonsäuren** (die wegen ihres Vorkommens in Fetten auch als Fettsäuren bezeichnet werden) beteiligt sind.

Auffällig ist, dass natürlich vorkommende Fettsäuren stets eine gerade Anzahl an Kohlenstoff-Atomen aufweisen. Dies ist darauf zurückzuführen, dass sie im Organismus aus C_2-Bausteinen synthetisiert werden.

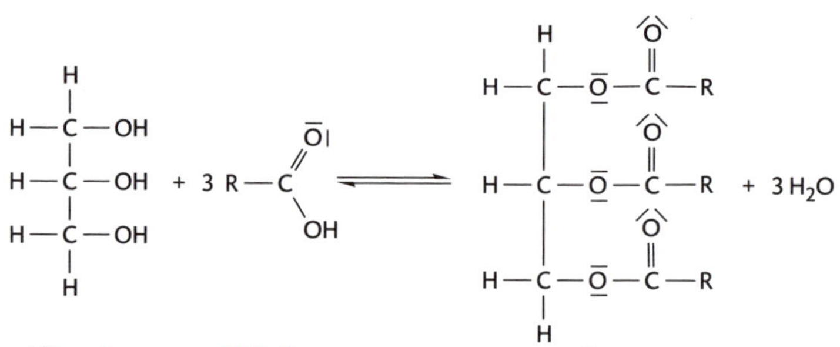

Glycerin **Fettsäure (allgem. Formel)** **Fett (allgem. Formel)**

Wie aus der allgemeinen Formel des Fettes ersichtlich, sind alle drei OH-Gruppen des Glycerins verestert. Die Fette werden daher auch als **Triglyceride** oder **Triacylglycerine** bezeichnet. Bei den Fettsäuren wird zwischen **gesättigten** und **ungesättigten** Fettsäuren unterschieden. Gesättigte Fettsäuren weisen keine, ungesättigte Fettsäuren mindestens eine Doppelbindung im Kohlenwasserstoffrest auf. In natürlich vorkommenden Fetten sind häufig u. a. folgende Fettsäuren an der Veresterung beteiligt:

Gesättigte Fettsäuren:

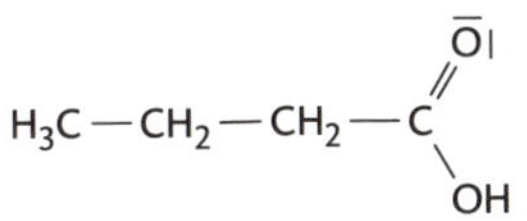

Buttersäure (Butansäure)

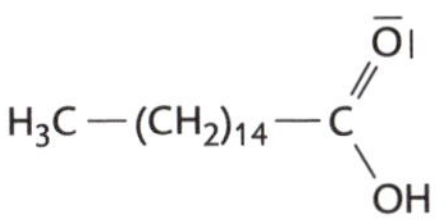

Palmitinsäure (Hexadecansäure)

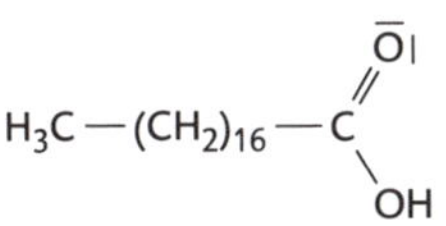

Stearinsäure (Octadecansäure)

Hinweis: Es ist sinnvoll, sich neben den Trivialnamen auch die in Klammern stehenden systematischen Namen der Fettsäuren zu merken, da man von diesen die jeweilige Strukturformel ableiten kann.

Ungesättigte Fettsäure:

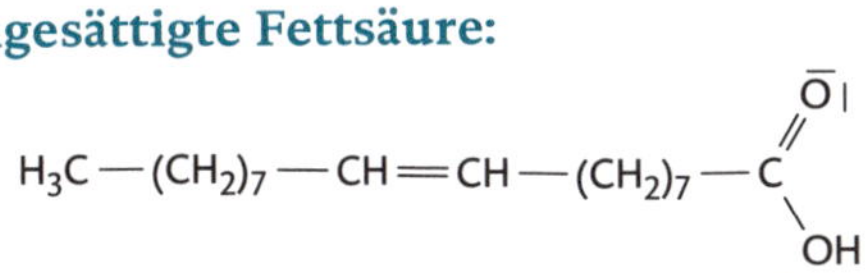

Ölsäure (Octadeca-9-ensäure)

Um die Lage der Doppelbindungen anzugeben, wird die Kohlenstoffkette, beginnend mit dem Kohlenstoff-Atom der Carboxygruppe, durchgezählt. Die natürlich vorkommenden Fettsäuren besitzen an der Doppelbindung stets **Z-Konfiguration** (früher cis-Konfiguration), d. h., die durch die Doppelbindung voneinander getrennten Teile der Kohlenstoffkette sind direkt benachbart.

Beispiel

Z-Konfiguration an der Doppelbindung der Ölsäure (Octadeca-9-ensäure):

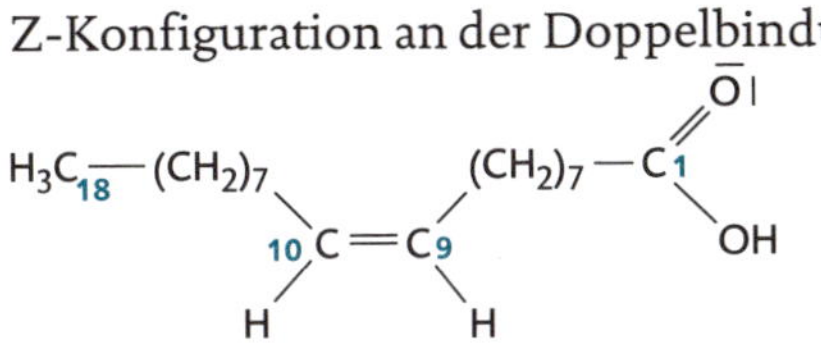

Beispiel

Linolsäure, die zwei Doppelbindungen im Kohlenwasserstoffrest hat, zählt zu den mehrfach ungesättigten Fettsäuren.

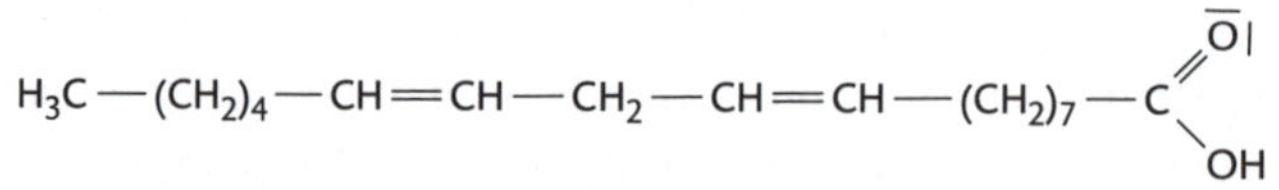

Linolsäure (Octadeca-9,12-diensäure)

In Fett-Molekülen können nun entweder gleichartige **(homoacides Triacylglycerin)** oder verschiedenartige **(heteroacides Triacylglycerin)** Fettsäurereste enthalten sein.

Beispiele

Die Moleküle des Tripalmitins enthalten drei gleichartige Fettsäurereste:

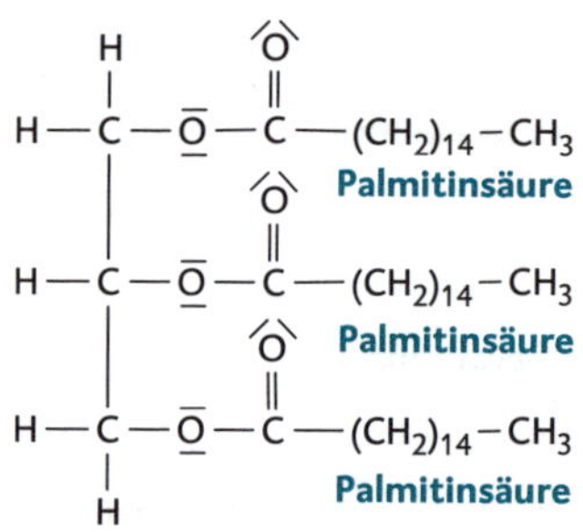

Die Moleküle dieses Fetts enthalten drei ungleiche Fettsäurereste:

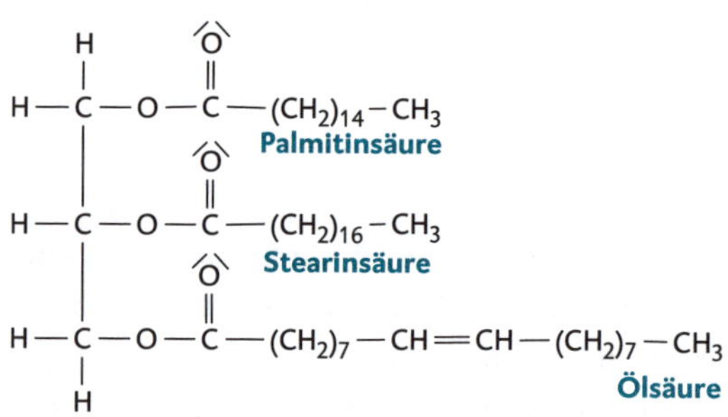

Besteht ein Fett nur aus einer einzigen Molekülsorte, so handelt es sich bei dem betreffenden Fett um einen **Reinstoff**. Die meisten natürlich vorkommenden Fette sind jedoch keine Reinstoffe, sondern stellen ein Gemisch verschiedener Triglyceride und damit verschiedener Molekülsorten dar.

1.2 Physikalische Eigenschaften der Fette

Der Molekülbau eines Triglycerids wird wesentlich von den gebundenen Fettsäureresten bestimmt. Ein einziges Fett-Molekül kann bis zu drei verschiedene Reste unterschiedlicher Länge enthalten. Handelt es sich bei dem untersuchten Fett um ein Gemisch verschiedener Triglyceride, so können in der Probe noch mehr variierende Fettsäurereste vorhanden sein. Um ein Fett dennoch mithilfe der Länge seiner Fettsäurereste charakterisieren zu können, gibt man die **mittlere Kettenlänge** (den Durchschnittswert der Längen der Fettsäurereste) an.

Konsistenz

Fette können in ihrer Konsistenz bei Zimmertemperatur zwischen fest, mehr oder weniger weich und flüssig variieren. Flüssige Fette werden als **Öle** bezeichnet. Um den Unterschied zu Mineralölen, bei denen es sich um ein Gemisch aus Kohlenwasserstoffen handelt, deutlich zu machen, werden sie auch als **fette Öle** bezeichnet.

> Fette, deren Fettsäurereste gesättigt sind und mehr als zehn Kohlenstoff-Atome besitzen, sind bei Zimmertemperatur **fest**, Fette mit kürzeren Fettsäureresten sind **flüssig**.

In festen Triglyceriden liegt ein Kristallgitter vor, in dem die Fett-Moleküle bestimmte Gitterplätze besetzen. Die **Van-der-Waals-Kräfte** zwischen den Fett-Molekülen sind in festen Triglyceriden groß genug, um die Fett-Moleküle auf ihren Gitterplätzen zu halten.
Die Stärke der Van-der-Waals-Kräfte steigt mit zunehmender Molekülmasse. Da der Glycerin-Anteil in allen Fetten gleich ist, hat die mittlere Länge der Fettsäurereste entscheidenden Einfluss auf die Molekülmasse und damit auf die Stärke der Anziehungskräfte. Sind in einem gesättigten Fett die Fettsäurereste durchschnittlich kurz, ist die mittlere Masse der Fett-Moleküle klein. Die Van-der-Waals-Kräfte sind dann zu gering, um die Moleküle auf festen Gitterplätzen zu halten; das Triglycerid ist flüssig.
In flüssigen Fetten (Ölen) sind über zwei Drittel der Fettsäurereste ein- oder mehrfach ungesättigt. Die natürlich vorkommenden Fettsäuren besitzen an den Doppelbindungen stets Z-Konfiguration, was eine Krümmung des Moleküls an diesen Stellen und damit einen **sperrigen Bau** zur Folge hat. Fett-Moleküle, die ungesättigte Fettsäurereste enthalten, können sich daher nicht zu einem geordneten Kristallgitter zusammenlagern. Da die Moleküle nicht eng

beieinander liegen, sind die Van-der-Waals-Kräfte gering und die Moleküle bereits bei Raumtemperatur leicht gegeneinander verschiebbar.

Je höher bei einem Triglycerid der Gehalt an **ungesättigten** Fettsäureresten ist, umso **niedriger** liegt dessen Schmelzbereich und umso **weicher** ist das Fett.

Löslichkeit

Fette sind in **polaren** Lösungsmitteln (z. B. Wasser) unlöslich. Schüttelt man ein Öl in Wasser, kommt es zwar zu einer vorübergehenden Vermischung, nach Beendigung des Schüttelns trennen sich die beiden Flüssigkeiten aber rasch wieder, wobei die Ölschicht oben schwimmt. In **unpolaren** Lösungsmitteln (z. B. Benzin) sind Fette dagegen löslich.

Vorgänge beim Lösen eines Stoffes

- Die Moleküle des Lösungsmittels müssen voneinander getrennt werden (1).
- Die Teilchen des zu lösenden Stoffes müssen getrennt werden (2).
- Die Teilchen des Lösungsmittels müssen mit den Teilchen des zu lösenden Stoffes in Wechselwirkung treten **(Solvation)** (3).

Ein Stoff wird sich lösen, wenn bei der Solvation (3) mindestens so viel Energie frei wird, wie bei den Teilprozessen (1) und (2) verbraucht wird.
Gemäß der Regel **„Gleiches löst sich in Gleichem"** wird dies dann der Fall sein, wenn die Wechselwirkungen zwischen den Lösungsmittel-Molekülen gleicher Natur sind wie die Wechselwirkungen zwischen den Teilchen des zu lösenden Stoffes. Zwischen den Fett-Molekülen bilden sich vor allem Van-der-Waals-Kräfte aus, zwischen den Wasser-Molekülen Wasserstoffbrückenbindungen. Die Energie, die aufgewendet werden müsste, um die Wasser- und die Fett-Moleküle jeweils voneinander zu trennen, wäre viel höher als die bei der Solvation freiwerdende Energie, da die polaren Wasser-Moleküle kaum mit den weitgehend unpolaren Fett-Molekülen in Wechselwirkung treten können. Wird hingegen ein unpolares Lösungsmittel verwendet, so wirken zwischen den Lösungsmittel-Molekülen wie auch zwischen den Fett-Molekülen Van-der-Waals-Kräfte. Die zur Trennung der Lösungsmittel- bzw. Fett-Moleküle notwendige Energie wird daher bei der Solvation zurückgewonnen.

1.3 Chemische Eigenschaften der Fette

Der ungesättigte Charakter von Fetten lässt sich durch **Addition von Halogenen** nachweisen. Führt man den Nachweis mit gelbbraunem Bromwasser durch, so kommt es zu einer Entfärbung des Bromwassers. Brom addiert an die Doppelbindung der ungesättigten Fettsäure.

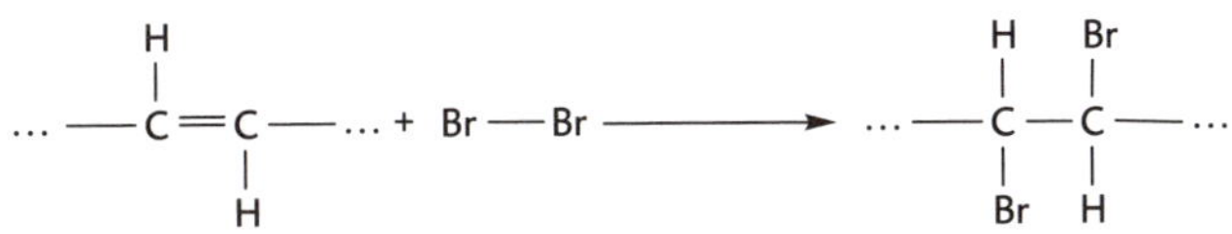

Speziell zur quantitativen Bestimmung des ungesättigten Charakters von Fetten wird nicht Brom, sondern Jod an die Doppelbindung addiert.

Unter der **Jodzahl** versteht man die Menge Jod (in Gramm), die an 100 g des untersuchten Fetts addiert werden kann. Je **höher** die Jodzahl, umso **mehr Doppelbindungen** sind in den Fett-Molekülen enthalten, umso ungesättigter ist also das Fett.

Fetthärtung

Öle lassen sich durch Hydrierung an einem Nickelkatalysator in feste Fette umwandeln. Dabei lagert sich bei etwa 180 °C und 6 bar Überdruck Wasserstoff an die Doppelbindungen der ungesättigten Fettsäurereste.

Beispiel

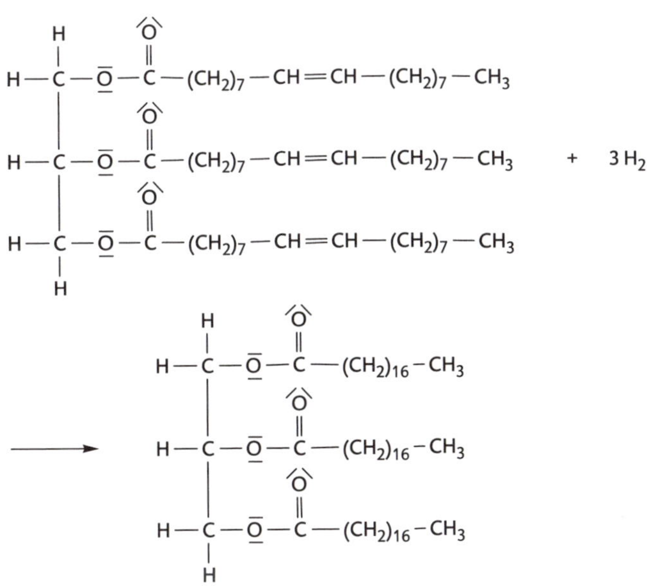

Wie oben beschrieben besitzen ungesättigte Fett-Moleküle einen sperrigen Molekülbau, der auf die Z-Konfiguration an den Doppelbindungen zurückzuführen ist. Nach der Hydrierung liegen die Fettsäurereste als gestreckte Zickzackketten vor, die sich parallel zueinander ausrichten können. Die entstehenden Fett-Moleküle ordnen sich daher in einem Kristallgitter an. Die zwischen den stark angenäherten Molekülen auftretenden Anziehungskräfte reichen aus, um die Moleküle auf ihren Plätzen im Gitter festzuhalten. Das ursprünglich flüssige Fett wird also in ein festes Fett überführt. Auf diese Weise können Öle in streichfähige Fette umgewandelt werden. Durch die Hydrierung kann zudem der unangenehme Geruch tierischer Öle, wie z. B. Fischtran, beseitigt werden.

Verseifung – Verseifungszahl

Wie auch andere Ester können Fette durch **Laugen** (Hydroxidlösungen) hydrolytisch gespalten, d. h. verseift werden. Da bei der Verseifung die Esterbindungen gespalten werden, entstehen als Reaktionsprodukte Glycerin und die Salze der im Fett vorhandenen Monocarbonsäuren, die **Seifen**.

> Führt man die Hydrolyse mit **Kalilauge** (KOH) durch, entstehen die weichen Kaliseifen **(Schmierseifen)**, setzt man Natronlauge (NaOH) ein, die härteren Natriumsalze **(Kernseifen)**.

Neben Natron- oder Kalilauge können für die Hydrolyse auch die stark basischen Lösungen von Natrium- bzw. Kaliumcarbonat eingesetzt werden. Bevor die industrielle Herstellung dieser Alkalien möglich war, verwendete man beim Seifensieden kaliumcarbonathaltige Pflanzenasche.
Bei den modernen Verfahren spaltet man die Fette mit überhitztem Wasserdampf bei erhöhtem Druck und neutralisiert anschließend mit Lauge.

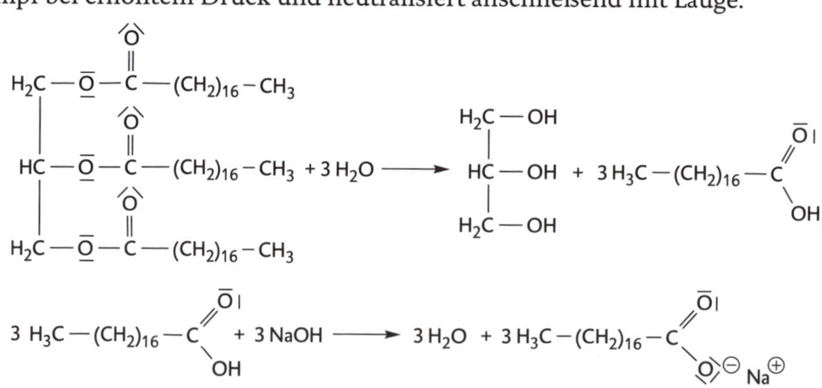

Im Unterschied zum wasserunlöslichen Fett sind die Hydrolyseprodukte Glycerin und Seife **wasserlöslich**.

Beispiel

Verseifung von Tripalmitin:

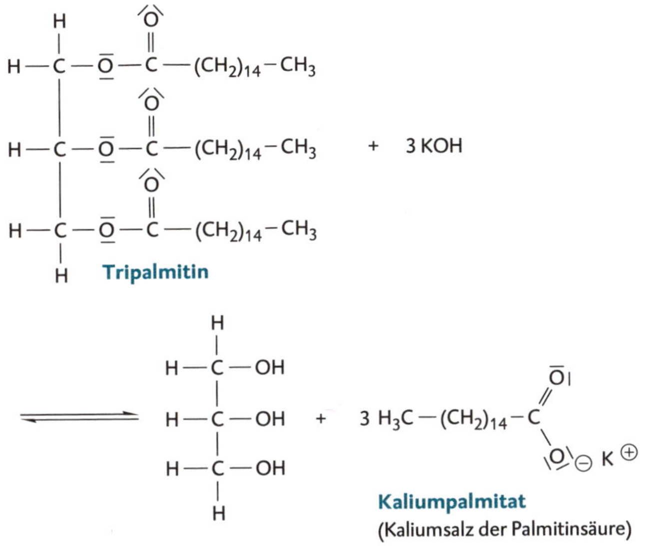

> Unter der **Verseifungszahl** versteht man die Menge an Kaliumhydroxid in Milligramm, die benötigt wird, um 1 g Fett zu verseifen.

Die Verseifungszahl lässt eine Aussage über die mittlere Länge der Fettsäurereste in dem verseiften Fett zu. Je kleiner die durchschnittliche Kettenlänge der Fettsäurereste, umso mehr Fett-Moleküle sind in 1 g des untersuchten Fetts enthalten, umso mehr Esterbindungen sind zu spalten, und entsprechend mehr Kaliumhydroxid wird zur Verseifung von 1 g des Fetts verbraucht.

1.4 Bedeutung der Fette als Nahrungsmittel und nachwachsende Rohstoffe

Fette als Nahrungsmittel

Fette gehören zu den Grundnahrungsmitteln, aus denen der Körper Energie gewinnt. Der physiologische Brennwert liegt mit 38 kJ pro Gramm Fett deutlich höher als der von Kohlenhydraten (16 kJ · g^{-1}). Mit Fetten sollten bis zu 30 % des täglichen Energiebedarfs des Menschen gedeckt werden. Ein völliger Verzicht auf Fette ist nicht sinnvoll, da gewisse Stoffe, wie z. B. die Vitamine A, D und E, nur in fettgelöster Form vom Körper aufgenommen werden können. Die Menge der mit der Nahrung aufgenommenen Fette zu kontrollieren ist nicht einfach, da sie in vielen Nahrungsmitteln (Käse, Wurst, Schokolade etc.) als sogenannte „versteckte Fette" vorliegen.
Triglyceride gesättigter Fettsäuren, die nicht mehr als ein Drittel des Fettbedarfs decken sollten, sind überwiegend in tierischen Fetten enthalten. Der restliche Fettbedarf sollte durch pflanzliche Fette, bei denen es sich hauptsächlich um Triglyceride ungesättigter Fettsäuren handelt, zugeführt werden.
Bestimmte ungesättigte Fettsäuren, z. B. Linolsäure (Octadecadien-9,12-säure) und Linolensäure (Octadecatrien-9,12,15-säure), sind **essenziell**, können also nicht im menschlichen Körper synthetisiert werden und müssen daher mit der Nahrung aufgenommen werden.

Fette als Chemierohstoffe und Energieträger

Pflanzen, wie z. B. Raps oder Sonnenblumen, können als **autotrophe Organismen** auf der Basis von Fotosyntheseprodukten auch Öle herstellen. Besonders ölreich sind oftmals die Samen. Pflanzenöle spielen als **nachwachsende Rohstoffe** eine wichtige Rolle, da sie zu verschiedensten Folgeprodukten verarbeitet werden können.

Ölgewinnung: Die Gewinnung des Öls erfolgt herkömmlich in einem Zwei-Stufen-Prozess. Zunächst wird die Saat gepresst, wobei ca. 50 % des enthaltenen Öls herausgepresst werden. Aus dem zurückbleibenden Ölkuchen wird unter Verwendung eines unpolaren (lipophilen) Lösungsmittels (z. B. Hexan) weiteres Öl herausgelöst. Man erhält ein Öl-Hexan-Wasser-Gemisch, aus dem Hexan und Wasser durch Destillation entfernt werden.
In neuartigen **Kaltpressverfahren** lassen sich ca. 90 % des im Samen enthaltenen Öls herauspressen; in diesem Fall wird auf eine Extraktion der Ölreste verzichtet. Die Weiterverarbeitung **(Konversion)** der gewonnenen Öle beginnt mit der Spaltung der Moleküle. Setzt man dazu Wasserdampf ein, entstehen

bei der hydrolytischen Spaltung Glycerin und Fettsäuren, verwendet man **Methanol**, erhält man bei der Umesterung Glycerin und **Fettsäuremethylester**. Von diesen Basischemikalien der Fettchemie ausgehend eröffnet sich eine Fülle von Anwendungsbereichen.

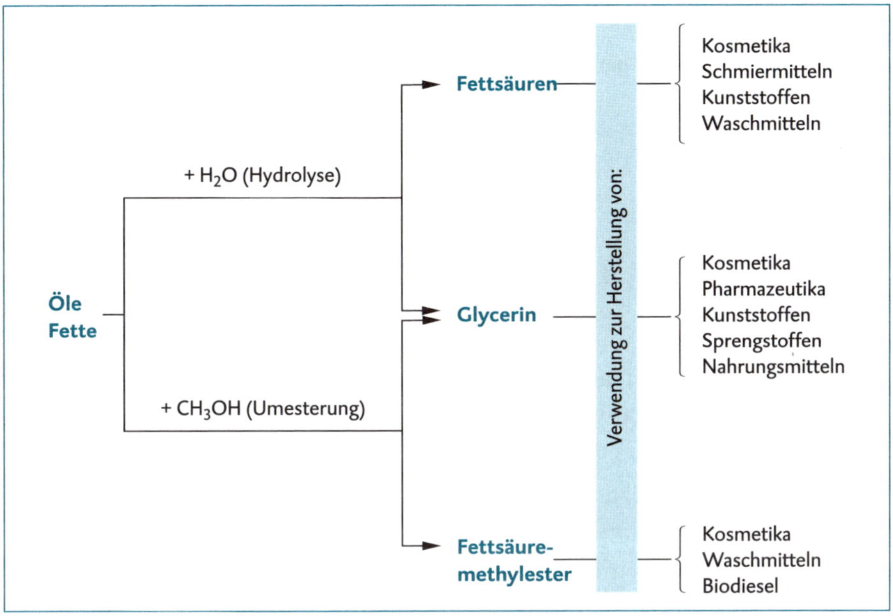

Abb. 9: Gewinnung von Chemierohstoffen aus Ölen und Fetten

Pflanzenöle als Energieträger: Auch der Einsatz von Pflanzenölen (z. B. aus Raps und Sonnenblumen) als Kraftstoff wird erprobt. Die Öle lassen sich jedoch nicht in herkömmlichen, sondern nur in speziell konzipierten Motoren einsetzen. In einer als **Umesterung** bezeichneten Reaktion reagiert etwa Rapsöl mit Methanol unter Bildung von Glycerin und Fettsäuremethylester. Der Ester lässt sich mit herkömmlichem Dieselöl mischen. Mit diesem Gemisch können normale Dieselmotoren betrieben werden.

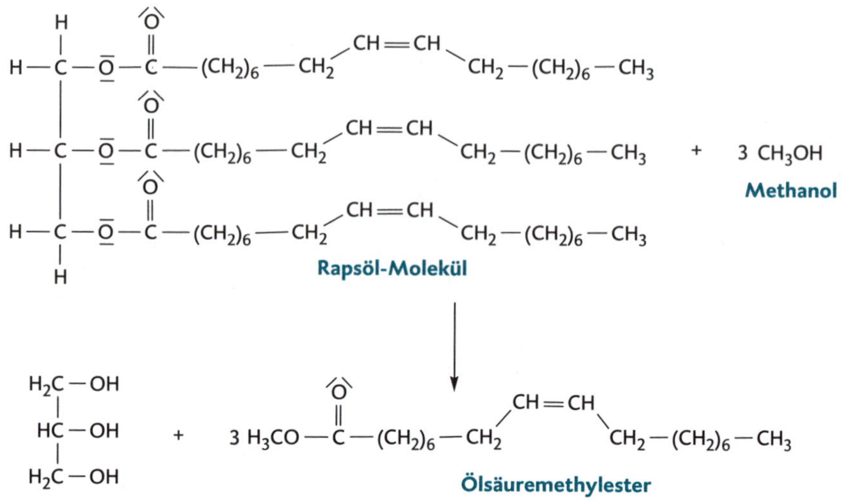

Der Einsatz solcher nachwachsenden Rohstoffe im Energiesektor hat einige positive, aber auch negative Begleiteffekte.

Positiv:

- Reduktion des Verbrauchs an fossilen Energieträgern mit dem Ziel der Verringerung der CO_2-Belastung der Atmosphäre. Bei der Verbrennung der neuen Kraftstoffe wird zwar ebenfalls CO_2 freigesetzt, die Pflanze hat jedoch (relativ kurze Zeit vorher) zur Erzeugung der energiereichen Ausgangsstoffe CO_2 im Zuge der Fotosynthese aufgenommen.
- Schonung fossiler Ressourcen.
- Weniger Umweltbelastung bei Produktion und Verbrennung der Kraftstoffe.
- Langfristige Rohstoffsicherung und mehr Unabhängigkeit von importierten Energieträgern.
- Zusätzliche Einkommens- und Produktionsmöglichkeiten für die Landwirtschaft.

Negativ:

- Schaffung von Monokulturen bei großflächigem Anbau der Rohstoff liefernden Pflanzen.
- Zum Schutz der Monokulturen wird möglicherweise Pestizideinsatz nötig.
- Die erhöhte Nachfrage nach Pflanzen, aus denen auch Nahrungsmittel gewonnen werden, führt zu einem Anstieg der Nahrungsmittelpreise.

Zusammenfassung

- **Fette** sind Ester des Glycerins und langkettiger gesättigter oder ungesättigter Monocarbonsäuren (Triglyceride, Triacylglycerine).
- Je höher der Anteil an **ungesättigten** Fettsäuren in einem Fett ist, desto geringer sind die zwischenmolekularen Kräfte zwischen den einzelnen Fett-Molekülen und umso niedriger ist der Schmelzbereich des Fettes.
- Flüssige Fette werden als (fette) Öle bezeichnet.
- Flüssige Fette lassen sich durch **Hydrierung** (Reaktion mit Wasserstoff) härten.
- Fett-Moleküle sind weitgehend **unpolar** und damit **hydrophob**. Fette lösen sich nicht in polaren (z. B. Wasser), sondern in unpolaren Lösungsmitteln (z. B. Benzin).
- Wichtige Kennzahlen von Fetten:
  - **Jodzahl** (Je höher die Jodzahl, umso höher der Anteil ungesättigter Fettsäurereste)
  - **Verseifungszahl** (Je höher die Verseifungszahl, umso geringer die mittlere Kettenlänge der Fettsäurereste)
- Fette haben Bedeutung als
  - Nahrungsmittel
  - Energieträger
  - Nachwachsende Rohstoffe
- Bei der **Verseifung** der Fette werden die Esterbindungen in den Fett-Molekülen gespalten; es entstehen Glycerin und die gelösten Salze der Fettsäuren (Seifen).

Aufgaben

50. Definieren Sie kurz die folgenden Begriffe: Fett, fettes Öl, Triglycerid, Seife, Ester.

51. Erklären Sie, was man unter einer gesättigten bzw. einer ungesättigten Fettsäure versteht.

52. a Zeichnen Sie die Strukturformel der Ölsäure in der Z- und der E-Konfiguration.
    b Erklären Sie, weshalb bei gesättigten Fettsäuren nicht zwischen E- und Z-Isomeren unterschieden werden muss.

53. Welche Fettsäure kann durch vollständige Hydrierung in Stearinsäure umgewandelt werden?
    Geben Sie die Reaktionsgleichung dieser Hydrierung an.

54. Benennen Sie die Fettsäuren A–E. Geben Sie sowohl den systematischen Namen als auch den Trivialnamen an.

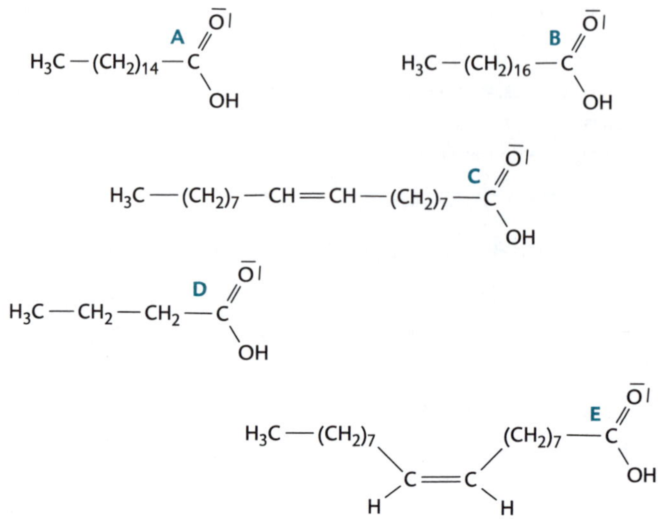

55. Beschreiben Sie den Unterschied zwischen Mineralölen und fetten Ölen.

56. Erklären Sie, weshalb den meisten natürlich vorkommenden Fetten keine exakten Schmelzpunkte zugeordnet werden können.

57. Wird ein Fett zu stark erhitzt, verkohlt es. Worauf ist das zurückzuführen?

58. Gegeben sind die beiden Fette A und B.

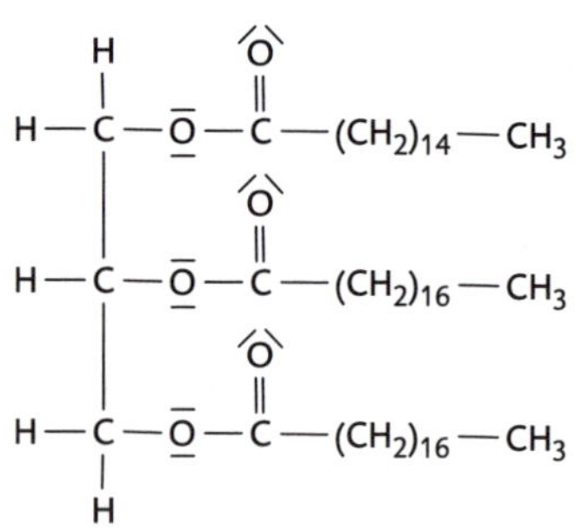

Fett A

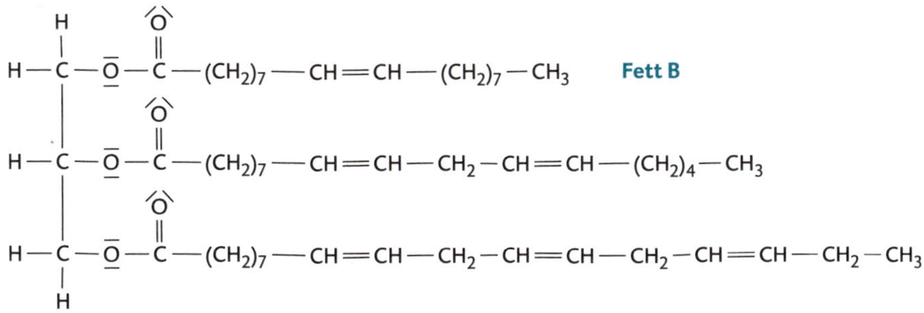

Fett B

Fett A besteht aus der Molekülsorte A, Fett B aus Molekülsorte B.
Welches Fett hat den höheren Schmelzpunkt?
Begründen Sie Ihre Entscheidung

59. Zur Entfernung eines Fettflecks aus einem Gewebe stehen Brennspiritus (vergälltes Ethanol) und Reinigungsbenzin zur Verfügung.
Begründen Sie, mit welcher dieser beiden Flüssigkeiten sich der Fleck entfernen lässt.

60. Erläutern Sie, welche Aussagen sich über ein Fett mit hoher bzw. niedriger Verseifungszahl machen lassen.

61. Ordnen Sie die nachfolgend durch Jod- und Verseifungszahl charakterisierten Fette
   a nach zunehmend ungesättigtem Charakter,
   b nach zunehmender Länge der gebundenen Fettsäurereste.
   Begründen Sie Ihre Aussagen.

	Jodzahl	Verseifungszahl
Fett A	10	62
Fett B	0	245
Fett C	138	195

62. Bei der Reaktion von 1 Mol eines unbekannten Fettes (Reinstoff) werden 4 Mol Brom vollständig verbraucht.
Geben Sie zwei mögliche Strukturformeln für dieses Fett an.

63. In Reagenzglas 1 werden etwas Öl und Wasser miteinander geschüttelt. In Reagenzglas 2 wird das gleiche Öl mit Wasser vermischt und dann mit Natronlauge gekocht.
Beschreiben und deuten Sie Ihre Beobachtungen in beiden Reagenzgläsern.

64. Ein Öl soll in ein Fett umgewandelt werden.
Erläutern Sie anhand eines selbst gewählten Beispiels das Verfahren der Fetthärtung und formulieren Sie die zugehörige Reaktionsgleichung mit Strukturformeln.

65. Zur katalytischen Hydrierung von 1 Mol eines Fettes sind 5 Mol Wasserstoff nötig. Bei dem Fett handelt es sich um einen Reinstoff.
   a Zeichnen Sie eine mögliche Strukturformel der Fett-Moleküle.
   b Welche Konsistenz erwarten Sie für dieses Fett?
   Begründen Sie Ihre Vermutung.
   c Begründen Sie, ob sich das Fett in Tetrachlormethan löst.

66. Auch die schwachen Fettsäuren können wie die anderen Carbonsäuren Salze bilden. Eine Lösung von Natriumstearat färbt Lackmuslösung blau.
Erklären Sie dies unter Verwendung einer Reaktionsgleichung.

2 Tenside

Tenside sind **grenzflächenaktive** Stoffe. Was man darunter versteht und welche strukturellen Voraussetzungen Tenside erfüllen müssen, um grenzflächenaktiv sein zu können, soll zunächst am Beispiel der Seifen verdeutlicht werden.

2.1 Bau und Eigenschaften der Seifen

Wie bereits bekannt (vgl. S. 78), erhält man Seifen durch hydrolytische Spaltung von Fetten. Im engeren Sinne sind Seifen die Natrium- bzw. Kaliumsalze langkettiger Monocarbonsäuren. In wässrigen Seifenlösungen liegen neben Alkalimetall-Kationen Seifen-Anionen vor, die aus zwei bezüglich ihres Lösungsverhaltens völlig unterschiedlichen Molekülteilen aufgebaut sind. Zum einen enthalten sie die **Carboxylatgruppe**, die aufgrund ihrer Ladung leicht mit polaren Wasser-Molekülen wechselwirken kann, also hydrophil ist. Zum anderen bestehen sie aus einem **unpolaren Alkylrest**, der mit Wasser nicht in Wechselwirkung treten kann, also hydrophob ist.

Moleküle, die sich aus einem **hydrophoben** und einem **hydrophilen** Molekülteil zusammensetzen, werden als **amphiphil** bezeichnet.

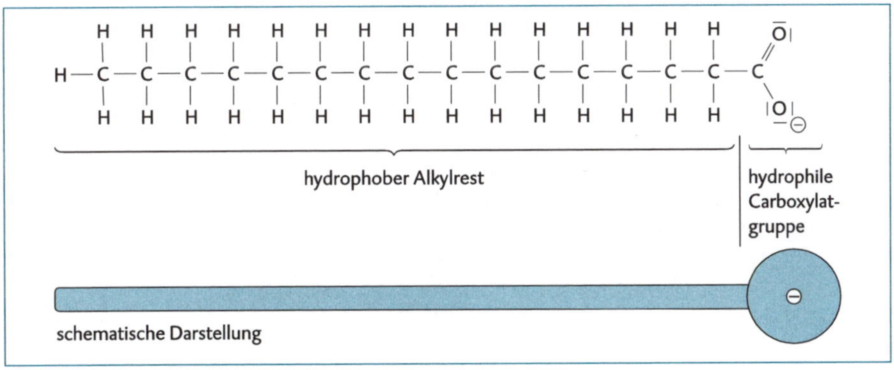

Abb. 10: amphiphiler Bau eines Seifen-Anions

Dieser amphiphile Bau ist ausschlaggebend für das Verhalten der Seifen-Anionen an Grenzflächen, worauf die nachfolgend aufgeführten Seifenwirkungen zurückzuführen sind.

Herabsetzung der Grenzflächenspannung

Grenzflächen sind die Kontaktstellen zwischen Systemen (Phasen) unterschiedlicher Aggregatzustände (z. B. Grenzfläche Wasser – Luft). Auch zwischen zwei flüssigen (Öl – Wasser) oder zwei festen Phasen, die sich nicht vermischen, existiert eine solche Grenzfläche. Aufgrund eines Phänomens, das als **Grenzflächenspannung** bezeichnet wird, wird die Grenzfläche zwischen zwei Phasen möglichst klein gehalten.

Die an der Grenzfläche zwischen Wasser und Luft zu beobachtende Grenzflächenspannung wird als **Oberflächenspannung** bezeichnet.

Zwischen benachbarten Wasser-Molekülen wirken zwischenmolekulare Anziehungskräfte. Auf ein Molekül im Inneren der Flüssigkeit wirken diese Kräfte von allen Seiten, sodass sie sich gegenseitig aufheben (Vektoraddition) (siehe Abb. 11, A). Die Wasser-Moleküle an der Oberfläche haben hingegen nach oben keine direkten Nachbarn mehr, zu denen sie solche Wechselwirkungen ausbilden können. Als Folge davon, dass sich die auf die Oberflächen-Moleküle wirkenden Anziehungskräfte nicht aufheben, resultiert eine nach innen gerichtete Kraft (siehe Abb. 11, B). Diese Kraft ist bestrebt, die Flüssigkeitsoberfläche stets möglichst gering zu halten, sodass sich die Wasseroberfläche wie eine gespannte Haut verhält. Dieses Phänomen wird als **Oberflächenspannung** bezeichnet.

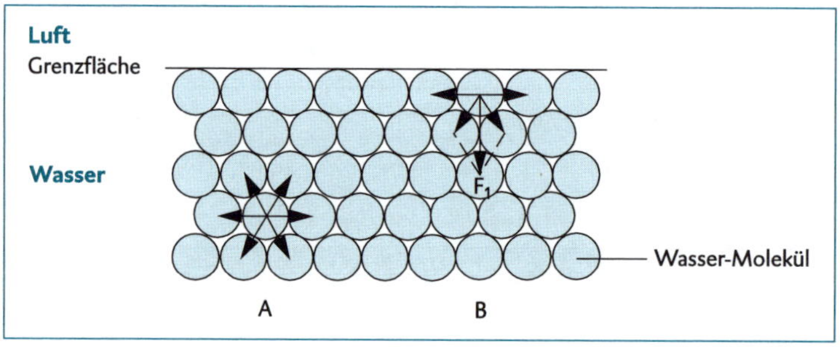

Abb. 11: Schematische Darstellung der auf ein Wasser-Molekül wirkenden Kräfte im Flüssigkeitsinneren (A) bzw. an der Grenzfläche (B)

Bringt man Seife in das Wasser, so reichern sich die Seifen-Anionen an der Oberfläche in der Art an, dass die hydrophoben Alkylreste aus dem Wasser herausragen, während die hydrophilen Carboxylat-Enden in der obersten Wasserschicht verbleiben.

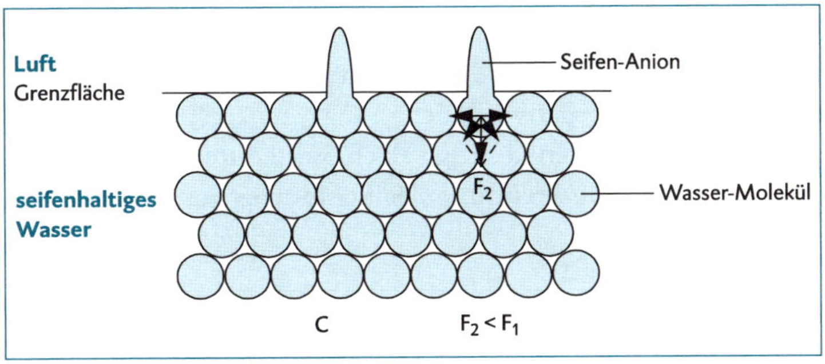

Abb. 12: Schematische Darstellung der auf ein Seifen-Anion an der Flüssigkeitsoberfläche wirkenden Kräfte

Da die Anziehungskräfte zwischen Seifen-Anionen und benachbarten Wasser-Molekülen geringer ist als zwischen den Wasser-Molekülen untereinander, ist auch die resultierende, nach innen wirkende Kraft geringer und die Oberflächenspannung des Wassers wird folglich herabgesetzt (siehe Abb. 12, C).
An der Phasengrenze zwischen einer fettig verschmutzten hydrophoben Faser und Seifenwasser strecken die Seifen-Anionen im Bereich der Fettverschmutzung ihre hydrophoben Alkylreste in das Fett, im Bereich der Faser werden die Alkylreste an die Faseroberfläche adsorbiert. Die hydrophilen Carboxylatgruppen zeigen in Richtung des umgebenden Wassers. Diese Anreicherung der Seifen-Anionen an der Grenzfläche vermindert auch hier die Kraft, die bestrebt ist, die Grenzfläche möglichst klein zu halten; es kommt zu einer Herabsetzung der Grenzflächenspannung.

Stoffe, welche die Grenzflächenspannung herabsetzen, nennt man **Tenside** oder **Detergenzien.**

Tenside sind aufgrund ihres amphiphilen Baus grenzflächenaktiv, was bedeutet, dass sie sich an Grenzflächen anreichern. Seifen zählt man aufgrund der negativen Ladung ihres hydrophilen Molekülteils (Carboxylatgruppe) zu den **anionischen Tensiden**.
Durch die Herabsetzung der Grenzflächenspannung können sich größere Kontaktflächen ausbilden und das Benetzungsvermögen verbessert sich. Je besser die Benetzung der zu reinigenden Faser, umso größer der zu erwartende Wascherfolg.

Trennung Faser – Schmutz

Sowohl die (hydrophobe) Faser als auch die Schmutzpartikel werden von den Seifen-Anionen besetzt. Da die negativ geladenen Carboxylatgruppen dabei in Richtung der umgebenden wässrigen Lösung zeigen, wird durch die auftretende elektrostatische Abstoßung die Trennung des Schmutzes von der Faser erleichtert.

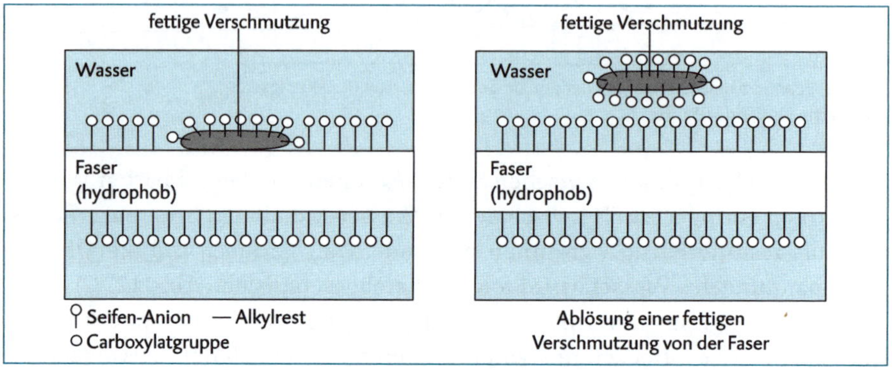

Abb. 13: Anreicherung der Seifen-Anionen an den Grenzflächen Wasser – Faser bzw. Wasser – fettige Verschmutzung (links); Ablösung einer fettigen Verschmutzung von der Faser (rechts)

Besitzen die Faser-Moleküle hydrophile polare Gruppen, binden sie im alkalischen Milieu der Waschlauge Hydroxid-Ionen über Wasserstoffbrückenbindungen. Auch hier lädt sich die Faseroberfläche demnach negativ auf, was die Schmutzablösung begünstigt.

Bildung stabiler Emulsionen bzw. Suspensionen

Die Schmutzpartikel sind nach der Ablösung von der Faseroberfläche vollständig mit Seifen-Anionen besetzt. Die negativ geladenen Carboxylatgruppen an der Oberfläche verhindern aufgrund der Abstoßung gleichnamiger Ladungen den Zusammenschluss mehrerer Schmutzpartikel. Je nachdem, ob die Schmutzteilchen flüssig oder fest sind, entstehen stabile Emulsionen bzw. Suspensionen, die mit der Waschlauge abtransportiert werden.

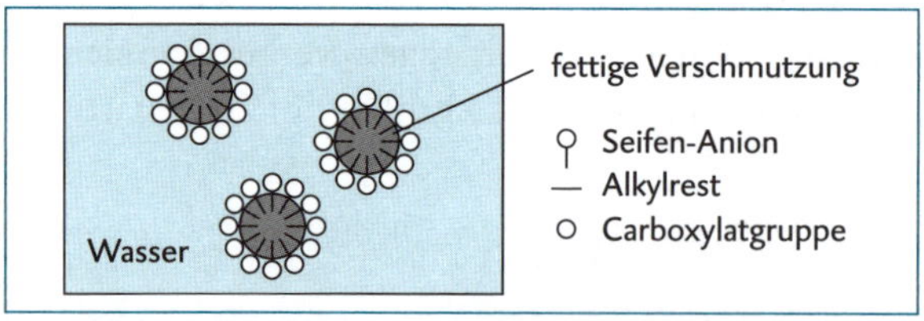

Abb. 14: Ausbildung stabiler Emulsionen bzw. Suspensionen

2.2 Nachteile wässriger Seifenlösungen

Ein wesentlicher Nachteil der Seifen ist, dass ihre wässrigen Lösungen eine deutlich **alkalische Reaktion** zeigen (pH 10–11). Seifen-Anionen sind die korrespondierenden Basen zu den schwachen Fettsäuren und reagieren daher so stark basisch, dass sie den Wasser-Molekülen in einer Gleichgewichtsreaktion Protonen entreißen.

Die alkalischen Lösungen können vorübergehend den Säureschutzmantel der Haut zerstören und sensible Haut schädigen. Auch empfindliche Gewebe wie beispielsweise Wolle werden beim Waschen mit Seife angegriffen.
Ein weiterer Nachteil liegt in der **Härtempfindlichkeit** der Seifen. Die Wasserhärte wird durch die in Wasser gelösten Ca^{2+}- und Mg^{2+}-Ionen verursacht. Mit diesen Ionen bilden Seifen **schwer lösliche** Kalk- bzw. Magnesiumseifen.

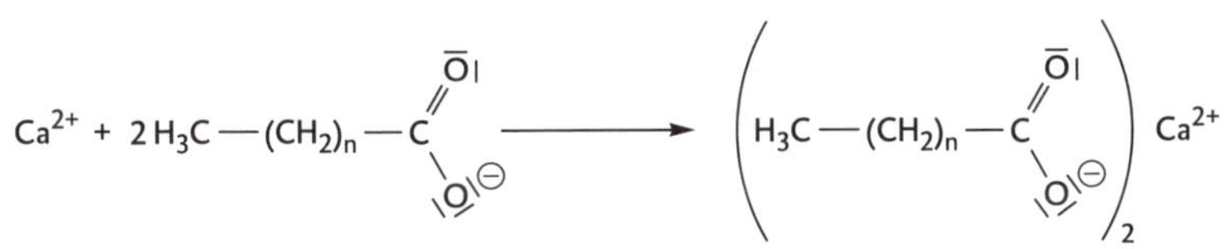

Die ausgefällten Seifen können keine Waschwirkung entfalten, sodass beim Waschen in hartem Wasser mehr Seife gebraucht wird, um das gewünschte Ergebnis zu erzielen. Die ausgefällte Kalkseife kann sich zudem auf den Fasern absetzen, wodurch diese grau und spröde werden.
Auch die **Säureempfindlichkeit** der Seifen ist nachteilig. In sauren Lösungen kommt es in einer Gleichgewichtsreaktion zur Protonierung des Seifen-Anions, wobei die entsprechende wasserunlösliche freie Fettsäure ausfällt.

So sind Seifen in Lösungen mit pH < 6 nur noch schlecht oder überhaupt nicht mehr wirksam.

2.3 Synthetische Tenside

Synthetische Tenside besitzen ebenso wie Seifen einen amphiphilen Bau. Zu den wichtigsten synthetischen anionischen Tensiden zählen die **Alkylbenzolsulfonate (ABS)**.

Beispiel

Tetrapropylenbenzolsulfonat (TPS) kam als erstes synthetisches anionisches Tensid zum Einsatz. Es kann kostengünstig aus Propen und Benzol, gewonnen aus Erdöl, und Schwefelsäure hergestellt werden.

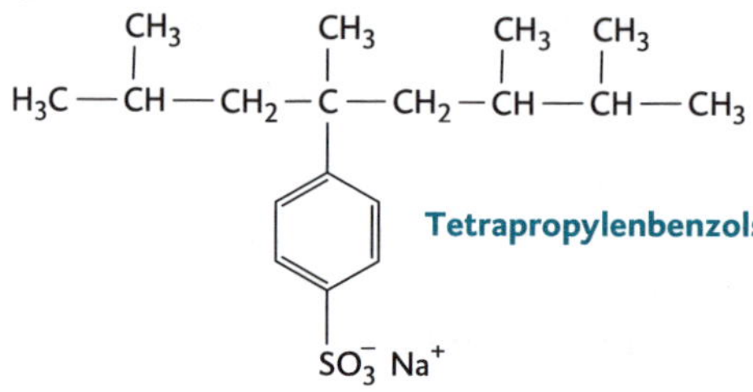

Tetrapropylenbenzolsulfonat

Der verstärkte Einsatz solcher Tenside führte Ende der fünfziger Jahre des vergangenen Jahrhunderts zu einer starken Umweltbelastung, die sich in Form von Schaumbildung auf vielen Flüssen zeigte. Derartig verzweigte Tenside sind durch Bakterien kaum abbaubar und reichern sich daher in den Gewässern an. Die hohen Tensidkonzentrationen und die dadurch behinderte Aufnahme von Sauerstoff ins Wasser führten verbreitet zu Fischsterben. Das Detergenziengesetz von 1961, das später durch das Waschmittelgesetz erweitert wurde, fordert, dass nur solche Tenside als Waschmittel genutzt werden dürfen, die mindestens zu 80 % **biologisch abbaubar** sind. TPS wurde vom Markt genommen und durch lineare Alkylbenzolsulfonate, die den Anforderungen des Detergenziengesetzes entsprechen, ersetzt.

Beispiel

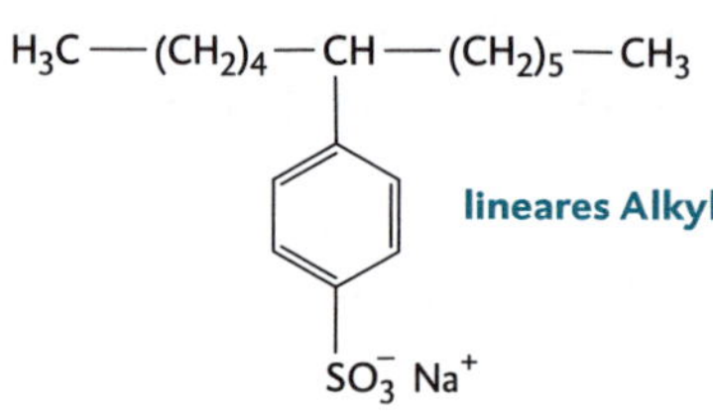

lineares Alkylbenzolsulfonat

In den Alkylbenzolsulfonaten ist der Alkylbenzolanteil der hydrophobe, die SO_3^--Gruppe der hydrophile Teil des Moleküls. Als Salze einer starken Säure besitzen die Alkylbenzolsulfonate eine geringere Basizität als Seifen, sodass sie in wässrigen Lösungen neutral reagieren und säureunempfindlich sind. Aufgrund der Löslichkeit ihrer Erdalkalisalze werden sie in hartem Wasser nicht ausgefällt.

Zusammenfassung

- Seifen haben einen **amphiphilen** Bau und sind daher **grenzflächenaktiv**. Sie werden den Tensiden zugeordnet.
- Grenzflächenaktive Stoffe verringern die **Grenzflächenspannung**.
- **Alkylbenzolsulfonate** sind synthetisch hergestellte Tenside, welche die Nachteile der Seifen (alkalische Reaktion, Härte- und Säureempfindlichkeit) nicht aufweisen.

Aufgaben

67. Beschreiben Sie, wie Seifen hergestellt werden können, und formulieren Sie eine entsprechende Reaktionsgleichung. Gehen Sie dabei von einem heteroaciden Fett aus.

68. Erklären Sie unter Verwendung von Reaktionsgleichungen, weshalb die gleiche Menge Seife in weichem Wasser eine größere Waschwirkung hat als in hartem Wasser.

69. Das Natriumsalz der Octadecansäure wird in Wasser gelöst, anschließend wird der Indikator Phenolphthalein zugesetzt. Nun lässt man verdünnte Salzsäure zutropfen, bis die Lösung stark sauer reagiert.
Beschreiben und deuten Sie Ihre Beobachtungen.

70. Nennen und beschreiben Sie kurz die Strukturmerkmale grenzflächenaktiver Stoffe.

71. Seifen zählen zu den sogenannten anionischen Tensiden.
Was versteht man unter anionischen Tensiden und welchen anderen Aufbau könnte ein Molekül mit Tensideigenschaften ebenfalls besitzen?

72. Zu einer Seifenlösung und zur Lösung eines Alkylbenzolsulfonats lässt man verdünnte Calciumchloridlösung tropfen.
Schildern Sie die Beobachtungen und erklären Sie sie.

73. Erklären Sie, was man unter einer Emulsion bzw. einer Suspension versteht, und beschreiben Sie den Einfluss der Tenside auf die Bildung von Emulsionen bzw. Suspensionen.

74. Gegeben sind folgende Verbindungen:

(A) $H_3C-COO^- Na^+$

(B) $H_3C-(CH_2)_{16}-COO^- Na^+$

(C) $H_3C-(CH_2)_{16}-COOCH_3$

Geben Sie an, welche dieser Verbindungen grenzflächenaktiv sind, und begründen Sie Ihre Entscheidung.

75. Blätter sind mit einer Wachsschicht (Kutikula) bedeckt.
Beschreiben Sie, in welcher Form das Wasser nach einem Regen auf den Blättern verbleibt, und begründen Sie dies.

76. Ein hydrophobes Schädlingsbekämpfungsmittel soll durch Versprühen verbreitet werden. Dazu wird es in tensidhaltigem Wasser gelöst.
Erläutern Sie, welche Bedeutung die Verwendung von Tensiden in diesem Zusammenhang hat.

Kohlenhydrate und Stereoisomerie

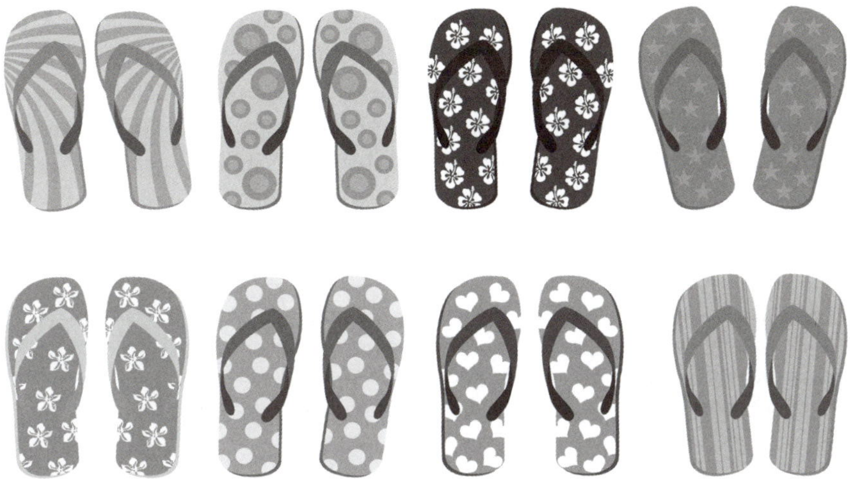

Moleküle oder Gegenstände, die sich mit ihrem Spiegelbild nicht zur Deckung bringen lassen, sind chiral. Das Prinzip der Chiralität spielt bei Biomolekülen und biochemischen Prozessen eine ganz wesentliche Rolle.

Die quantitative Analyse der geläufigen Kohlenhydrate liefert das Ergebnis, dass sie neben Kohlenstoff auch Wasserstoff und Sauerstoff im Verhältnis 2 : 1 enthalten. Da Wasserstoff und Sauerstoff in diesem Verhältnis auch im Wasser auftreten, definierte man die untersuchten Verbindungen als „Hydrate des Kohlenstoffs", kurz **Kohlenhydrate**. Die Aufklärung des Molekülbaus der Kohlenhydrate zeigte jedoch, dass die Kohlenstoff-Atome keine Wasser-Moleküle binden, sondern Hydroxygruppen (OH-Gruppen) und Wasserstoff-Atome. Obwohl der Begriff Kohlenhydrate also die Struktur nicht richtig beschreibt und es auch Zucker gibt, in denen Sauerstoff und Wasserstoff in einem anderen Verhältnis auftreten oder in denen zusätzlich noch andersartige Atome wie z. B. Stickstoff vorhanden sind, wird dieser Sammelbegriff beibehalten, heute aber anders definiert.

Neue Definition: Kohlenhydrate sind **Polyhydroxyaldehyde (Aldosen)**, Verbindungen, die viele Hydroxygruppen und eine Aldehydgruppe enthalten, **Polyhydroxyketone (Ketosen)**, Verbindungen mit vielen Hydroxygruppen und einer Ketogruppe, oder Verbindungen, die unter Anlagerung von Wasser in solche Verbindungen gespalten werden können.

Der letzte Teil der Definition erklärt sich daraus, dass Polyhydroxyaldehyde bzw. -ketone die kleinstmöglichen Kohlenhydrate sind. Zwei oder mehrere dieser Bausteine können unter Abspaltung von Wasser zu größeren Kohlenhydrat-Molekülen zusammentreten, die wiederum unter Wasseranlagerung (hydrolytisch) in die einzelnen Bausteine zerlegt werden können.

Beispiel

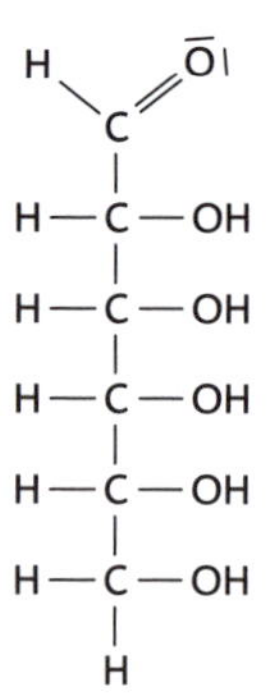

Polyhydroxyaldehyd

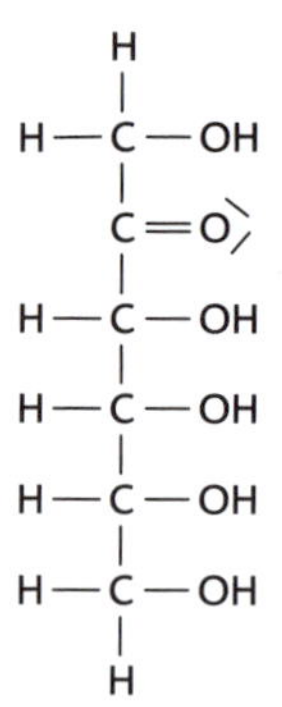

Polyhydroxyketon

Die kleinstmöglichen Kohlenhydrate werden als **Monosaccharide** bezeichnet. Monosaccharid-Bausteine können also, wie bereits erwähnt, unter Wasserabspaltung zu größeren Molekülen verknüpft werden. Sind an der Verknüpfung zwei derartige Bausteine beteiligt, so entstehen **Disaccharide**, sind drei bis acht Bausteine beteiligt, entstehen **Oligosaccharide** und bei mehr als zehn Monosaccharid-Bausteinen erhält man **Polysaccharide**.
Monosaccharide kann man nach der Anzahl ihrer Kohlenstoff-Atome gruppieren. So unterscheidet man zwischen **Biosen** (Bi als Vorsilbe für zwei C-Atome), **Triosen** (drei C-Atome), **Tetrosen** (vier C-Atome), **Pentosen** (fünf C-Atome), **Hexosen** (sechs C-Atome) etc. Die Endung **-ose** wird zur Charakterisierung von Kohlenhydraten verwendet.

Beispiel

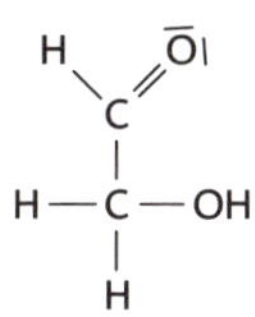

Biose

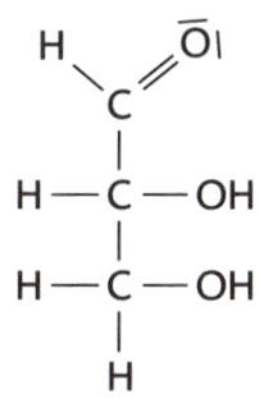

Triose

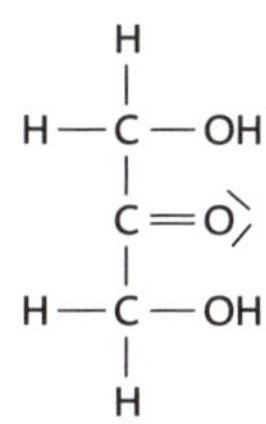

Triose

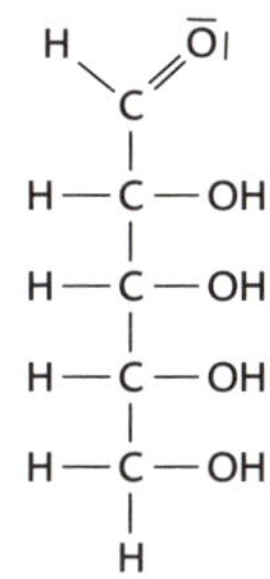

Pentose

1 Molekülchiralität und optische Aktivität

1.1 Spiegelbildisomerie

Von 2,3-Dihydroxypropanal (Glycerinaldehyd) existieren zwei Isomere, die sich durch die räumliche Anordnung der Atome bzw. Atomgruppen voneinander unterscheiden und die durch Drehung um C–C-Einfachbindungen nicht ineinander überführt werden können.

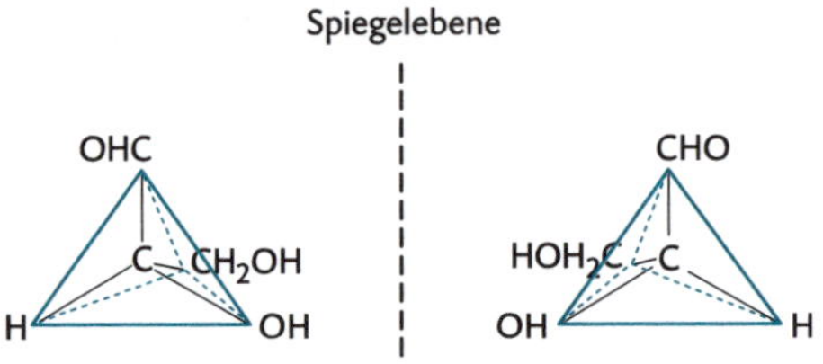

Die beiden Isomere verhalten sich wie Bild und Spiegelbild **(Spiegelbildisomerie)** und können räumlich nicht zur Deckung gebracht werden.

Substanzen, deren Moleküle sich wie Bild und Spiegelbild verhalten und die nicht deckungsgleich sind, werden als **Enantiomere** bezeichnet.

Da Enantiomere sich in ihrem räumlichen Bau (Konfiguration) unterscheiden, ist Spiegelbildisomerie ein Fall von Stereoisomerie. Das Auftreten von Enantiomeren einer Verbindung ist stets die Folge eines **chiralen Molekülbaus**. Ein solcher Bau liegt in der Regel dann vor, wenn ein Molekül ein **asymmetrisches Kohlenstoff-Atom** (C*) enthält.

Als **asymmetrisches Kohlenstoff-Atom** bezeichnet man ein C-Atom, das mit vier unterschiedlichen Atomen oder Atomgruppen verknüpft ist. Das asymmetrische C-Atom wird auch **Chiralitätszentrum** genannt.

Bei 2,3-Dihydroxypropanal ist das asymmetrische Kohlenstoff-Atom das C2-Atom, das eine CH_2OH-, eine OH-, eine Aldehydgruppe und ein H-Atom trägt.
Um den räumlichen Bau der Enantiomere eindeutig zweidimensional wiedergeben zu können, verwendet man die von E. Fischer vorgeschlagenen Projektionsformeln (Fischer-Projektionsformeln). Man denkt sich dabei das asymme-

trische Kohlenstoff-Atom in der Papierebene und positioniert das Molekül so, dass die Gruppen, die ein C-Atom enthalten, hinter der Papierebene liegen, die übrigen Substituenten vor der Papierebene.
Das Molekül muss so orientiert sein, dass das endständige C-Atom mit der höheren Oxidationszahl oben steht. Die beiden Bindungen, die nach vorne aus der Papierebene herausragen, werden durch waagrechte Striche, die Bindungen, die hinter die Papierebene zeigen, werden durch senkrechte Striche symbolisiert.

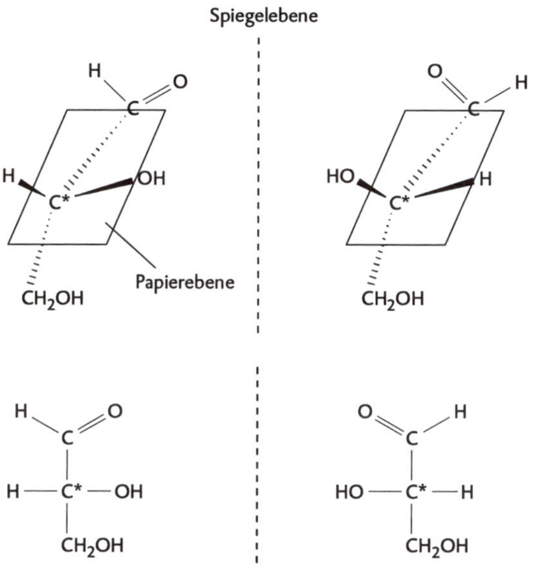

D-2,3-Dihydroxypropanal L-2,3-Dihydroxypropanal

Zur Erinnerung: Für die Bestimmung der Oxidationszahlen werden die bindenden Elektronenpaare formal jeweils dem elektronegativeren Atom zugeordnet, zwischen zwei C-Atomen wird das Elektronenpaar aufgeteilt. Dem C-Atom der Aldehydgruppe in 2,3-Dihydroxypropanal werden demnach drei Elektronen, dem C-Atom am anderen Molekülende 5 Elektronen zugeteilt. Da Kohlenstoff vier Außenelektronen besitzt, ergibt sich für das C-Atom der Aldehydgruppe die Oxidationszahl +I, für das C-Atom, dem 5 Elektronen zugeteilt werden, die Oxidationszahl –I.

In den Projektionsformeln befindet sich die OH-Gruppe einmal auf der rechten und einmal auf der linken Seite des asymmetrischen C-Atoms. Steht definitionsgemäß das Kohlenstoff-Atom mit der höheren Oxidationszahl oben und befindet sich dann der für die Zuordnung zur D- bzw. L-Reihe maßgebliche Substituent, hier die OH-Gruppe, **rechts** vom asymmetrischen Kohlenstoff-Atom, so handelt es sich um die **D-Form** (D-2,3-Dihydroxypropanal), steht er **links**, so handelt es sich um die **L-Form** (L-2,3-Dihydroxypropanal).

1.2 Optische Aktivität

Enantiomere zeigen, mit Ausnahme ihres Verhaltens gegenüber linear polarisiertem Licht (Licht einer Schwingungsebene), gleiche chemische und physikalische Eigenschaften.

Unter **optischer Aktivität** versteht man das Phänomen, dass die Schwingungsebene von linear polarisiertem Licht beim Durchgang durch eine Lösung eines Enantiomers gedreht wird.

Das unterschiedliche Verhalten zweier Enantiomere gegenüber linear polarisiertem Licht kann mit einem **Polarimeter** untersucht werden.

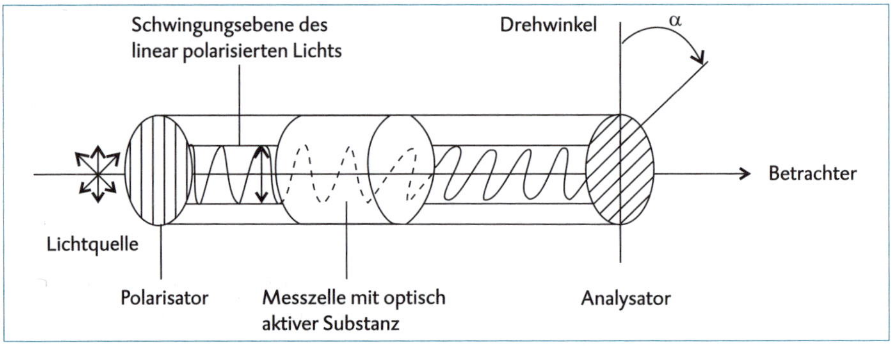

Abb. 15: Aufbau und Funktionsweise eines Polarimeters

Licht definierter Wellenlänge (monochromatisches Licht), dessen Wellen in alle Richtungen senkrecht zur Ausbreitungsrichtung schwingen, wird durch einen Polarisationsfilter geschickt, der nur Licht einer Schwingungsebene hindurchlässt. Dieses **linear polarisierte** Licht gelangt durch eine zunächst mit einem Lösungsmittel (meist destilliertes Wasser) gefüllte Küvette auf einen zweiten Polarisationsfilter, den Analysator, der so eingestellt wird, dass die Schwingungsebene des ankommenden Lichts nicht hindurch treten kann und ein in den Filter schauender Beobachter vollständige Auslöschung feststellt.

Anschließend wird in die Küvette die Lösung der **optisch aktiven** Substanz eingefüllt. Da diese die Schwingungsebene des Lichts dreht, kann nun Licht durch den Analysator durchtreten. Der Winkel, um den der Analysator gedreht werden muss, um wieder völlige Auslöschung zu erreichen, stellt den **Drehwinkel** dar.

Unter gleichen Versuchsbedingungen dreht das eine Enantiomere die Ebene des linear polarisierten Lichts um einen bestimmten Betrag nach links, das andere um den gleichen Betrag nach rechts (Blickrichtung zur Lichtquelle). Die Enantiomere werden deshalb auch als **optische Antipoden** bezeichnet. Der Drehsinn wird durch **(+)** für rechtsdrehend und **(–)** für linksdrehend angegeben.

Beispiel

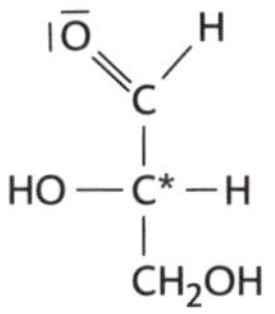

L-(-)-2,3-Dihydroxypropanal

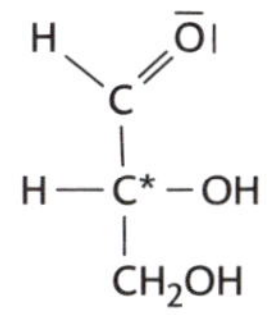

D-(+)-2,3-Dihydroxypropanal

Hinweis: Die Bezeichnungen D- bzw. L- sagen nichts über den Drehsinn aus, sondern beziehen sich lediglich auf den räumlichen Bau am asymmetrischen Kohlenstoff-Atom.

Der Drehwinkel α ist proportional zum Produkt aus Konzentration c und Schichtdicke l der untersuchten Lösung. Die **spezifische Drehung [α]** ist eine Stoffkonstante.

$$\alpha = \frac{[\alpha] \cdot c \cdot l}{100}$$

$[\alpha]$ = spezifische Drehung
c = Konzentration in $g \cdot cm^{-3}$
l = Schichtdicke (der durchstrahlten Lösung) in dm

Racemate

Ein **Racemat** ist ein Gemisch, in dem beide Enantiomere einer optisch aktiven Substanz im Verhältnis **1 : 1** vorliegen.

Das Racemat selbst ist **optisch inaktiv**, da die Linksdrehung linear polarisierten Lichts, die von den Molekülen des einen Enantiomers hervorgerufen wird, durch die Rechtsdrehung durch Moleküle des anderen Enantiomers aufgehoben wird.

1.3 Enantiomere und Diastereomere

Besitzt eine Verbindung **n** asymmetrische C-Atome, so können von ihr **2^n Stereoisomere** vorkommen.

Beispiel

Im Tetrose-Molekül existieren zwei asymmetrische Kohlenstoff-Atome (C*). Es gibt insgesamt vier Stereoisomere.

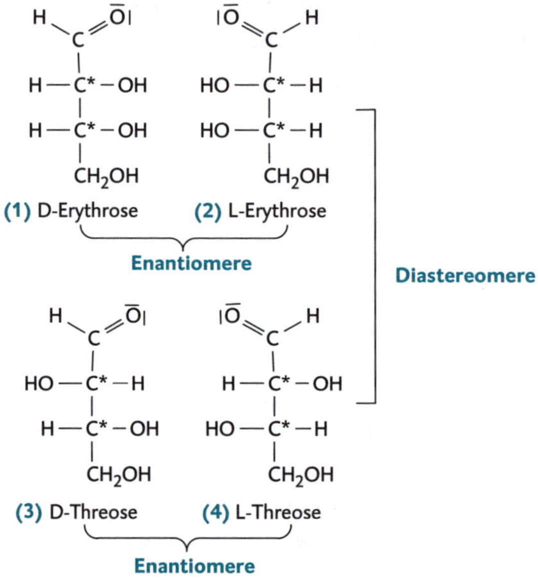

Hinweis: Existieren in einem Molekül mehrere Chiralitätszentren, so bezieht sich die Bezeichnung D- bzw. L- immer auf das C-Atom, das vom höchstoxidierten C-Atom am weitesten entfernt ist (vgl. S. 99 f.).

(1) und (2) sowie (3) und (4) verhalten sich wie Bild und Spiegelbild, sind also Enantiomere. Vergleicht man (1) und (3) bezüglich der Stellung der Substituenten an den asymmetrischen C-Atomen, so erkennt man, dass die Anordnung von Wasserstoff-Atom und Hydroxy-Gruppe nur am C_2-Atom spiegelbildlich ist, am C_3-Atom hingegen identisch. Die Moleküle (1) und (3) verhalten sich also **nicht** wie Bild und Spiegelbild.

Stereoisomere, die nicht spiegelbildisomer sind, bezeichnet man als **Diastereomere**.

Während Enantiomere den gleichen Grundnamen tragen, werden Diastereomere mit unterschiedlichen Namen belegt.

Zusammenfassung

- **Stereoisomere** sind Moleküle gleicher Summenformel, die sich nicht in der Verknüpfung der Atome (Konstitution), sondern in ihrem räumlichen Bau (Konfiguration) unterscheiden.
- Stereoisomere, die ein **asymmetrisches** C-Atom (C-Atom, das mit vier unterschiedlichen Atomen oder Atomgruppen verknüpft ist) besitzen und damit **chiral** gebaut sind, sind optisch aktiv.
- **Optisch aktive** Substanzen drehen in Lösung die Schwingungsebene linear polarisierten Lichts.
- Die Darstellung von Molekülen mit asymmetrischen C-Atomen erfolgt in der **Fischer-Projektion**.
- Stereoisomere, die sich wie **Bild und Spiegelbild** verhalten, werden als Spiegelbildisomere oder **Enantiomere** bezeichnet; man unterscheidet hierbei zwischen D- bzw. L-Form.
- Enantiomere haben gleiche chemische und physikalische Eigenschaften mit Ausnahme ihres Verhaltens gegenüber linear polarisiertem Licht.
- Stereoisomere, die sich nicht wie Bild und Spiegelbild verhalten, bezeichnet man als **Diastereomere**.

Aufgaben

77. a Geben Sie alle Isomere der Summenformel $C_3H_6Cl_2$ an und benennen Sie sie.
    b Nennen Sie die physikalischen Möglichkeiten, mit denen diese isomeren Verbindungen unterschieden werden können.

78. Bei der Joghurtherstellung wird Glucose durch Milchsäurebakterien zu Milchsäure (2-Hydroxypropansäure) abgebaut.
    a Geben Sie die Fischer-Projektionsformeln der Isomeren der Milchsäure an.
    b In der Werbung wird Joghurt beworben, der überwiegend rechtsdrehende Milchsäure enthält, da diese vom menschlichen Organismus schneller abgebaut werden kann.
    Erläutern Sie die Bezeichnung „rechtsdrehende Milchsäure“.
    c Welcher Zusammenhang besteht zwischen den Bezeichnungen D- bzw. L-Milchsäure und den Drehrichtungen dieser Verbindungen?
    d Überlegen Sie, worauf es zurückzuführen sein könnte, dass rechtsdrehende Milchsäure im Körper schneller verwertet werden kann.

2 Monosaccharide

Monosaccharide besitzen unter den Kohlenhydraten die kleinsten Moleküle. Zwei der wichtigsten Monosaccharide sind **Glucose** (Traubenzucker) und **Fructose** (Fruchtzucker).

2.1 Glucose

Offenkettige Aldehydform der Glucose

Glucose-Moleküle enthalten sechs C-Atome, eine Aldehydgruppe und fünf Hydroxygruppen. Bei der Glucose handelt es sich um eine **Aldohexose**. Die Endung **-ose** kennzeichnet dabei einen Zucker, die Vorsilbe **Aldo-** deutet darauf hin, dass im Zucker-Molekül eine Aldehydgruppe vorhanden ist, und **-hex** gibt an, dass am Aufbau der Glucose sechs C-Atome beteiligt sind.

Die nebenstehende Abbildung zeigt eine Strukturformel, die diesen strukturellen Anforderungen gerecht wird. Allerdings enthält diese Aldohexose vier asymmetrische Kohlenstoff-Atome (C*) (vgl. S. 98), weshalb verschiedene **Isomere**, die sich in der Anordnung der OH-Gruppen an den asymmetrischen C-Atomen unterscheiden, existieren.

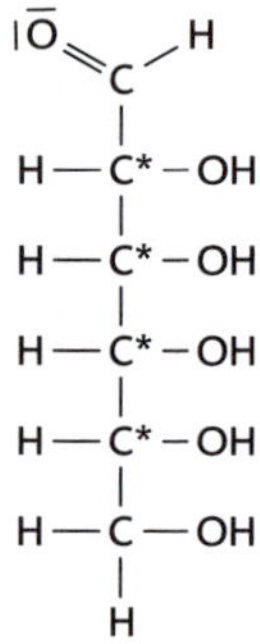

Aldohexose

Hinweis: Um zu erkennen, ob es sich um ein asymmetrisches C-Atom handelt, dürfen nicht nur die unmittelbaren Nachbar-Atome, die eine Bindung zu diesem C-Atom ausbilden, betrachtet werden, sondern es müssen die gesamten Molekülteile berücksichtigt werden.

In der zweidimensionalen Darstellung (Fischer-Projektionsformel) unterscheiden sich die einzelnen Isomere darin, dass die an den asymmetrischen Kohlenstoff-Atomen gebundenen OH-Gruppen links oder rechts stehen können. Soll nun die Formel für Glucose angegeben werden, so darf die Position der OH-Gruppen an den asymmetrischen Kohlenstoff-Atomen nicht willkürlich gewählt werden. Das Glucose-Molekül verfügt über eine charakteristische Stellung der OH-Gruppen an diesen Kohlenstoff-Atomen. Wird nur eine OH-Gruppe vertauscht, so beschreibt die Formel ein anderes Monosaccharid.
Es ist also notwendig, sich die Position der OH-Gruppen im Glucose-Molekül einzuprägen.

Hinweis: Eine „Eselsbrücke", sich die Anordnung der OH-Gruppen im Glucose-Molekül besser merken zu können, ist, die OH-Gruppen rechts mit „ta" und die OH-Gruppen links mit „tü" gleichzusetzen. Von oben nach unten ergibt sich dann **„ta-tü-ta-ta"**.

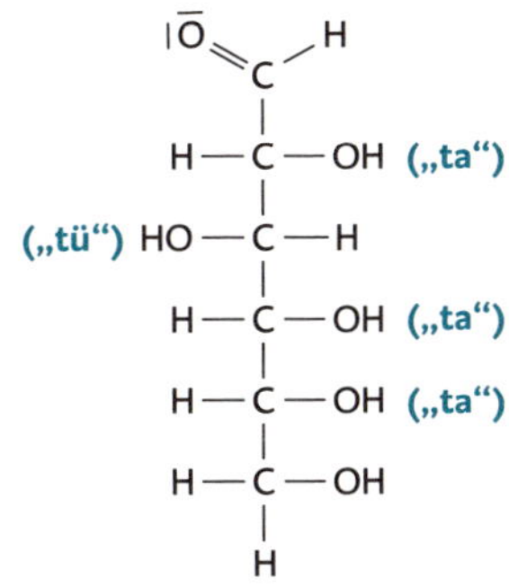

D-(+)-Glucose

Das C 6-Atom ist nicht asymmetrisch und daher ist auch die Stellung der OH-Gruppe hier nicht festgelegt. Oftmals wird dieses C-Atom auch mit allen Wasserstoff-Atomen und der OH-Gruppe als CH_2OH-Gruppe angegeben. Die rechts dargestellte Form der Glucose wird als **offenkettige Aldehydform** bezeichnet. Die Zuordnung zur D- oder L-Reihe richtet sich bei den Aldosen nach der Stellung der OH-Gruppe an dem asymmetrischen Kohlenstoff-Atom, das am **weitesten** von der Aldehydgruppe entfernt ist. Im Fall der Glucose ist dies das C 5-Atom. Steht an diesem C-Atom die OH-Gruppe rechts, so gehört der Zucker zur D-Reihe, steht sie links, zur L-Reihe. Das (+) besagt, dass die Verbindung optisch aktiv ist und die Ebene linear polarisierten Lichts nach rechts dreht (vgl. S. 100 f.).

Reduzierende Eigenschaften der Glucose

Glucose besitzt reduzierende Eigenschaften und zeigt bei Fehling-Probe und Silberspiegelprobe ein positives Ergebnis an. Hat ein Stoff reduzierende Eigenschaften, so ist er in der Lage, den Reaktionspartner zu reduzieren, und wird dabei selber oxidiert. Bei der Oxidation der Glucose wird die Aldehydgruppe zu einer **Carboxygruppe** oxidiert. Die Oxidationszahl des C 1-Atoms wird dabei von +I nach +III erhöht.

Silberspiegelprobe:

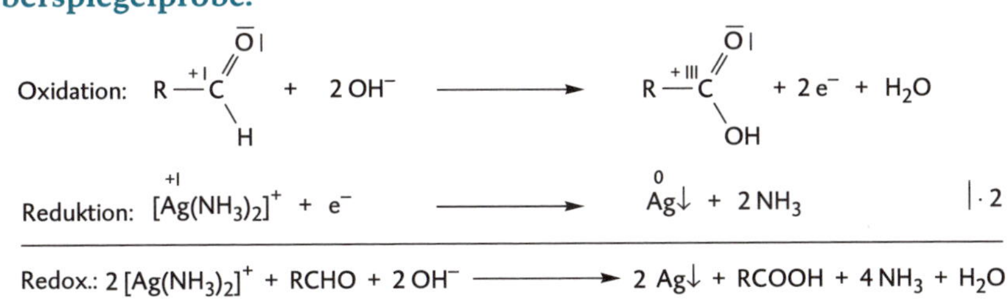

Hinweis: Der Rest des Glucose-Moleküls, der sich an der jeweiligen Reaktion nicht beteiligt und daher nach der Reaktion unverändert vorliegt, wird mit R abgekürzt.

Zu ammoniakalischer Silbernitratlösung wird Glucoselösung gegeben. Beim Erhitzen verfärbt sich das Reaktionsgemisch grau und es scheidet sich an der Reagenzglaswand ein **Silberspiegel** ab.

Fehling-Probe:

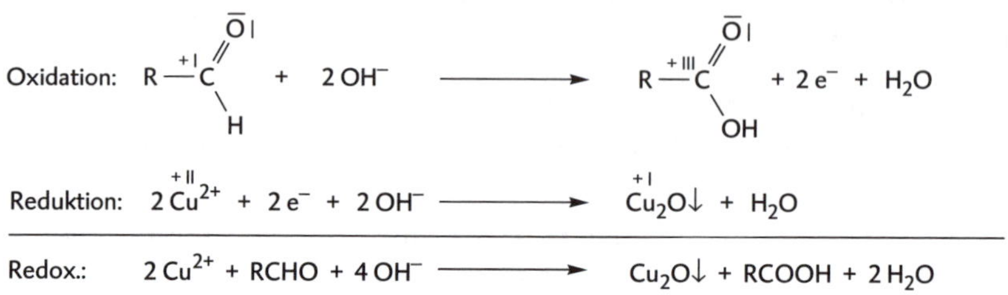

Die ursprünglich tiefblaue Lösung verfärbt sich beim Erhitzen mit Glucoselösung rotbraun, was auf **ausfallendes Kupfer(I)-oxid** zurückzuführen ist. Kupfer der Oxidationszahl +II wird in Kupfer der Oxidationszahl +I überführt.

Cyclische Halbacetalform der Glucose

Bei der Fehling-Probe und der Silberspiegelprobe verhält sich die Glucose so, wie man es für ein Molekül mit Aldehydfunktion erwartet. Es gibt jedoch auch typische Aldehydreaktionen, die mit Glucose negativ verlaufen. So färben Aldehyde das **Schiffsche Reagenz** (fuchsinschweflige Säure) violett, Glucose jedoch nicht. Der Grund dafür, dass Glucose nicht alle typischen Aldehydreaktionen zeigt, liegt darin, dass in einer Glucoselösung die Konzentration an offenkettiger Aldehydform nur sehr gering ist. Der überwiegende Teil der Moleküle besitzt eine **cyclische Halbacetalstruktur**. Das Halbacetal entsteht durch nukleophile Addition der am C 5-Atom gebundenen Hydroxygruppe an die Aldehydgruppe. Formal handelt es sich um eine Protonenwanderung von dieser OH-Gruppe an das Sauerstoff-Atom der Aldehydgruppe. Über das Elektronenpaar, das nach der Protonenabspaltung am Hydroxysauerstoff verbleibt, kommt es zu einem Ringschluss mit dem C 1-Atom.

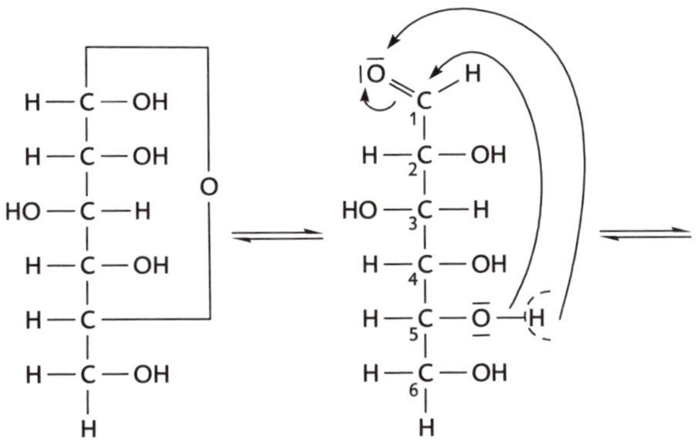

α-D-Glucose
ca. 38 %

D-Glucose
im Gleichgewicht enthalten zu unter 0,5 %

β-D-Glucose
ca. 62 %

Durch den Ringschluss wird das C1-Atom asymmetrisch. Es wird als **anomeres C-Atom** bezeichnet.

> α- und β-D-Glucose sind **Anomere**, die sich lediglich in der Stellung der OH-Gruppe am anomeren C-Atom voneinander unterscheiden.

α- und β-D-Glucose sind **keine** Enantiomere, sondern Diastereomere, da H-Atome und OH-Gruppen an allen asymmetrischen C-Atomen, mit Ausnahme von C 1, gleichartig und **nicht spiegelsymmetrisch** angeordnet sind (vgl. S. 102).

Haworth-Projektionsformel

Durch die lineare Anordnung der Kohlenstoff-Atome ergeben die Fischer-Projektionsformeln kein realistisches Bild von der tatsächlichen Molekülgestalt. Aus ihnen geht beispielsweise nicht hervor, dass das Glucose-Molekül so gebaut ist, dass die C-Atome 1 und 5 nahe beieinander liegen und daher in der Halbacetalform über ein Sauerstoff-Atom verknüpft werden können.

Haworth-Projektionsformeln geben die Molekülgestalt besser wieder, wenngleich auch hier vernachlässigt wird, dass der heterocyclische Sechsring nicht eben ist.

Regeln zur **Umwandlung** der Fischer-Projektionsformel in die Haworth-Projektionsformel

- Der heterocyclische Sechsring wird so gezeichnet, dass das Sauerstoff-Atom hinten rechts und das C 1-Atom rechts stehen.
- Alle Atome oder Atomgruppen, die in der Fischer-Projektion **rechts** stehen, zeigen an den entsprechenden C-Atomen in der Haworth-Projektion nach **unten**. Alle Atome oder Atomgruppen, die in der Fischer-Projektion **links** stehen, zeigen an den entsprechenden C-Atomen in der Haworth-Projektion nach **oben**.
- Bei den D-Zuckern zeigt die CH_2OH-Gruppe am C 5-Atom nach oben. (Wenn hier eine solche Gruppe fehlt, wie z. B. bei der später vorgestellten Fructopyranose, erübrigt sich diese Regel.)

Beispiel

Haworth-Projektionsformeln von α- und β-D-Glucose

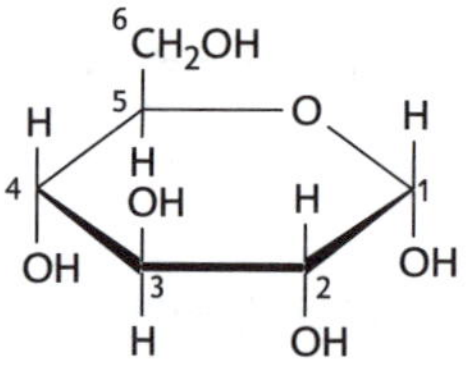

α-D-Glucose

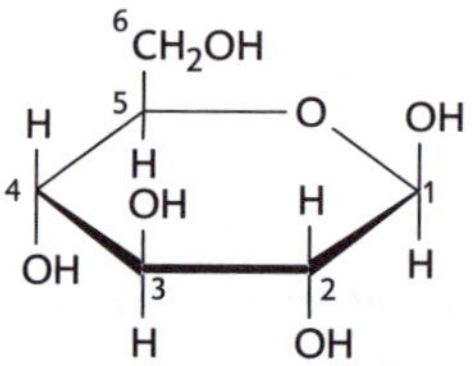

β-D-Glucose

Mutarotation

Frisch bereitete Lösungen von α-D-Glucose und β-D-Glucose haben verschiedene spezifische Drehwinkel. α-D-Glucose dreht die Ebene linear polarisierten Lichts um 112 °, β-D-Glucose nur um 19 ° nach rechts. Untersucht man diese beiden Lösungen im Polarimeter, so zeigt sich, dass sich die Drehwinkel kontinuierlich ändern, bis in beiden Fällen ein konstanter Endwert von 52 ° erreicht ist. Diese Erscheinung wird als **Mutarotation** bezeichnet.

Die Mutarotation ist darauf zurückzuführen, dass sich in beiden Lösungen das oben beschriebene Gleichgewicht zwischen α-D-Glucose (ca. 38 %), β-D-Glucose (ca. 62 %) und einer geringen Menge an offenkettiger Aldehydform (unter 0,5 %) einstellt. Über die offenkettige Aldehydform erfolgt dabei die Umwandlung der beiden Anomere ineinander. Das Gleichgewichtsgemisch hat einen spezifischen Drehwinkel, der dem konstanten Endwert entspricht.

Reine wässrige Lösungen der Anomere sind also nicht beständig; es kommt stets zur Gleichgewichtseinstellung.

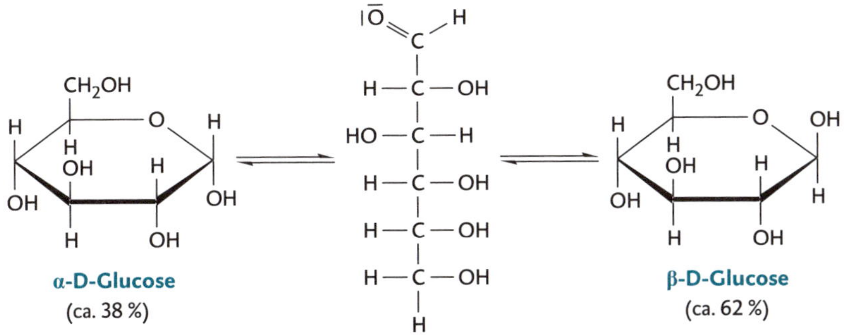

α-D-Glucose (ca. 38 %) — offenkettige Aldehydform (unter 0,5 %) — β-D-Glucose (ca. 62 %)

2.2 Fructose

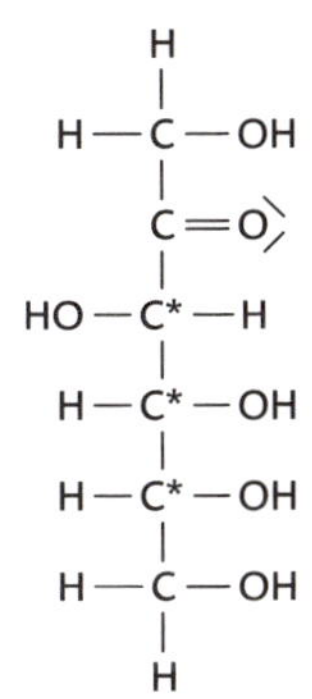

D-(–)-Fructose

Fructose ist eine **Ketohexose**, enthält also eine Ketogruppe (Carbonylgruppe) und ist aus insgesamt sechs Kohlenstoff-Atomen aufgebaut. Bei der D-Fructose befindet sich nur die OH-Gruppe am C 3-Atom auf der linken Seite. Da die C-Atome 1, 2 und 6 nicht asymmetrisch sind, unterliegt die Schreibweise an diesen Positionen keiner bestimmten Anordnung. Die angegebene Strukturformel zeigt die D-Form der Fructose, da die OH-Gruppe an dem asymmetrischen C-Atom, das am weitesten von der Ketogruppe entfernt ist (C 5), auf der rechten Seite steht. Das (–) im Namen zeigt an, dass dieser Zucker die Ebene linear polarisierten Lichts nach links dreht.

Fünfring- und Sechsringsystem der Fructose

Auch bei der Fructose kann es zu einer **intramolekularen Ringschlussreaktion** kommen (Halbketalbildung). Dabei addiert die OH-Gruppe entweder am C 5- oder am C 6-Atom an die Ketogruppe. Reagiert die OH-Gruppe am C 5-Atom mit der Ketogruppe in einer nukleophilen Addition, so bildet sich ein heterocyclischer Fünfring. Addiert die OH-Gruppe am C 6-Atom an die Ketogruppe, bildet sich ein heterocyclischer Sechsring aus. Während man Monosaccharide, die einen Ring aus fünf C-Atomen und einem O-Atom enthalten, als **Pyranosen** bezeichnet, nennt man solche mit heterocyclischem Fünfring **Furanosen**.

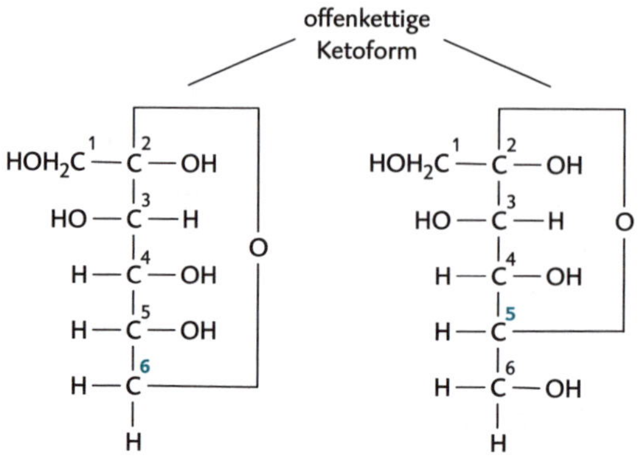

α-D-Fructopyranose α-D-Fructofuranose

Durch den Ringschluss wird das C2-Atom in beiden Fällen asymmetrisch, es ist das anomere Kohlenstoff-Atom. Je nachdem auf welcher Seite sich die OH-Gruppe am anomeren Kohlenstoff-Atom befindet, unterscheidet man auch hier zwischen α- und β-Form (Anomere). Nach den auf S. 108 aufgeführten Regeln lassen sich die Fischer-Projektionsformeln in Haworth-Projektionsformeln umwandeln.

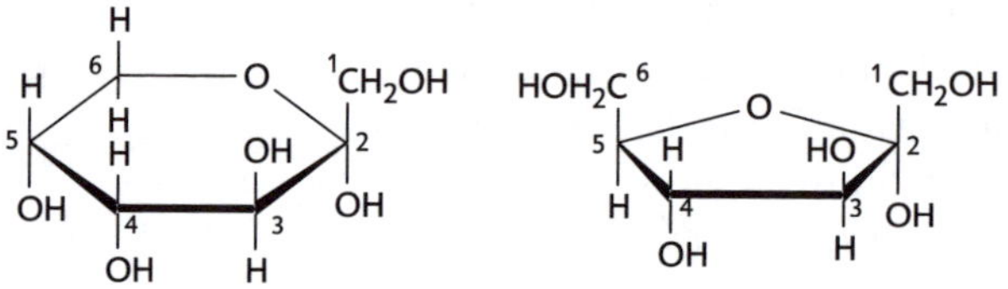

α-D-Fructopyranose α-D-Fructofuranose

Im kristallinen Zustand liegt Fructose in der Pyranoseform vor, in wässriger Lösung vermutlich als ein Gemisch aus Pyranose- und Furanoseform. In Verbindungen wie der Saccharose (vgl. S. 118 f.) tritt Fructose in der Furanoseform auf.

Eigenschaften der Fructose

Auch Fructose zeigt **Mutarotation**. Löst man reine β-D-Fructopyranose (α-D-Fructopyranose konnte bisher nicht isoliert werden), so beträgt der spezifische Drehwinkel –133 °, nach einiger Zeit liegt er bei –92 °. Auch hier ist die Mutarotation auf eine Gleichgewichtseinstellung zwischen α-, β- und einer geringen Menge offenkettiger Form zurückzuführen.

Silberspiegel- und **Fehling-Probe** verlaufen auch mit Fructose positiv. Dies ist erstaunlich, da das Fructose-Molekül über keine oxidierbare Aldehydgruppe verfügt, sondern eine Ketogruppe enthält, die nicht oxidiert werden kann.

Die Erklärung liegt darin, dass in alkalischer Lösung (die Fehling-Probe und die Silberspiegelprobe verlaufen im basischen Milieu) D-Fructose über die **Endiolform** mit D-Glucose im Gleichgewicht liegt.

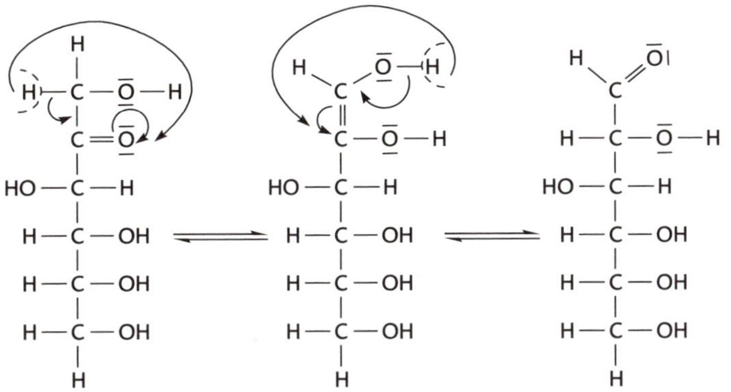

Den Ablauf dieser Umlagerung kann man sich wie folgt vorstellen: Zunächst wird vom C 1-Atom ein Proton abgespalten, das über ein Elektronenpaar der C=O-Doppelbindung an den Sauerstoff der Ketogruppe gebunden wird. Das nach der Protonenabspaltung am C 1-Atom zurückbleibende Elektronenpaar ergänzt die Bindung zwischen den C-Atomen 1 und 2 zu einer Doppelbindung.

Hinweis: Die Bezeichnung Endiolform für die entstehende Verbindung ist darauf zurückzuführen, dass die C-Atome 1 und 2 durch eine Doppelbindung verknüpft sind (Verbindungen mit Doppelbindung werden durch die Endung -en gekennzeichnet) und je eine OH-Gruppe tragen.

Schließlich wird von der OH-Gruppe am C 1-Atom ein Proton abgespalten und eine Doppelbindung zum C 1-Atom ausgebildet. Das Proton wird über das Elektronenpaar der C=C-Doppelbindung an das C 2-Atom gebunden. Diese Form der Umlagerung wird als **Keto-Enol-Tautomerie** bezeichnet.
Die bei der Keto-Enol-Tautomerie entstehende Glucose mit ihrer oxidierbaren Aldehydgruppe ist dafür verantwortlich, dass Fehling- und Silberspiegelprobe mit Fructose positiv verlaufen.

Unterscheidung zwischen Glucose und Fructose – Seliwanowsche Probe

Versetzt man Lösungen von Glucose und Fructose mit alkoholischer **Resorcinlösung** (1,3-Dihydroxybenzol) und erhitzt das Reaktionsgemisch nach Zugabe von etwas konzentrierter Salzsäure, so ergibt sich nur mit der Fructoselösung eine Rotviolettfärbung.

Zusammenfassung

- **Kohlenhydrate** sind Polyhydroxyaldehyde (Aldosen), Polyhydroxyketone (Ketosen) und Verbindungen, die in diese Verbindungen hydrolytisch gespalten werden können.
- **D-Glucose** ist eine Aldohexose. Sie ist der D-Reihe zugeordnet, da die OH-Gruppe an dem am weitesten von der Aldehydgruppe entfernten, asymmetrischen C-Atom rechts steht.
- Durch intramolekulare **Halbacetalbildung** entstehen ringförmige Glucose-Moleküle (Pyranosen), die als α-D- bzw. β-D-Glucose bezeichnet werden. Es handelt sich hierbei um Diastereomere, die sich nur in der Stellung der OH-Gruppe am **anomeren** C-Atom unterscheiden.
- Die Halbacetalformen lassen sich in **Fischer-** oder **Haworth-Projektionsformeln** darstellen.
- In einer Glucoselösung stellt sich stets ein Gleichgewicht zwischen α-D-, β-D-Glucose und offenkettiger Aldehydform ein. Während der Gleichgewichtseinstellung ändert sich der Drehwinkel **(Mutarotation)**.
- Mit Glucose verlaufen **Fehling-Reaktion** und **Silberspiegelprobe** positiv, was auf die im Gleichgewicht vorhandenen offenkettigen Moleküle mit oxidierbarer Aldehydgruppe zurückzuführen ist.
- **D-Fructose** ist eine Ketohexose. Sie ist der D-Reihe zugeordnet, da die OH-Gruppe an dem am weitesten von der Ketogruppe entfernten, asymmetrischen C-Atom rechts steht.
- Durch intramolekulare **Halbketalbildung** bilden sich Fructopyranosen oder -furanosen.

Aufgaben

79. Worauf beruht der Begriff „Kohlenhydrate"? Wie definiert man heute diese Stoffgruppe?
80. Nennen Sie Kriterien, nach denen innerhalb der Gruppe der Kohlenhydrate weitere Klassifizierungen möglich sind.
81. Eine frisch bereitete wässrige Lösung von α-D-Glucose wird im Polarimeter untersucht.

    Beschreiben und deuten Sie Ihre Beobachtungen bezüglich des Drehvermögens der Lösung.

82. Welche Informationen über den Molekülbau bzw. die Eigenschaften des Zuckers sind in der Bezeichnug α-D-(+)-Glucopyranose enthalten?
Entwickeln Sie die Fischer-Projektionsformel für diese Verbindung.

83. Geben Sie die Fischer-Projektionsformel der L-Glucose an.
In welcher Beziehung stehen D- und L-Glucose zueinander?

84. Erklären Sie, weshalb sich Glucose zwar gut in Wasser, jedoch kaum in Benzin löst.

85. D-Galactose ist ein Monosaccharid, dessen offenkettige Aldehydform sich nur durch die Stellung der OH-Gruppe am C4-Atom von der D-Glucose unterscheidet.
Entwickeln Sie die Haworth-Projektionsformeln für α- und β-D-Galactopyranose.

3 Disaccharide

Zwei Monosaccharid-Bausteine können unter Wasserabspaltung (Kondensationsreaktion) miteinander verknüpft werden. Die Eigenschaften des entstehenden Disaccharids hängen davon ab, an welchen Kohlenstoff-Atomen diejenigen Hydroxygruppen gebunden sind, die an der Ausbildung der **glykosidischen Bindung** beteiligt sind. Im Folgenden wird unterschieden, ob durch die glykosidische Bindung die anomeren Kohlenstoff-Atome beider Monosaccharide verbunden sind oder ob an der Verknüpfung nur ein anomeres Kohlenstoff-Atom beteiligt ist.

3.1 Disaccharide mit 1,4-Verknüpfung – Maltose und Cellobiose

Molekülbau von Maltose und Cellobiose

Kommt es zur Reaktion zwischen der Hydroxygruppe am C1-Atom des ersten Monosaccharid-Moleküls und der Hydroxygruppe am C4-Atom des zweiten Monosaccharid-Moleküls, so resultiert eine 1,4-glykosidische Bindung zwischen den Monosacchariden.

In der Maltose sind zwei Moleküle D-Glucopyranose **α-1,4-glykosidisch** verknüpft. Die glykosidische Bindung wird also zwischen dem C1-Atom, dem anomeren Kohlenstoff-Atom des ersten Glucose-Moleküls und dem C4-Atom des zweiten Glucose-Moleküls ausgebildet.

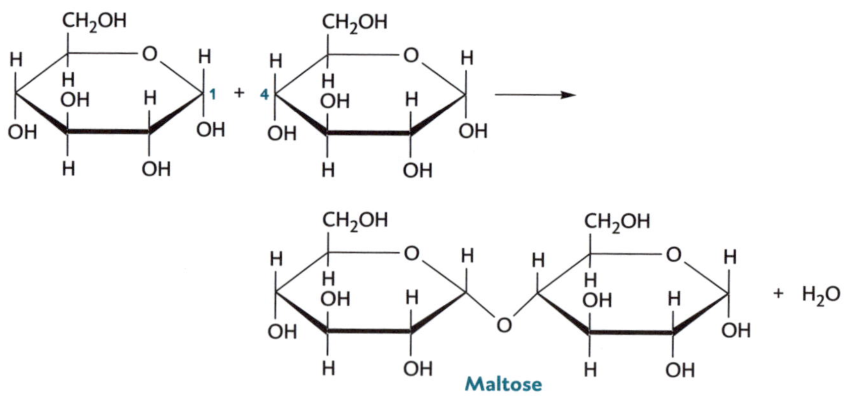

α bezieht sich auf die Stellung der OH-Gruppe an dem anomeren Kohlenstoff-Atom, das an der Bindung beteiligt ist. Im Falle der Maltose ist dies das C1-Atom des ersten Glucose-Moleküls, an dem die OH-Gruppe in der Haworth-Projektionsformel nach unten zeigt.

In der Stellung der OH-Gruppe am anomeren Kohlenstoff-Atom des zweiten Glucose-Bausteins, das nicht an der glykosidischen Bindung beteiligt ist, können sich Maltose-Moleküle unterscheiden. Es existieren daher von der Maltose eine α- und eine β-Form.

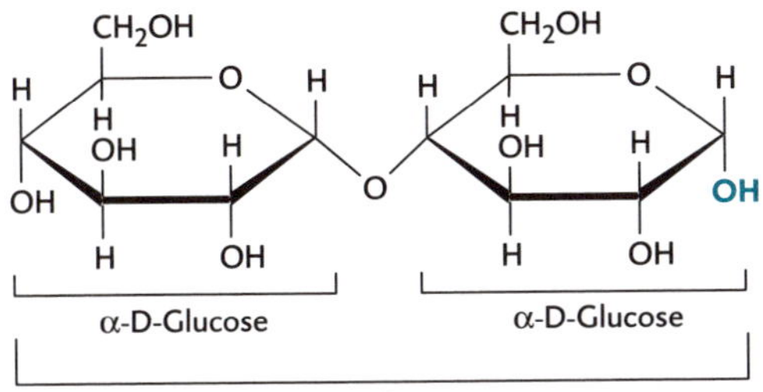

α-Maltose

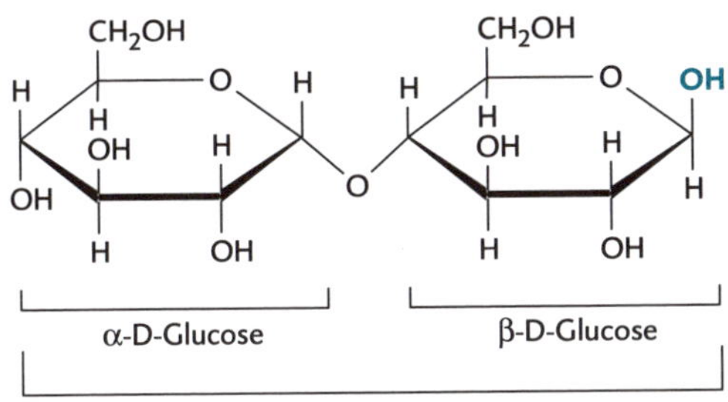

β-Maltose

In der **Cellobiose** sind zwei Moleküle D-Glucopyranose **β-1,4-glykosidisch** miteinander verknüpft. Die OH-Gruppe am anomeren Kohlenstoff-Atom des ersten Glucose-Moleküls, das an der glykosidischen Bindung beteiligt ist, befindet sich also in β-Stellung und ist in der Haworth-Projektionsformel nach oben gerichtet. Schreibt man nun die beiden Monosaccharid-Bausteine nebeneinander, so ist die Verknüpfung formal zunächst nicht möglich, da die OH-Gruppe am C 1-Atom des ersten Bausteins nach oben, die am C 4-Atom des zweiten Bausteins aber nach unten gerichtet ist. Damit diese OH-Gruppen in dieselbe Richtung zeigen, wird eines der beiden Moleküle (hier der zweite Glucose-Baustein) um 180° gedreht.

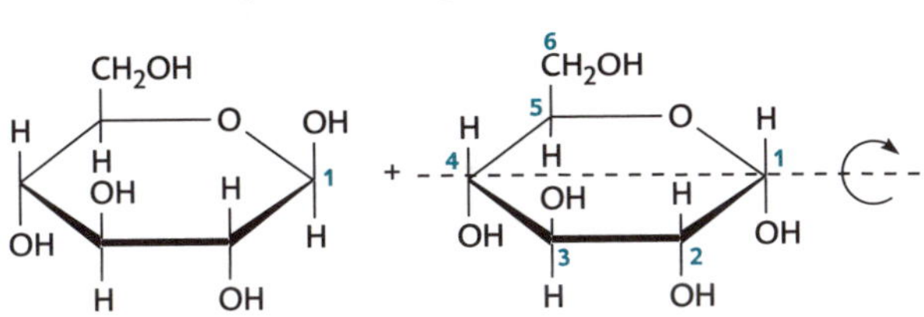

Wird die Haworth-Projektionsformel um 180° um die eingezeichnete Achse gedreht, so ändert sich naturgemäß die Stellung der Substituenten an den Kohlenstoff-Atomen. Die Substituenten, die vor der Drehung nach oben gerichtet waren, sind nun nach unten orientiert und umgekehrt.

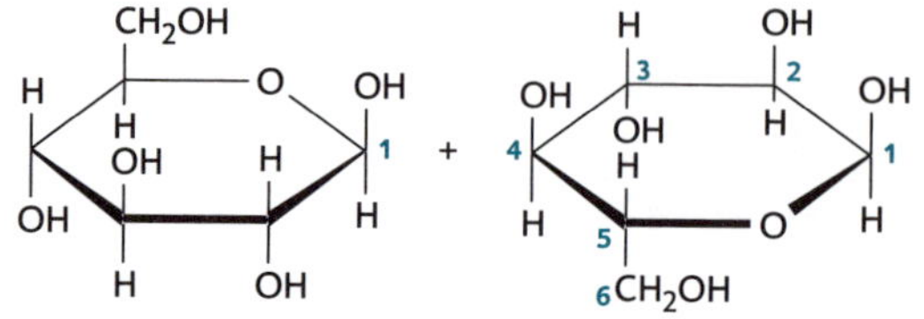

Nun lassen sich die beiden Bausteine auch formal unter Wasserabspaltung miteinander verknüpfen.

Hinweis: Da die beiden OH-Gruppen, zwischen denen die Wasserabspaltung erfolgt, nach oben orientiert sind, wird auch die im Disaccharid vorliegende Sauerstoffbrücke nach oben gerichtet eingezeichnet.

Auch von der Cellobiose existieren eine α- und eine β-Form.

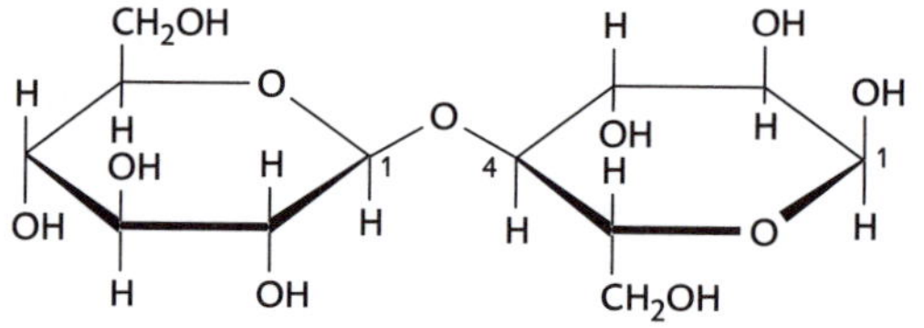

α-Cellobiose

Eigenschaften von Maltose und Cellobiose

Beide Disaccharide zeigen **Mutarotation**. Lösungen der reinen α- bzw. β-Form haben unterschiedliche spezifische Drehwinkel. Lässt man diese Lösungen eine Zeit lang stehen, so registriert man eine kontinuierliche Änderung des Drehwinkels, bis sich schließlich in beiden Lösungen (der α- bzw. β-Form) der gleiche konstante Endwert einstellt. Mutarotation ist möglich, da sowohl bei der Maltose als auch bei der Cellobiose an der Ausbildung der glykosidischen Bindung nur bei jeweils einem Monosaccharid-Baustein die Hydroxygruppe am anomeren C-Atom beteiligt ist. Es kann sich daher in wässriger Lösung ein Gleichgewicht zwischen α-, β- und offenkettiger Form des Disaccharids einstellen. Da sich bis zur Einstellung des Gleichgewichtszustands die Konzentrationen an α- und β-Form kontinuierlich ändern, ändert sich auch der Drehwinkel des Gemisches entsprechend. Der konstante Endwert wird dann erreicht, wenn sich der Gleichgewichtszustand eingestellt hat.

Gleichgewichtseinstellung in einer Maltoselösung:

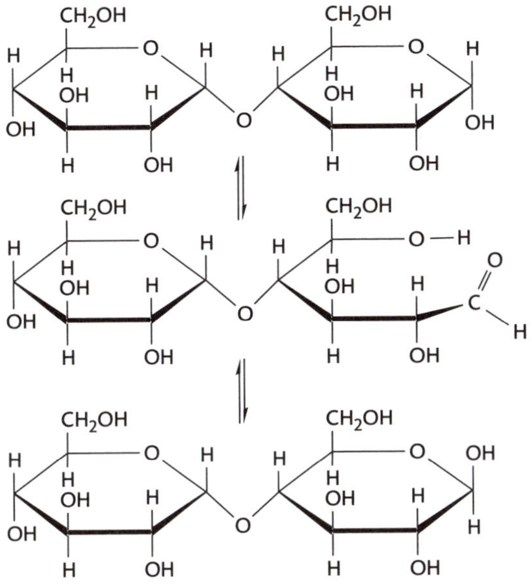

Beide Disaccharide besitzen reduzierende Eigenschaften, sodass **Fehling-** und **Silberspiegelprobe** positiv verlaufen. Wie oben beschrieben, stellt sich in wässriger Lösung ein Gleichgewicht ein, an dem auch die offenkettige Form des jeweiligen Disaccharids beteiligt ist. Die offenkettige Form enthält die oxidierbare Aldehydgruppe, die zur Carboxygruppe oxidiert wird, wobei der entsprechende Reaktionspartner reduziert wird.

> Maltose und Cellobiose zählen zu den **reduzierenden** Zuckern.

Hydrolyse von Maltose und Cellobiose

Unter Anlagerung von Wasser kann die glykosidische Bindung in den Disacchariden gespalten werden. Man spricht von **saurer Hydrolyse**, wenn die Spaltung unter Einfluss starker Säuren (z. B. Salzsäure) erfolgt, von **enzymatischer Hydrolyse**, wenn Enzyme (z. B. bei der Verdauung) beteiligt sind.
Bei der Spaltung erhält man ein Gemisch aus ca. 38 % α-D-Glucose, ca. 62 % β-D-Glucose und aus einem geringen Anteil (unter 0,5 %) offenkettiger Form, unabhängig davon, ob man von Maltose oder Cellobiose ausgeht.
Hydrolisiert man also beispielsweise die α-Form der Maltose, so müssten zunächst bei der Spaltung nur α-D-Glucose-Moleküle entstehen.

In wässriger Lösung kommt es aber stets zu einer Gleichgewichtseinstellung zwischen α-, β- und offenkettiger Form der Glucose (vgl. S. 108; Mutarotation).

3.2 Disaccharid mit 1,2-Verknüpfung – Saccharose

Molekülbau der Saccharose

In der Saccharose (Rohrzucker) sind ein Molekül α-D-Glucopyranose und ein Molekül β-D-Fructofuranose 1,2-glykosidisch miteinander verknüpft **(α, β-1,2 glykosidische Bindung)**. Um aus diesen Informationen eine Strukturformel zu erhalten, werden zunächst die Haworth-Projektionen der beiden Grundbausteine formuliert.

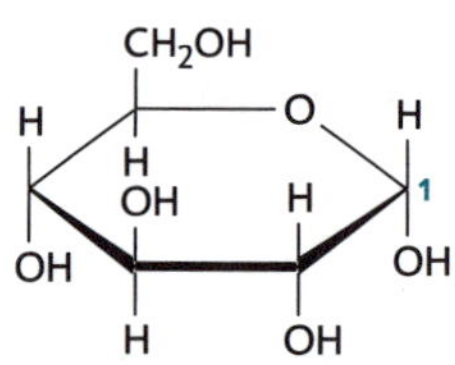

α-D-Glucopyranose

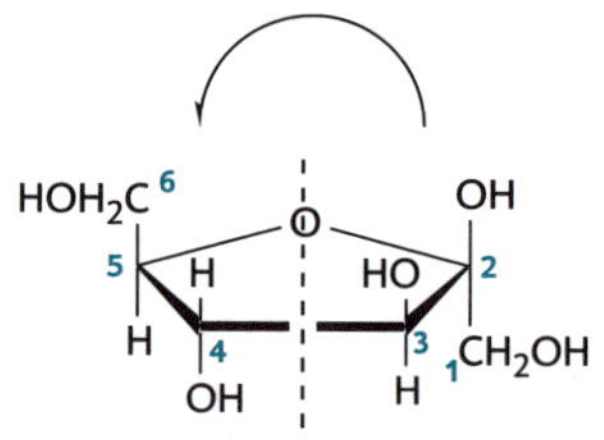

β-D-Fructofuranose

Man erkennt, dass die 1,2-Verknüpfung nicht ohne Weiteres möglich ist, da die beiden C-Atome, zwischen denen die glykosidische Bindung ausgebildet werden muss, nicht benachbart sind. Das Fructose-Molekül wird daher um 180° um die eingezeichnete Achse geklappt (die Achse führt durch das O-Atom und den Mittelpunkt der Bindung zwischen C 3 und C 4).

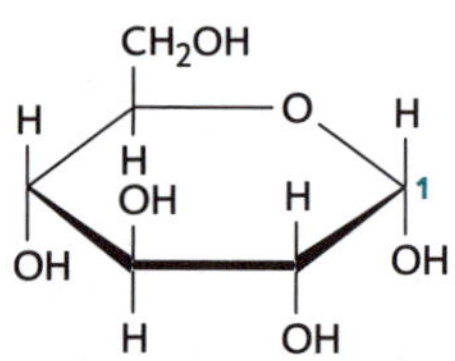

α-D-Glucopyranose

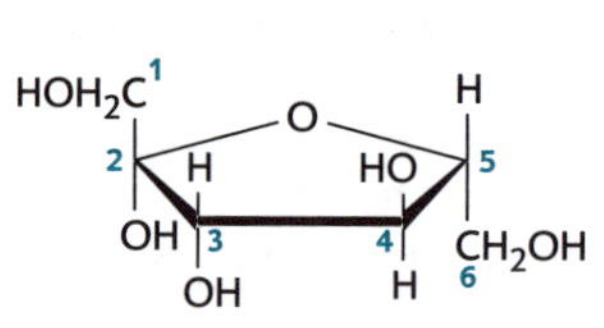

β-D-Fructofuranose

Nun sind die anomeren Kohlenstoff-Atome benachbart und unter Abspaltung von Wasser kann die glykosidische Bindung ausgebildet werden.

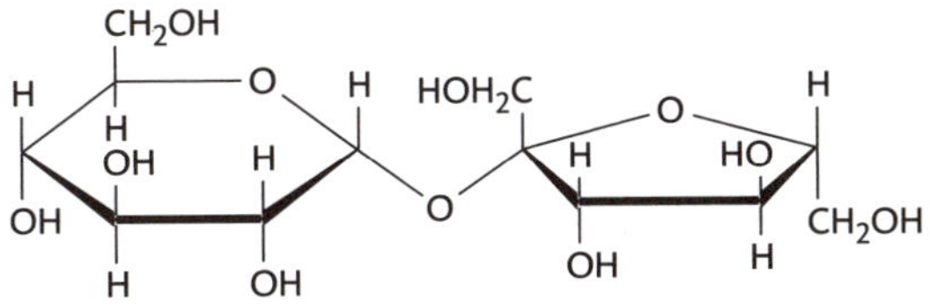

Saccharose

Eigenschaften der Saccharose

Saccharose gehört zu den **nichtreduzierenden** Disacchariden, weshalb Silberspiegel- und Fehling-Probe **negativ** verlaufen. Saccharose zeigt außerdem **keine** Mutarotation. Diese experimentellen Befunde lassen sich anhand des Molekülbaus einfach erklären. In der Saccharose sind beide anomeren Kohlenstoff-Atome der Grundbausteine über ein Sauerstoff-Atom miteinander verbunden, eine Ringöffnung ist daher bei keinem der Bausteine möglich. Als Folge davon können sich in wässriger Lösung keine Moleküle mit oxidierbarer Aldehydgruppe bilden. Saccharose hat daher keine reduzierenden Eigenschaften.

Da es von der Saccharose keine α- bzw. β-Form gibt, zwischen denen sich in wässriger Lösung ein Gleichgewicht einstellen könnte, tritt auch keine Mutarotation auf.

Inversion – Hydrolyse von Saccharose

Gelöste Saccharose dreht die Schwingungsebene von linear polarisiertem Licht um einen bestimmten Betrag nach rechts. Bei der Umsetzung mit einer anorganischen Säure (z. B. Salzsäure) wird die Saccharose hydrolytisch gespalten, wobei die Spaltprodukte D-Glucose und D-Fructose im Verhältnis 1 : 1 entstehen. In der wässrigen Lösung stellen sich Gleichgewichte zwischen α-, β- und offenkettiger Form der Monosaccharide ein. Da das Gleichgewichtsgemisch der D-Fructose die Schwingungsebene des linear polarisierten Lichts um einen höheren Betrag nach links dreht, als das Gleichgewichtsgemisch der D-Glucose sie nach rechts dreht, dreht die entstehende Lösung im Unterschied zur Saccharose nach links.

Die Umkehrung des Drehsinns wird als **Inversion**, das durch Hydrolyse der Saccharose gebildete Gemisch wird als **Invertzucker** bezeichnet.

Auch Honig enthält Invertzucker, der bei der enzymatischen Spaltung von im Nektar enthaltenem Rohrzucker entsteht.

Zusammenfassung

- **Disaccharide** entstehen durch Verknüpfung zweier Monosaccharid-Bausteine unter Wasserabspaltung.
- In der **Maltose** sind zwei D-Glucose-Moleküle **α-1,4-glykosidisch** miteinander verknüpft.
- In der **Cellobiose** sind zwei D-Glucose-Moleküle **β-1,4-glykosidisch** miteinander verknüpft.
- Maltose und Cellobiose zeigen Mutarotation und besitzen reduzierende Eigenschaften.
- In der **Saccharose** sind ein Molekül D-Glucose und ein Molekül D-Fructose **α,β-1,2-glykosidisch** miteinander verknüpft.
- Saccharose gehört zu den nichtreduzierenden Zuckern und zeigt keine Mutarotation.

Aufgaben

86. In der Trehalose sind zwei Moleküle D-Glucopyranose α-1,1-glykosidisch miteinander verknüpft.
    Entwickeln Sie die Haworth-Projektionsformel der Trehalose.

87. Mit den wässrigen Lösungen von D-Glucose, D-Fructose und Cellobiose wird jeweils die Silberspiegelprobe durchgeführt.
    Stellen Sie Vermutungen an, wie die einzelnen Proben ausfallen werden, begründen Sie Ihre Vermutungen und geben Sie die dazugehörigen Reaktionsgleichungen an.

88. In der Lactose, einem Disaccharid, ist ein Molekül β-D-Galactopyranose mit D-Glucopyranose verknüpft. (D-Galactose unterscheidet sich von D-Glucose nur in der Stellung der Hydroxygruppe am C4-Atom). An der 1,4-glykosidischen Bindung ist das anomere Kohlenstoff-Atom der Galactopyranose beteiligt.
    Entwickeln Sie ausgehend von den Fischer-Projektionsformeln der Monosaccharide die Haworth-Projektionsformel der Lactose.

89. Nennen Sie die strukturellen Bedingungen, welche Disaccharide erfüllen, die
    a reduzierende Eigenschaften
    b Mutarotation

    zeigen, und begründen Sie.

90. Sie erhalten drei Reagenzgläser A, B und C, in denen sich jeweils eine weiße Substanz befindet. Sie wissen, dass es sich bei den drei Substanzen um Fructose, Saccharose und Glucose handelt, aber nicht, welcher Zucker in welchem Reagenzglas ist.
Wie kann man experimentell vorgehen, um die Zucker zu unterscheiden? Begründen Sie Ihr Vorgehen.

91. Zwei Moleküle β-D-Glucose sollen zu zwei verschiedenen Disacchariden verknüpft werden. Das eine Disaccharid soll reduzierende, das andere nichtreduzierende Eigenschaften haben.
   a Entwickeln Sie die Haworth-Projektionsformeln für diese beiden Disaccharide und begründen Sie den Zusammenhang zwischen Molekülbau und Eigenschaften.
   b Beschreiben Sie, wie man experimentell die reduzierenden Eigenschaften des einen Disaccharids nachweisen kann.
   Was kann dabei beobachtet werden und worauf sind diese Beobachtungen zurückzuführen?

92. Erklären Sie, was man unter Invertzucker versteht und worauf diese Bezeichnung zurückzuführen ist.

93. Raffinose ist ein Trisaccharid.
α-D-Galactopyranose ist 1,6-glykosidisch an α-D-Glucopyranose gebunden und diese wiederum 1,2-glykosidisch mit β-D-Fructofuranose verknüpft.
   a Entwickeln Sie die Haworth-Projektionsformeln der Raffinose. (Die offenkettige Aldehydform der D-Galactose unterscheidet sich von der D-Glucose nur durch die Stellung der OH-Gruppe am C4-Atom.)
   b Begründen Sie, welches Ergebnis die Fehling-Probe liefert.

4 Polysaccharide

Werden viele Monosaccharid-Bausteine durch glykosidische Bindungen miteinander verknüpft, so entstehen **Polysaccharide**, die in der Natur wichtige Funktionen als Reservestoffe bzw. Gerüstmaterialien übernehmen.

4.1 Stärke – Amylose und Amylopektin

Stärke ist der wichtigste pflanzliche **Reservestoff** und die Speicherform der fotosynthetisch gebildeten Glucose. Die Speicherung erfolgt in besonderen Zellorganellen, den sogenannten Leukoplasten. Besonders reich an Stärke sind z. B. Samen (Getreidekörner) oder die Sprossknollen der Kartoffeln.
Stärke ist keine einheitliche Verbindung. Durch heißes Wasser lässt sich die lösliche **Amylose** vom weitgehend unlöslichen **Amylopektin** trennen. Amylose, ca. 20 % der Stärke, ist aus **α-D-Glucose-Bausteinen** aufgebaut, die **1,4-glykosidisch** miteinander verknüpft sind.

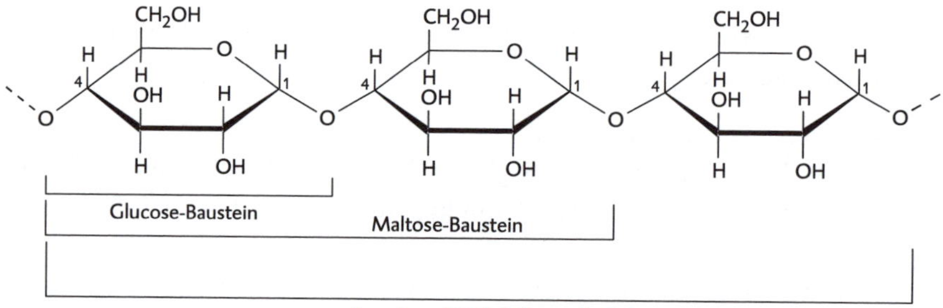

Amylose (Molekülausschnitt)

Die α-1,4-glykosidische Verknüpfung bewirkt, dass sich die Amylosekette **schraubenförmig** aufwindet, wobei jeweils sechs Glucose-Bausteine auf eine Windung kommen.
Im Amylopektin (ca. 80 % der Stärke) sind die Glucose-Bausteine auch **α-1,4-glykosidisch** verknüpft, doch treten zusätzlich **α-1,6-glykosidische** Bindungen auf. Im Durchschnitt kommt eine 1,6-Bindung auf ca. 25 Glucose-Einheiten. Auf diese Weise entsteht ein **vielfach verzweigtes** Makromolekül.

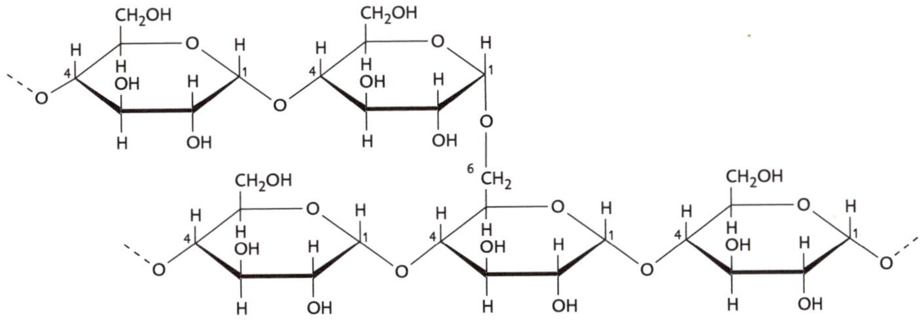

Amylopektin (Molekülausschnitt)

4.2 Cellulose

Cellulose ist die wichtigste pflanzliche **Gerüstsubstanz**, die wesentlich am Aufbau der pflanzlichen Zellwand beteiligt ist. Cellulose ist aus **β-D-Glucose-Bausteinen**, die **1,4-glykosidisch** miteinander verknüpft sind, aufgebaut.

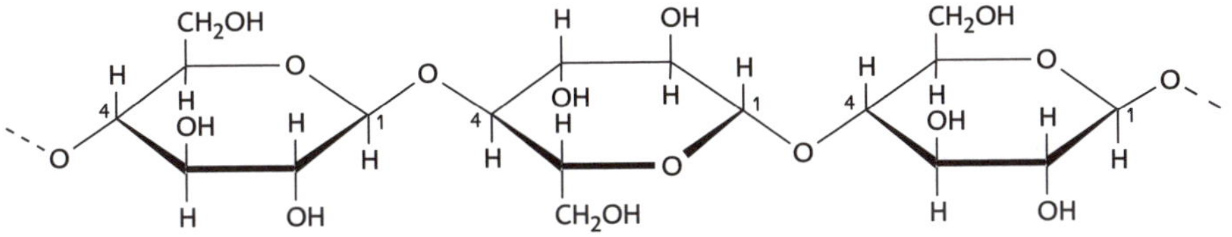

Cellulose (Molekülausschnitt)

Die β-1,4-glykosidische Verknüpfung führt nicht zu einer spiraligen Aufwindung, sondern zu einem fast **linearen** Makromolekül. Mehrere dieser Ketten lagern sich unter Ausbildung **intermolekularer Wasserstoffbrückenbindungen** nebeneinander an und bilden sogenannte **Elementarfibrillen** hoher Zugfestigkeit aus. Die Elementarfibrillen treten wiederum zu Mikrofibrillen zusammen, die in den pflanzlichen Zellwänden netzartig miteinander verflochten sind.

Im oben gezeigten Molekülausschnitt der Cellulose muss jeder zweite Baustein um 180° geklappt werden, um die β-1,4-glykosidische Bindung darstellen zu können. Besonders bei Polysacchariden findet man oftmals eine räumliche Darstellung der Makromoleküle. Bei der räumlichen Wiedergabe kann auf das „Klappen" der Monosaccharid-Bausteine verzichtet werden.

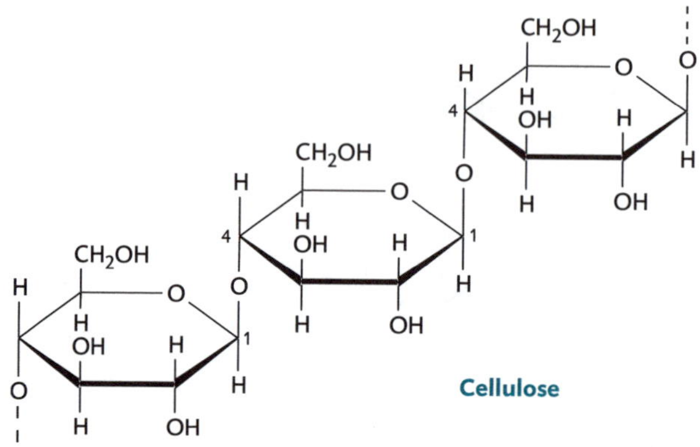

Cellulose

Cellulosegewinnung

Cellulose ist Ausgangsstoff zur Herstellung von Papier oder von halbsynthetischen Kunstfasern („Viskose"). Cellulose lässt sich aus Holz oder Stroh gewinnen, die allerdings neben Cellulose Lignin („Holzstoff") und Hemicellulosen (Gemisch verschiedener Polysaccharide) enthalten. Beim Sulfitverfahren erhitzt man das Stroh oder etwa nussgroße Holzstückchen unter Druck mit Calciumhydrogensulfitlösung ($Ca(HSO_3)_2$). Dabei gehen die Begleitstoffe in Lösung und können abgetrennt werden („Sulfitablauge"). Es bleibt Sulfitzellstoff zurück, der gründlich ausgewaschen, mit Chlor oder Sauerstoff gebleicht und zu Platten gepresst wird.

Vor über 100 Jahren erforderte die Herstellung von 1 kg Papier ca. 800 L Wasser, das meist ungereinigt in Gewässer abgeleitet wurde und die Umwelt stark belastete. Durch weitgehende Rückführung des Brauchwassers konnte die benötigte Wassermenge auf ca. 20 $L \cdot kg^{-1}$ Papier vermindert werden. Anfallendes Abwasser wird in werkseigenen Anlagen vorgeklärt, bevor es abgeleitet wird.

4.3 Eigenschaften der Polysaccharide

Jod-Stärke-Reaktion

Amylose lässt sich mit Jod-Kaliumjodid-Lösung (Lugol'sche Lösung; man erhält sie, indem man Jod in Kaliumjodid-Lösung löst) nachweisen. Es entsteht ein tiefblauer **Jod-Stärke-Komplex**. Bei dieser Reaktion lagern sich Jod-Moleküle in das Innere des schraubenartig aufgewundenen Amylose-Moleküls. Die entstehende Einschlussverbindung absorbiert einen Teil des sichtbaren Lichts und erscheint daher **blau**. Beim Erhitzen verschwindet die Blaufärbung, da sich durch die Wärmebewegung die Jod-Moleküle, die nur durch schwache Anziehungskräfte fixiert werden, aus dem Amylose-Molekül lösen können. Mit Amylopektin ergibt Jod-Kaliumjodid-Lösung eine Rotviolettfärbung.

Fehling-Probe und Silberspiegelprobe

Mit allen aufgeführten Polysacchariden fallen diese beiden Proben negativ aus. Bei diesen Polysacchariden sind, mit Ausnahme des anomeren Kohlenstoff-Atoms des jeweils letzten Glucose-Bausteins einer Makromolekülkette, alle anomeren Kohlenstoff-Atome an den glykosidischen Bindungen beteiligt. Es können sich daher in wässriger Lösung nur die Ringe der jeweils letzten Glucose-Bausteine öffnen. Da so zu wenig oxidierbare Aldehydgruppen vorhanden sind, fallen die Proben negativ aus.

Hydrolyse von Polysacchariden

Polysaccharide können hydrolytisch über die Stufen der Oligo- und Disaccharide in Monosaccharide gespalten werden. Auch hier kann die Spaltung durch Säuren oder durch Enzyme erwirkt werden.
Bei der **vollständigen** Hydrolyse bis zur Stufe der Monosaccharide erhält man bei allen bisher genannten Polysacchariden ein Gleichgewichtsgemisch aus α-, β- und offenkettiger Form der Glucose. Bei der Spaltung der Amylose entsteht zunächst α-D-Glucose. Doch sind reine α-D-Glucoselösungen nicht beständig und es kommt zur bereits beschriebenen Gleichgewichtseinstellung.
Enzymatisch werden Polysaccharide bei der **Verdauung** abgebaut. Während der menschliche Organismus über Enzyme verfügt, die α-glykosidische Bindungen spalten können, fehlen solche zur Spaltung β-glykosidischer Bindungen. Daher ist z. B. Cellulose für den Menschen weitgehend unverdaulich und als Ballaststoff einzustufen. Pflanzenfresser hingegen können auch Cellulose in Glucose zerlegen.

Zusammenfassung

- Stärke dient als **Reservestoff**, Cellulose als **Gerüststoff** der Pflanzen. Beide Polysaccharide sind aus D-Glucose-Bausteinen aufgebaut.
- Stärke besteht aus
  - **Amylose:** aufgebaut aus D-Glucopyranose-Bausteinen, die α-1,4-glykosidisch verknüpft sind.
  - **Amylopektin:** aufgebaut wie Amylose; durch zusätzliche α-1,6-glykosidische Bindungen entstehen jedoch verzweigte Makromoleküle.
- Amylose lässt sich mit einer Jod-Kaliumjodid-Lösung nachweisen **(Jod-Stärke-Reaktion)**. Jod-Moleküle werden in den Spiralkörper der Amylose eingelagert und es entsteht eine **blaue** Einschlussverbindung.
- Cellulose, in der D-Glucopyranose-Bausteine β-1,4-glykosidisch verknüpft sind, besteht aus **linearen Makromolekülen**, die sich unter Ausbildung intermolekularer Wasserstoffbrückenbindungen zu Fibrillen zusammenlagern.
- Die **Hydrolyse** von Amylose, Amylopektin und Cellulose liefert jeweils ein Gleichgewichtsgemisch aus α-, β-, und offenkettiger Form der Glucose.

Aufgaben

94. Eine wässrige Amyloselösung wird untersucht.

a Welches Ergebnis erwarten Sie für die Fehling-Probe?
Begründen Sie Ihre Vermutung.

b Die Amyloselösung wird mit Salzsäure versetzt, gekocht und mit Natronlauge neutralisiert. Anschließend wird erneut die Fehling-Probe durchgeführt.
Welches Ergebnis ist nun zu erwarten?

95. Vergleichen Sie den Molekülbau von Cellulose und Amylose.
Beschreiben Sie, wie man die beiden Polysaccharide unterscheiden kann.

96. Nennen Sie das Kohlenhydrat, das den Pflanzen als Reservestoff dient.
Charakterisieren Sie den Bau dieses Kohlenhydrats und erläutern Sie, weshalb es als Reservestoff geeignet ist.

97. Cellulose und Amylose werden einer vollständigen sauren Hydrolyse unterzogen.
Was lässt sich über die Zusammensetzung der entstehenden Hydrolysate aussagen?

Aminocarbonsäuren und Proteine

Helikale Struktur einer Wendeltreppe.
Die Helix ist ein häufiges Strukturmotiv bei Polypeptiden und Proteinen.

1 Aminocarbonsäuren

Aminocarbonsäuren (kurz: Aminosäuren) sind die Bausteine, aus denen **Proteine** (Eiweiße) zusammengesetzt sind. Es handelt sich hierbei um Verbindungen, die neben der für Carbonsäuren charakteristischen Carboxygruppe (–COOH) noch mindestens eine Aminogruppe (–NH_2) enthalten.

Natürlich vorkommende Aminosäuren sind **α-Aminosäuren**, d. h., eine Aminogruppe ist stets an das Kohlenstoff-Atom gebunden, das der Carboxygruppe unmittelbar benachbart ist. Dieses C-Atom wird als **C_α-Atom** bezeichnet.

Insgesamt gibt es ca. 20 natürlich vorkommende Aminosäuren, die unter der folgenden allgemeinen Formel zusammengefasst werden können:

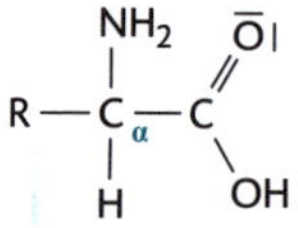

Der Aminosäurerest R entspricht dabei entweder einem Wasserstoff-Atom oder einem organischen Rest (Seitengruppe), in dem sich die verschiedenen Aminosäuren unterscheiden.
Sind im gesamten Molekül nur eine Amino- und eine Carboxygruppe vorhanden, so liegt eine **Monoaminomonocarbonsäure** vor.

Beispiel

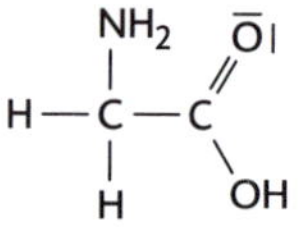

α-Aminoethansäure
oder
2-Aminoethansäure **(Glycin)**

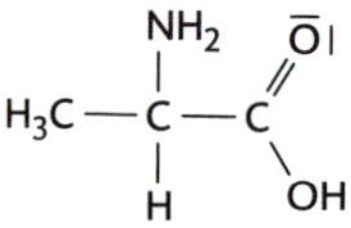

α-Aminopropansäure
oder
2-Aminopropansäure **(Alanin)**

In den Molekülen von **Diaminomonocarbonsäuren** sind zwei Amino- und eine Carboxygruppe enthalten.

Beispiel

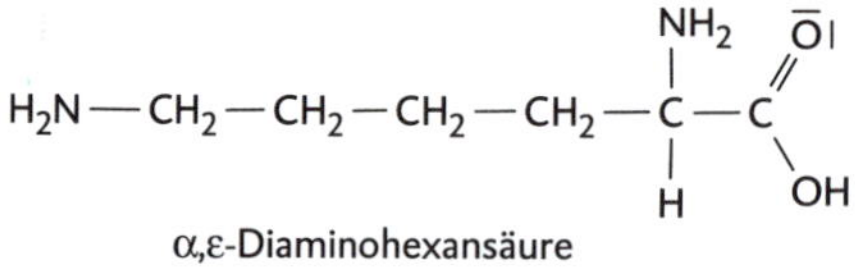

α,ε-Diaminohexansäure
2,6-Diaminohexansäure **(Lysin)**

Monoaminodicarbonsäuren enthalten neben zwei Carboxy- eine Aminogruppe.

Beispiel

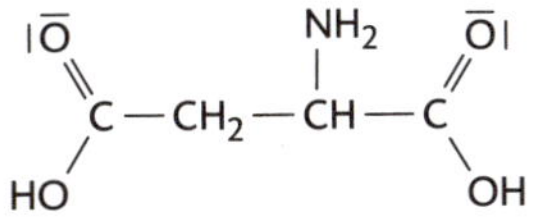

α-Aminobutandisäure
oder
2-Aminobutandisäure **(Asparaginsäure)**

1.1 Optische Aktivität der α-Aminocarbonsäuren

In der Regel sind solche Teilchen **optisch aktiv**, die über ein asymmetrisches Kohlenstoff-Atom verfügen, ein C-Atom also, an das vier unterschiedliche Atome oder Atomgruppen gebunden sind. Eine optisch aktive Substanz ist in der Lage, die Ebene linear polarisierten Lichts zu drehen (vgl. S. 100).
Das α-Kohlenstoff-Atom von α-Aminosäuren ist immer dann asymmetrisch, wenn es sich bei R weder um ein Wasserstoff-Atom noch um eine Amino- oder eine Carboxygruppe handelt.

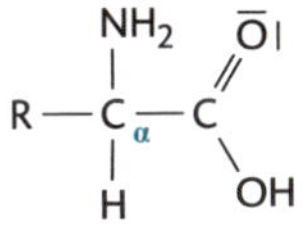

Mit Ausnahme von **Glycin** (α-Aminoethansäure) sind alle anderen α-Aminosäuren optisch aktiv, da R keiner der bereits im Molekül vorhandenen Atomgruppen entspricht und die entsprechenden α-Kohlenstoff-Atome asymmetrisch sind.

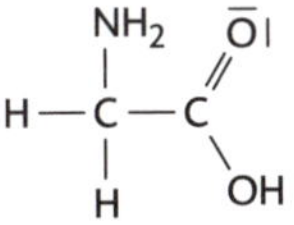

Glycin

Von einer optisch aktiven Substanz gibt es stets zwei Isomere, die sich wie Bild und Spiegelbild verhalten und als **Enantiomere** bezeichnet werden. Sie lassen sich in der Ebene durch Fischer-Projektionsformeln wiedergeben (vgl. S. 98 ff.).

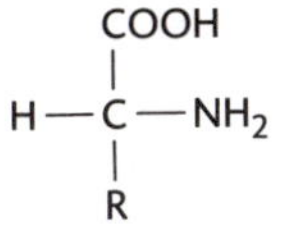

D-Aminosäure

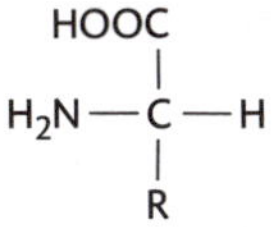

L-Aminosäure

Steht in der Fischer-Projektionsformel die Aminogruppe am α-Kohlenstoff-Atom rechts, so handelt es sich um die **D-Form**, steht sie links, um die **L-Form**. Bei dieser Darstellung ist zu beachten, dass das C-Atom mit der höchsten Oxidationszahl, hier das Carboxy-Kohlenstoff-Atom, oben steht.

Von Organismen synthetisierte Aminosäuren liegen stets in der **L-Form** vor.

Für den Menschen sind acht der 20 natürlich vorkommenden Aminosäuren **essenziell**, sie können im Körper nicht synthetisiert werden und müssen mit der Nahrung aufgenommen werden.

1.2 Zwitterionische Struktur der α-Aminocarbonsäuren – Isoelektrischer Punkt

Im festen Zustand liegen die α-Aminosäuren nicht als Moleküle, sondern als **Zwitterionen** mit (mindestens) einer **positiv** geladenen Aminogruppe und (mindestens) einer **negativ** geladenen Carboxygruppe vor.

Die Zwitterionenbildung kann man sich so vorstellen, dass die Carboxygruppe ein Proton abgibt, das über das freie Elektronenpaar des Stickstoff-Atoms gebunden wird.

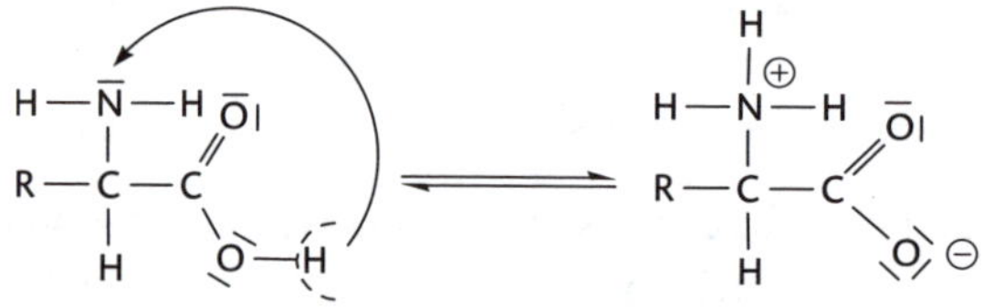

Im Kristallgitter der festen Aminosäuren wirken zwischen den Zwitterionen **starke elektrostatische Anziehungskräfte**. Erst bei hohen Temperaturen können diese Kräfte überwunden werden, die Zwitterionen werden gegeneinander verschiebbar und verlassen ihre Gitterpositionen. Alle α-Aminosäuren sind aufgrund dieser starken ionischen Wechselwirkungen kristalline Feststoffe mit recht **hohen Schmelzpunkten**.

In welcher Form die Aminosäuren in wässriger Lösung vorliegen, hängt vom pH-Wert der Lösung ab.

> Der pH-Wert, bei dem eine Aminosäure in ganz überwiegendem Maße in Zwitterionenform vorliegt, ist der **isoelektrische Punkt pH (I)** dieser Aminosäure.

Die verschiedenen Aminosäuren unterscheiden sich in ihrem pH (I).
Dabei liegen die isoelektrischen Punkte von Monoaminomonocarbonsäuren und Monoaminodicarbonsäuren im schwach Sauren (pH (I) ≈ 5–6) und die von Diaminomonocarbonsäuren im Basischen (pH-Werte ≈ 8–10).

Alanin hat einen pH (I) von 6,0. Wird die wässrige Lösung stärker **angesäuert**, als es dem isoelektrischen Punkt von Alanin entspricht, so nimmt die Carboxylatgruppe ein Proton auf und es bilden sich **Kationen**. Je höher die Konzentration an Oxonium-Ionen, je stärker sauer die Lösung also ist, umso mehr ist das Gleichgewicht auf die Seite der Kationen verschoben.

Wird die Lösung **basischer** gemacht, als es dem pH (I) entspricht, so spaltet die NH_3^+ -Gruppe ein Proton ab und es bilden sich **Anionen**. Je höher die Konzentration an Hydroxid-Ionen, je stärker basisch die Lösung also ist, umso mehr ist das Gleichgewicht auf die Seite der Anionen verschoben.

Die Zwitterionen können je nach Reaktionsbedingungen **Protonen aufnehmen** und sich somit wie Basen verhalten (Basen sind Protonenakzeptoren) oder wie eine Säure reagieren und **Protonen abgeben** (Säuren sind Protonendonatoren).
Eine Verbindung, die je nach Reaktionsbedingungen als Base oder Säure reagieren kann, ist ein **Ampholyt**; die Verbindung zeigt **amphoteres** Verhalten. Wennngleich Aminosäuren entweder als Zwitterion, Kation oder Anion vorlie-

gen, formuliert man sie dennoch meist als (neutrale) Moleküle. Auch wenn dies – wie oben beschrieben – nicht ganz korrekt ist, werden sie in den folgenden Abschnitten so formuliert.

Löslichkeit

Die Löslichkeit der Aminosäuren wird bestimmt durch ihren polaren Anteil und einen eventuell in der Seitengruppe vorhandenen unpolaren Anteil. Eine große unpolare Seitengruppe R verschlechtert die Löslichkeit in Wasser. Die geladenen Gruppen ($-NH_3^+$, $-COO^-$) begünstigen zwar grundsätzlich die Löslichkeit in Wasser, dennoch ist die Wasserlöslichkeit einer Aminosäure an ihrem isoelektrischen Punkt am geringsten. Da sich positive und negative Ladung im Zwitterion teilweise kompensieren, können die Wasser-Moleküle mit den Zwitterionen schlechter in Wechselwirkung treten als mit Anionen oder Kationen.

Elektrophorese

In Abhängigkeit vom pH-Wert der Lösung und dem pH (I) der jeweiligen Aminosäure liegen Aminosäuren überwiegend als Kation, Anion oder Zwitterion vor. In einem **elektrischen Gleichspannungsfeld** wandern Kationen zur Kathode und Anionen zur Anode. Zwitterionen wandern hingegen nicht, sondern richten sich im elektrischen Feld lediglich so aus, dass der negativ geladene Teil in Richtung Anode, der positiv geladene Teil in Richtung Kathode zeigt.

Bei der praktischen Durchführung wird ein Aminosäuregemisch an einer Startlinie auf einen Trägerstreifen aufgetragen. Der Trägerstreifen kann aus Papier oder Celluloseacetat bestehen und wird mit einer leitfähigen Elektrolytlösung mit definiertem pH-Wert (Pufferlösung) getränkt und in eine Elektrophoresekammer eingelegt. An die Elektroden wird eine Gleichspannung von ca. 250 V angelegt. In dem elektrischen Gleichspannungsfeld wandern die verschiedenen Aminosäuren in Abhängigkeit von ihrer Ladung beim gewählten pH-Wert mit unterschiedlichen Geschwindigkeiten zur Anode oder Kathode und werden so voneinander getrennt.

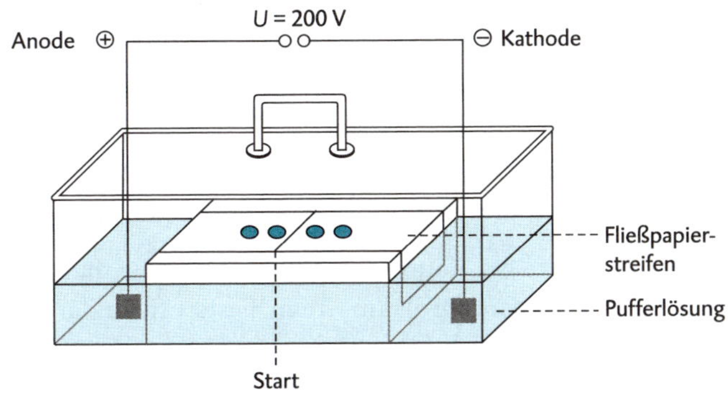

Abb. 16: Elektrophoresekammer

Zusammenfassung

- **Aminosäuren** besitzen neben einer Carboxygruppe auch eine Aminogruppe, die bei natürlich vorkommenden Aminosäuren an das **C_α-Atom** gebunden ist.
- Es gibt ca. 20 verschiedene **natürliche Aminosäuren**, die sich in dem am C_α-Atom gebundenen Aminosäurerest R unterscheiden.
- Alle Aminosäuren, mit Ausnahme von Glycin, sind **optisch aktiv**, da das C_α-Atom ein asymmetrisches C-Atom ist; ihre Formeln werden als Fischer-Projektionsformeln angegeben.
- Im festen Zustand liegen Aminosäuren als **Zwitterionen** vor, zwischen denen starke ionische Wechselwirkungen herrschen.
- In wässriger Lösung liegen Aminosäuren in Abhängigkeit vom pH-Wert der Lösung entweder als Zwitterionen, Anionen oder als Kationen vor.
- Als Zwitterionen zeigen die Aminosäuren **amphoteres Verhalten**, d. h., sie verhalten sich in Abhängigkeit vom pH-Wert als Säuren oder Basen.
- Der pH-Wert, bei dem eine Aminosäure fast ausschließlich als Zwitterion vorliegt, wird als ihr **isoelektrischer Punkt pH(I)** bezeichnet.
- Aminosäuren können aufgrund unterschiedlicher Ladung und Teilchengröße durch **Elektrophorese** voneinander getrennt werden.
- Die **Löslichkeit** von Aminosäuren in Wasser ist an ihrem pH(I) am geringsten.

Aufgaben

98. Erläutern Sie die strukturellen Merkmale der α-Aminocarbonsäuren.

99. Erklären Sie, was man unter einem Zwitterion versteht, und beschreiben Sie die Zwitterionenbildung bei Glycin (2-Aminoethansäure).

100. Vergleichen Sie die Löslichkeit von Glycin (2-Aminoethansäure) in Methanol und in Benzin und begründen Sie das jeweilige Lösungsverhalten.

101. Während Ethansäure bei Raumtemperatur flüssig ist, handelt es sich bei Alanin (2-Aminopropansäure) um einen Feststoff. Erklären Sie, worauf dieser Unterschied zurückzuführen ist.

102. a Geben Sie die Strukturformeln der Isomere des Alanins (α-Aminopropansäure) an.
b Benennen Sie diese Form der Isomerie und geben Sie die Bezeichnungen der Isomere des Alanins an.
c Vergleichen Sie die Eigenschaften dieser beiden Isomere.
Beschreiben Sie einen Versuch, bei dem das unterschiedliche Verhalten sichtbar wird.
d Welches Isomer tritt als Baustein in natürlichen Proteinen auf?

103. Erklären Sie, weshalb von Glycin (α-Aminoethansäure) keine Enantiomere existieren.

104. Was versteht man unter dem „isoelektrischen Punkt" einer Aminosäure?

105. Zeigen Sie anhand geeigneter Reaktionsgleichungen, inwiefern eine α-Aminocarbonsäure Ampholytcharakter hat.

106. Gegeben ist die Titrationskurve des Alanins (α-Aminopropansäure).

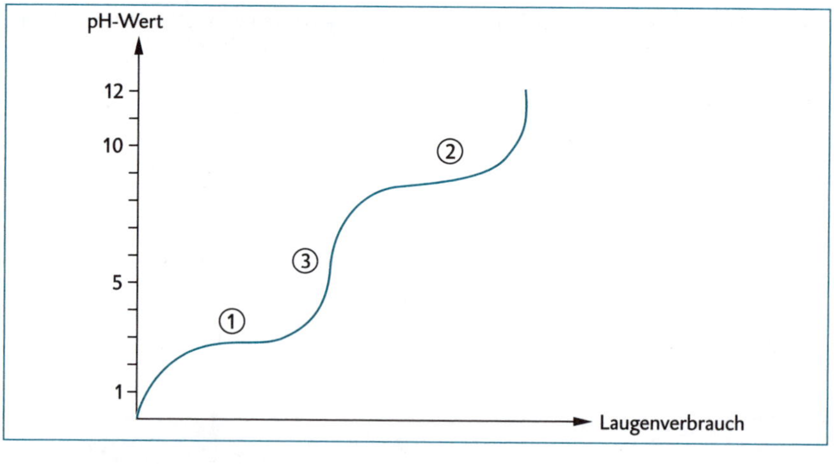

a Beschreiben Sie das experimentelle Vorgehen für die Erstellung der Titrationskurve.

b Aminosäuren besitzen Pufferwirkung, d. h., sie können zugesetzte Oxonium- bzw. Hydroxid-Ionen abfangen, ohne dass es zu deutlichen pH-Wert-Verschiebungen kommt.
Lesen Sie aus der Grafik ab, in welchen pH-Bereichen Alanin die größte bzw. die kleinste Pufferwirkung hat.

c Wie liegt die Aminosäure vor und wie nach der Laugenzugabe vor?

107. Während sich von Alanin (α-Aminopropansäure) bei 25 °C 17 g in Wasser lösen, sind es von Leucin (α-Amino-γ-methylpentansäure) nur 2,4 g. Begründen Sie dieses unterschiedliche Lösungsverhalten.

2 Polypeptide und Proteine

α-Aminosäuren sind die Bausteine von Polypeptiden und Proteinen. Je nach Anzahl der am Aufbau beteiligten Aminosäuren unterscheidet man zwischen **Di-, Tri-, Tetrapeptiden** etc. **Oligopeptide** setzen sich aus bis zu zehn Aminosäureresten zusammen, **Polypeptide** können aus bis zu 100 Aminosäureresten bestehen. Sind noch mehr solcher Bausteine miteinander verknüpft, spricht man von **Proteinen**.

2.1 Peptidbindung, Aminosäuresequenz (Primärstruktur)

Die einzelnen Aminosäure-Bausteine treten in einer **Kondensationsreaktion** (Abspaltung von Wasser) unter Ausbildung einer **Peptidbindung** zusammen. Bereits aus zwei verschiedenen Aminosäure-Molekülen lassen sich zwei unterschiedliche Dipeptide formulieren.

Beispiel

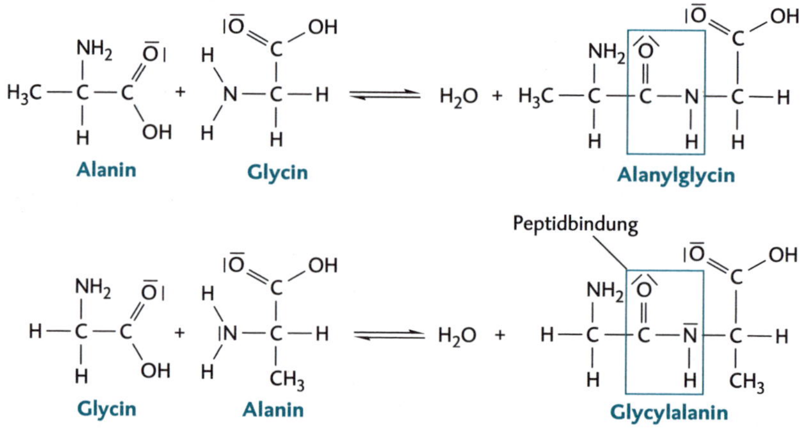

Bei dem Alanylglycin sind die Carboxygruppe des Alanins und die Aminogruppe des Glycins an der Peptidbindung beteiligt, bei dem Glycylalanin ist es gerade umgekehrt.

Hinweis: Die Namen der Aminosäuren, deren Carboxygruppen an der Peptidbindung beteiligt sind, erhalten die Endung **-yl**.

Zur Charakterisierung des Aufbaus von Polypeptiden und Proteinen verwendet man oft eine Kurzschreibweise, wobei folgende Regeln gelten:

- Die einzelnen Bausteine werden mit 3 Buchstaben bezeichnet; dies sind meist die ersten drei Buchstaben des Aminosäurenamens.
- Die Peptidkette beginnt mit dem Aminosäurebaustein, dessen Aminogruppe **nicht** an der Peptidbindung beteiligt ist.

Beispiel

Ala — Glu — Ala — Cys — Ser — Val — Cys — Leu

> Die Reihenfolge der einzelnen Aminosäurereste, die am Aufbau des Polypeptids bzw. Proteins beteiligt sind, wird als **Aminosäuresequenz** oder **Primärstruktur** bezeichnet.

Da Anzahl, Art und Reihenfolge der Aminosäurereste vielfältig variieren können, ist es verständlich, dass aus der geringen Zahl von ca. 20 natürlich vorkommenden Aminosäuren dennoch eine ungeheuer große Zahl verschiedener Proteine aufgebaut werden kann.

Räumlicher Bau der Peptidbindung

Die Peptidgruppe ist **planar** gebaut, d. h., alle an der Peptidbindung beteiligten Atome liegen zusammen mit den C_α-Atomen der Aminosäurebausteine in einer Ebene. Die Bindungswinkel, die alle in etwa 120° betragen, bestätigen diesen planaren Bau.

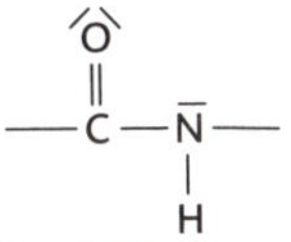

Peptidbindung

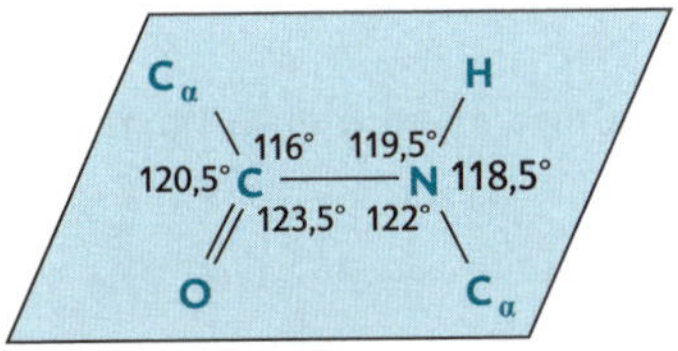

Das Sauerstoff-Atom der Carbonyl-Gruppe und das Wasserstoff-Atom der NH-Gruppe stehen sich diagonal gegenüber (E- oder trans-Konfiguration; E für entgegengesetzt). Die π-Elektronen sind über das O-, das C- und das N-Atom delokalisiert, weshalb die C–N-Bindung einen **partiellen Doppelbindungscharakter** aufweist. Dies erklärt die verglichen mit Aminen **kürzere** Bindungslänge zwischen dem Kohlenstoff- und dem Stickstoff-Atom.

Die Delokalisation lässt sich durch die nachfolgenden mesomeren Grenzstrukturen umschreiben, die durch Verschiebung des freien Elektronenpaares des Stickstoffs und eines Elektronenpaares der Doppelbindung auseinander hervorgehen:

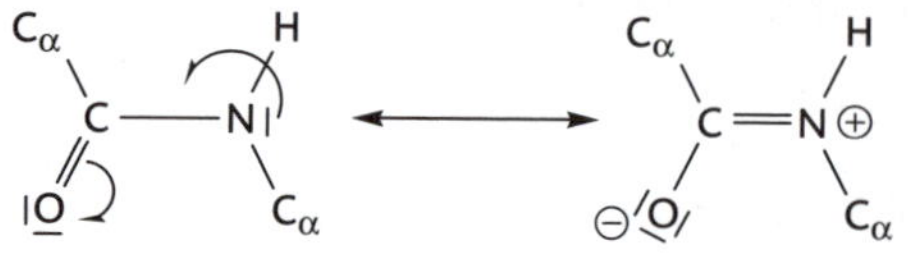

Nachweis von Proteinen

Proteine lassen sich durch die folgenden Farbreaktionen nachweisen:

- **Biuretreaktion:** In alkalischer Lösung bilden Cu^{2+}-Ionen mit Proteinen rotviolette Komplexverbindungen.
- **Xanthoproteinreaktion:** Proteine, die aromatische Aminosäurereste enthalten (z. B. Tyrosin), ergeben mit konzentrierter Salpetersäure eine Gelbfärbung, die auf eine Nitrierung der aromatischen Reste zurückzuführen ist.

Proteinhydrolyse

Beim Erwärmen mit Säuren oder durch Enzyme können Peptidbindungen unter Anlagerung von Wasser (hydrolytisch) gespalten werden. Das bei der Hydrolyse eines Proteins entstehende **Hydrolysat** ist ein Gemisch der Aminosäuren, die am Aufbau des Proteins beteiligt waren.

2.2 Konformation der Proteine

Die Darstellung einer Polypeptidkette in der bisher verwendeten Form

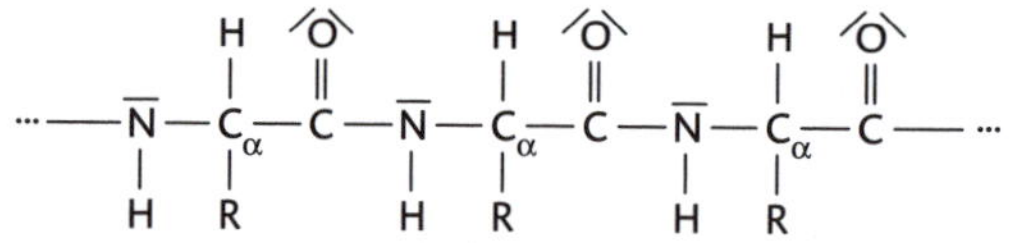

R=Aminosäurerest

verleitet zu der falschen Annahme, dass es sich um fadenförmige Makromoleküle handelt. Vielmehr besitzt jedes Protein unter natürlichen pH- und Temperaturbedingungen einen ganz bestimmten räumlichen Bau, eine bestimmte **Konformation**. Der Begriff Konformation umfasst die Begriffe **Sekundär-** und **Tertiärstruktur**, die nachfolgend erläutert werden.

Sekundärstruktur

Windet sich eine Polypeptidkette schraubenartig um eine imaginäre Achse auf, so wird diese Sekundärstruktur als **α-Helix** bezeichnet. Dabei liegen, wie bereits beschrieben, die Atome der Peptidgruppen jeweils in einer Ebene.

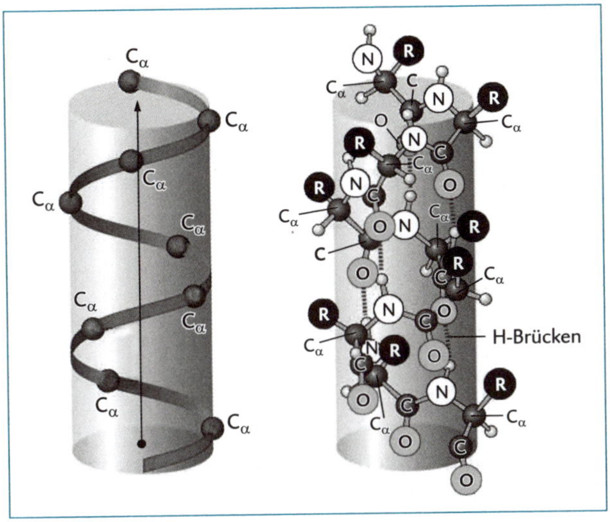

Abb. 17: α-Helix einer Polypeptidkette; die Seitenketten der einzelnen Bausteine wurden mit R abgekürzt

Die planaren Peptidbindungen richten sich so aus, dass sich zwischen C=O- und N–H-Gruppierungen verschiedener in den Windungen der Helix gelegener Peptidbindungen eines Protein-Moleküls Wasserstoffbrücken ausbilden können. Dabei bildet das O-Atom einer Carbonylgruppe mit dem Wasserstoff-Atom der NH-Gruppe der viertnächsten Aminosäure jeweils eine Wasserstoffbrücke aus. Durch diese **intramolekularen Wasserstoffbrücken** wird die Helix stabilisiert. Die Aminosäurereste R stehen radial vom Schraubenkörper ab. Für Keratine, Eiweiße, die Haare und Horn aufbauen, ist die α-Helix charakteristisch.

Die **β-Faltblattstruktur** hat die Form eines zickzackförmig gefalteten Blatt Papiers. Zwischen gegenüberliegenden Polypeptidketten bilden sich Wasserstoffbrückenbindungen aus. Die Ketten sind **antiparallel** angeordnet, sodass die C=O-Gruppen von Peptidbindungen der einen Kette N–H-Gruppen von Peptidbindungen der anderen Kette gegenüberliegen und Wasserstoffbrückenbindungen ausgebildet werden können. Die planaren Peptidgruppen liegen in den Ebenen des Faltblatts, an den Knickstellen befinden sich jeweils die C_α-Atome. Die Aminosäurereste R zeigen ausgehend von dem Faltblatt nach oben und unten. In Proteinen mit Faltblattstruktur finden sich überwiegend Aminosäurereste ohne oder nur mit kleinen Seitenketten. Eine solche Faltblattstruktur ist z. B. im Seidenfibroin ausgebildet.

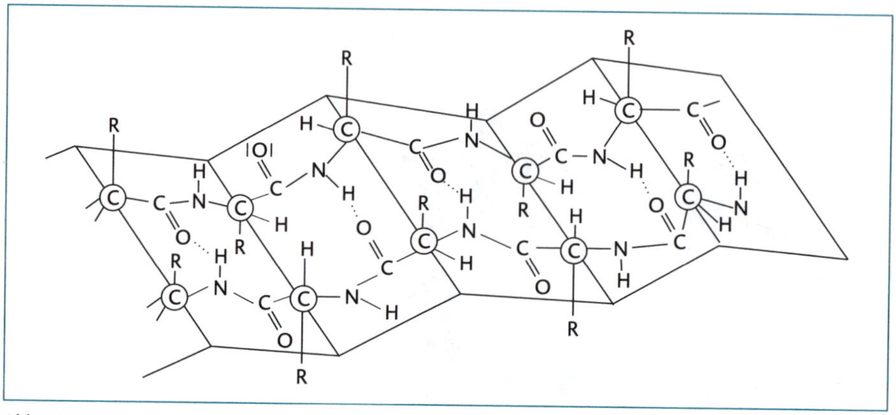

Abb. 18: Antiparallele β-Faltblattstruktur zwischen zwei verschiedenen Peptidketten

Tertiärstruktur

Wenn in Proteinen durch Wechselwirkungen zwischen Seitengruppen der Aminosäurebausteine eine bestimmte **räumliche Struktur** ausgebildet wird, so spricht man von einer Tertiärstruktur. Globuläre Moleküle sind häufig zu einem Knäuel zusammengelagert. Die Form eines solchen globulären Proteins erinnert an eine Achterbahn. Einzelne Abschnitte dieser Achterbahn können als α-Helix, andere als Faltblattstruktur ausgebildet sein. Auch können völlig ungeordnete Abschnitte vorkommen.

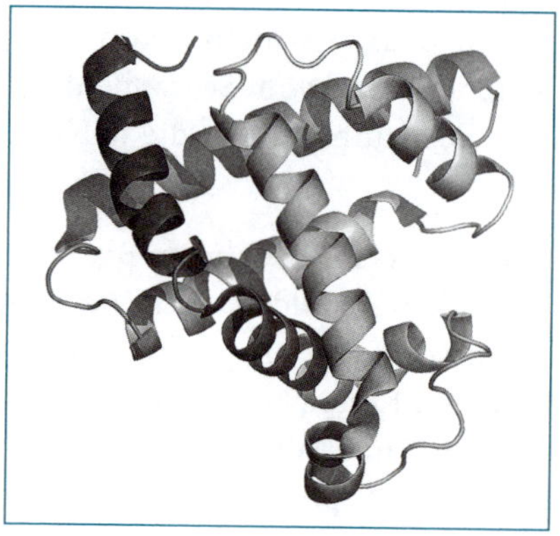

Abb. 19: Tertiärstruktur eines Proteins

An der **Stabilisierung** der Tertiärstruktur sind die folgenden **kovalenten** Bindungen beteiligt:

(1) **Esterbindungen** zwischen Resten von Monoaminodicarbonsäuren (Aminosäuren mit einer freien Carboxygruppe in der Seitengruppe).

(2) **Peptidbindungen** (Säureamidbindungen) zwischen den Resten von Monoaminodicarbonsäuren und Diaminomonocarbonsäuren. Diese Bindungen werden zwischen einer Carboxygruppe und einer Aminogruppe in den **Seitengruppen** ausgebildet.

(3) **Disulfidbrücken** zwischen Resten der schwefelhaltigen Aminosäure Cystein.

Neben diesen kovalenten Bindungen (Atombindungen) können auch die folgenden Wechselwirkungen an der Stabilisierung der Tertiärstruktur beteiligt sein:

(4) **Elektrostatische Anziehungskräfte** zwischen deprotonierten Carboxygruppen ($-COO^-$) und protonierten Aminogruppen ($-NH_3^+$).

(5) **Dipol-Dipol-Wechselwirkungen** zwischen Atomen mit unterschiedlichen Teilladungen in den Seitengruppen. Zwischen einem stark positiv polarisierten Wasserstoff-Atom und einem stark elektronegativen Atom (Sauerstoff- oder Stickstoff-Atom) in den Seitengruppen können **Wasserstoffbrückenbindungen** vorliegen.

(6) **Hydrophobe Wechselwirkungen** (Van-der-Waals-Kräfte) zwischen unpolaren Seitengruppen.

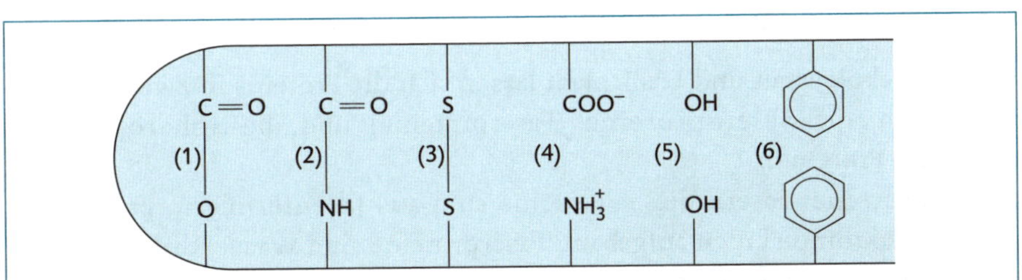

Abb. 20: Schematische Darstellung der Bindungen bzw. Anziehungskräfte, die an der Stabilisierung der Tertiärstruktur beteiligt sein können.

Quartärstruktur

Bei Proteinen, die sich aus mehreren Polypeptidketten zusammensetzen, orientieren sich diese Untereinheiten in einer ganz bestimmten Anordnung zueinander. Diese übergeordnete Struktur wird als **Quartärstruktur** bezeichnet. An der Stabilisierung der Quartärstruktur können die gleichen Bindungskräfte beteiligt sein, die auch die Tertiärstruktur stabilisieren. Das **Hämoglobin**, der rote Blutfarbstsoff des Menschen und der Säugetiere, besteht aus 4 Untereinheiten. Jede Untereinheit besteht aus einer Polypeptidkette, an die ein Nichteiweißanteil, die Häm-Gruppe, gebunden ist. Proteine, an die ein Nichteiweißanteil gebunden ist, werden als **Proteide** bezeichnet. Jeweils zwei Untereinheiten im Hämoglobin sind untereinander gleich (2 α- und 2 β-Ketten). Diese vier Untereinheiten lagern sich im Hämoglobin in bestimmter räumlicher Weise zusammen, wodurch die charakteristische Quartärstruktur des Hämoglobins entsteht.

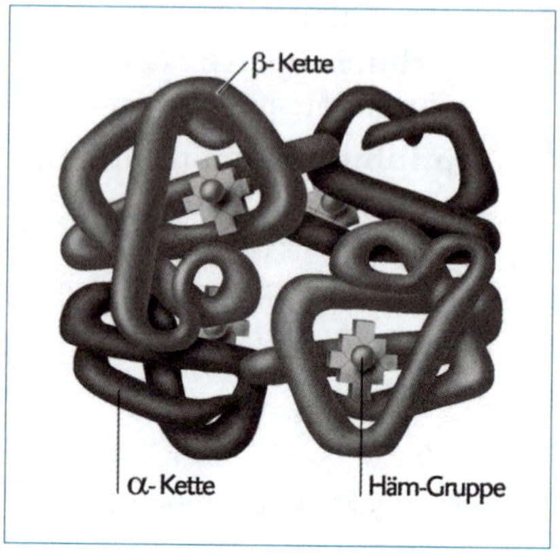

Abb. 21: schematische Darstellung der Quartärstruktur des Hämoglobins. Die gelben Scheiben entsprechen den Häm-Gruppen.

2.3 Einteilung und Funktion der Proteine

Nach Molekülgestalt und Löslichkeit lassen sich die Proteine in zwei Gruppen unterteilen, die **Skleroproteine** (Faserproteine) und die **Sphäroproteine** (globuläre Proteine).

Skleroproteine: Fasern dieser Proteine sind aus fadenförmigen, parallel liegenden Makromolekülen aufgebaut. Faserproteine sind **wasserunlöslich** und dienen als **Gerüstsubstanzen** in tierischen und menschlichen Geweben. Zu ihnen rechnet man z. B. das Kollagen der Sehnen, das Myosin der Muskelfasern und das Keratin, das am Aufbau von Haar, Nägeln und Haut beteiligt ist.

Sphäroproteine: Mehr oder minder kugelförmig geknäuelte Makromoleküle mit komplizierter Tertiärstruktur. Sie sind in Wasser oder Salzlösungen **löslich**.

Zu den Sphäroproteinen zählen u. a.:

- alle Enzyme; sie sind mit der Katalyse biochemischer Prozesse befasst
- viele Hormone; z. B. Insulin, das an der Blutzuckerregulation beteiligt ist
- Hämoglobin, das Transport-Molekül für Sauerstoff

Denaturierung von Proteinen

Unter Denaturierung versteht man die **Veränderung** der natürlichen Konformation eines Proteins, was zu einer Veränderung der chemischen und physikalischen Eigenschaften führt. Biologisch wirksame Proteine wie z. B. Enzyme verlieren dadurch ihre biologische Funktion, da sie die umzusetzenden Teilchen nicht mehr anlagern können.

Einwirkung von Hitze, starken Säuren oder Basen (starke pH-Wert-Verschiebungen), organischen Lösungsmitteln oder Schwermetallsalzlösungen (z. B. Pb^{2+}, Hg^{2+}) können für die Denaturierung ursächlich sein.

Zusammenfassung

- Aminosäuren können in einer Kondensationsreaktion unter Ausbildung einer **Peptidbindung** zusammentreten.
  Peptidbindung:

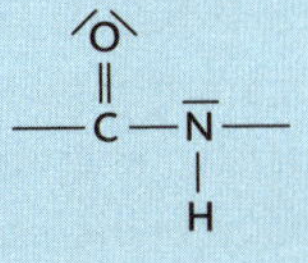

- Die Peptidbindung ist **planar** gebaut, d. h., die Atome der Peptidbindung und die benachbarten C_α-Atome liegen in einer Ebene.
- Proteine lassen sich mithilfe der **Biuret-** oder der **Xanthoproteinreaktion** nachweisen.
- Die **Primärstruktur** eines Proteins entspricht der Reihenfolge der Aminosäuren, die durch Peptidbindungen miteinander verknüpft sind.
- Unter der **Sekundärstruktur** versteht man die durch Wasserstoffbrückenbindungen zwischen den Peptidbindungen stabilisierte räumliche Struktur eines Proteins, z. B. α-Helix-, β-Faltblattstruktur.
- Die **Tertiärstruktur** ist die räumliche Anordnung der Polypeptidkette, die abschnittsweise verschiedene Sekundärstrukturen zeigen kann.
- Die **Quartärstruktur** beschreibt bei Proteinen, die sich aus mehreren Polypeptidketten zusammensetzen, die räumliche Anordnung der Polypeptidketten zueinander.
- Proteine haben als **Sklero-** bzw. **Sphäroproteine** vielfältige biologische Aufgaben.
- Unter **Denaturierung** versteht man die Veränderung des natürlichen, räumlichen Baus eines Proteins.

108. Aus den Aminosäuren Alanin, Glycin und Lysin werden verschiedene Tripeptide hergestellt.
Geben Sie die Namen aller denkbaren Tripeptide an und stellen Sie sie in der Kurzschreibweise dar.

109. Valin ist 2-Amino-3-methylbutansäure.
Geben Sie die Strukturformel eines Tripeptids an, das aus lauter Valineinheiten besteht.

110. Beschreiben Sie stichpunktartig eine Sekundärstruktur, die bei Proteinen auftreten kann.

111. Gegeben sind drei Proteine A, B und C. A hat einen isoelektrischen Punkt von 4,1, B von 7,9 und C von 6.
Was erwarten Sie, wenn ein Gemisch dieser Proteine bei pH 6 in ein elektrisches Gleichspannungsfeld gebracht wird?

Reaktionsgeschwindigkeit und Enzymkatalyse

Möchte man sein Joghurt mit Kiwis verfeinern, so muss man sich auf Bitteres gefasst machen. Kiwis enthalten das Enzym Actinidin, das Milcheiweiß in bitter schmeckende Bausteine zerlegt.

Die **Kinetik** befasst sich mit dem zeitlichen Ablauf chemischer Reaktionen. Bei kinetischen Betrachtungen wird untersucht, mit welcher Geschwindigkeit eine chemische Reaktion verläuft und aus welchen Teilschritten sich die Gesamtreaktion zusammensetzt. Auf diese Weise erhält man Informationen über den Reaktionsmechanismus, der dieser Reaktion zugrunde liegt.

1 Reaktionsgeschwindigkeit

Geschwindigkeit beschreibt allgemein eine bestimmte Veränderung in einem genau definierten Zeitintervall.
Betrachtet man nun eine chemische Reaktion, die von links nach rechts verläuft, so ist die **Reaktionsgeschwindigkeit** definiert als Zunahme der Stoffmenge n an Produkten bzw. als Abnahme der Stoffmenge n an Edukten (Ausgangsstoffen) in einem bestimmten Zeitintervall Δt.

$$\text{Edukt(e)} \longrightarrow \text{Produkt(e)}$$

$$v_R = \frac{\Delta n(\text{Produkt})}{\Delta t} = -\left(\frac{\Delta n(\text{Edukt})}{\Delta t}\right)$$

Bei konstantem Volumen des betrachteten Systems kann anstelle von Stoffmengenänderungen (Δn) auch mit Konzentrationsänderungen (Δc) gerechnet werden. Nimmt die Konzentration eines Stoffes im Verlauf der Reaktion ab, wie das für die Edukte zutrifft, so hat Δc ein **negatives** Vorzeichen, nimmt die Konzentration zu, wie dies bei den Produkten der Fall ist, hat Δc ein **positives** Vorzeichen.

Die **Reaktionsgeschwindigkeit** ist der Quotient aus der Konzentrationsänderung im zugehörigen Zeitintervall.

$$v_R = \frac{\Delta c(\text{Produkt})}{\Delta t} = -\left(\frac{\Delta c(\text{Edukt})}{\Delta t}\right)$$

Definiert man die Reaktionsgeschwindigkeit mithilfe der Abnahme der Konzentration eines Edukts, muss vor den Quotienten ein Minuszeichen gesetzt werden, da die Reaktionsgeschwindigkeit stets eine positive Größe ist.

Beispiel

Zersetzung von Jodwasserstoff in die Elemente:

$$2\,HI \longrightarrow H_2 + I_2$$

Bei der experimentellen Untersuchung der Reaktion wurde ermittelt, dass in einem Zeitintervall von 50 Sekunden die Konzentration von Jodwasserstoff um 0,25 mol · L^{-1} abnimmt.

$$v_R = -\left(\frac{\Delta c(\mathrm{HI})}{\Delta t}\right) = -\left(\frac{-0{,}25\,\mathrm{mol}\cdot \mathrm{L}^{-1}}{50\,\mathrm{s}}\right) = 0{,}005\,\mathrm{mol\,(HI)\,L^{-1}\cdot s^{-1}}$$

Hinweis: Die Angabe der Stoffbezeichnung (hier HI) in der Einheit ist nicht allgemein üblich. Sie macht deutlich, auf welchen Reaktionspartner sich die Geschwindigkeitsangabe bezieht.

Die Reaktionsgleichung zeigt, dass aus zwei Jodwasserstoff-Molekülen ein Molekül Wasserstoff und ein Molekül Jod entstehen. Innerhalb des betrachteten Zeitintervalls sinkt somit die Konzentration von Jodwasserstoff doppelt so schnell, wie die Konzentrationen von Jod und Wasserstoff zunehmen. Die Reaktionsgeschwindigkeit des Zerfalls von Jodwasserstoff ist demnach doppelt so groß wie die Reaktionsgeschwindigkeit der Wasserstoff- bzw. Jodbildung. Bei Angabe der Reaktionsgeschwindigkeit muss also auch angegeben werden, auf welchen Reaktionspartner man sich dabei bezieht.

Will man ausgehend von der Reaktionsgeschwindigkeit bezogen auf den Jodwasserstoff-Zerfall auf die Reaktionsgeschwindigkeit bezogen auf die Wasserstoff- bzw. Jodbildung umrechnen, so müssen die entsprechenden **stöchiometrischen Koeffizienten** berücksichtigt werden.

$$v_R\,(\mathrm{H_2}-\mathrm{Bildung}) = -\left(\frac{\Delta c(\mathrm{HI})}{\Delta t}\right)\cdot\frac{1\,\mathrm{mol\,(H_2)}}{2\,\mathrm{mol\,(HI)}} = 0{,}005\,\frac{\mathrm{mol\,(HI)}}{\mathrm{L\cdot s}}\cdot\frac{1\,\mathrm{mol\,(H_2)}}{2\,\mathrm{mol\,(HI)}}$$

$$v_R\,(\mathrm{H_2}-\mathrm{Bildung}) = 0{,}0025\,\mathrm{mol\,(H_2)\cdot L^{-1}\cdot s^{-1}}$$

$$v_R\,(\mathrm{I_2}-\mathrm{Bildung}) = -\left(\frac{\Delta c(\mathrm{HI})}{\Delta t}\right)\cdot\frac{1\,\mathrm{mol\,(I_2)}}{2\,\mathrm{mol\,(HI)}} = 0{,}005\,\frac{\mathrm{mol\,(HI)}}{\mathrm{L\cdot s}}\cdot\frac{1\,\mathrm{mol\,(I_2)}}{2\,\mathrm{mol\,(HI)}}$$

$$v_R\,(\mathrm{I_2}-\mathrm{Bildung}) = 0{,}0025\,\mathrm{mol\,(I_2)\cdot L^{-1}\cdot s^{-1}}$$

1.1 Durchschnitts- und Momentangeschwindigkeit

Meist fertigt man zur Ermittlung der Reaktionsgeschwindigkeit ein **Konzentrations-Zeit-Diagramm** an, in dem die Konzentrationen eines Reaktionsteilnehmers in Abhängigkeit von der Zeit aufgetragen werden.

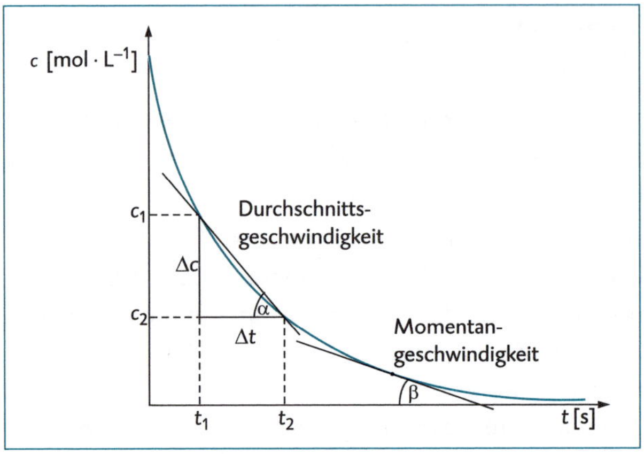

Abb. 22: Konzentrations-Zeit-Diagramm

Die Kurve zeigt, dass zu Beginn der Reaktion die Konzentration des Edukts viel stärker abnimmt als in einem gleich großen Zeitintervall bei fortgeschrittener Reaktionsdauer. Im Verlauf der Reaktion verändert sich also die Reaktionsgeschwindigkeit ständig. Für ein längeres Zeitintervall Δt lässt sich daher nur eine **Durchschnittsgeschwindigkeit** angeben. Markiert man die Eduktkonzentrationen zu Beginn (t1) und am Ende (t2) des Zeitintervalls und verbindet diese zwei Punkte durch eine Gerade (Sekante), so entspricht die in diesem Zeitintervall gemessene Durchschnittsgeschwindigkeit dem Anstieg der Geraden ($\tan \alpha$). Wählt man das betrachtete Zeitintervall immer kleiner, so rücken die zwei Punkte, die durch die Sekante verbunden werden, immer näher zusammen, bis sie schließlich in einem Punkt zusammenfallen. Legt man an diesem Punkt eine Tangente an die Kurve, so entspricht deren Steigung ($\tan \beta$) der für diesen Zeitpunkt geltenden **Momentangeschwindigkeit**.

Mathematisch formuliert gilt für die **Momentangeschwindigkeit:**

$$v_R = -\left(\lim_{\Delta t \to 0} \frac{\Delta c}{\Delta t} \right)$$

1.2 Abhängigkeit der Reaktionsgeschwindigkeit

Die Reaktionsgeschwindigkeit wird beeinflusst durch die Konzentration der Reaktionspartner und die Temperatur. Ist an der Reaktion ein Feststoff beteiligt, spielt auch der Verteilungsgrad des Feststoffs eine Rolle, da die Reaktion nur an der Oberfläche der Feststoffteilchen erfolgen kann, die mit zunehmendem Verteilungsgrad wächst.

Je höher die **Temperatur** und die **Konzentrationen** der an der Reaktion beteiligten Edukte, umso höher ist die **Reaktionsgeschwindigkeit**.

Der Einfluss der genannten Faktoren auf die Reaktionsgeschwindigkeit kann auf Basis der **Stoßtheorie** erklärt werden. Damit zwei Teilchen miteinander reagieren können, müssen sie zunächst zusammenstoßen. Je mehr Teilchen pro Volumeneinheit vorhanden sind, je höher also die Konzentrationen der beteiligten Reaktionspartner ist, umso wahrscheinlicher sind Zusammenstöße zwischen diesen Reaktionspartnern und umso höher ist folglich auch die Reaktionsgeschwindigkeit.
Doch nicht jeder Zusammenstoß führt automatisch zu einer Reaktion. Man unterscheidet zwischen **unwirksamen** und **wirksamen** Zusammenstößen.

Voraussetzungen für wirksame Zusammenstöße
- Die Teilchen müssen mit ausreichend hoher Geschwindigkeit zusammenprallen; die kinetische Energie der Teilchen muss also einen gewissen Mindestbetrag überschreiten.
- Die Teilchen müssen in einer bestimmten räumlichen Orientierung zusammenstoßen. Dies ist insbesondere bei großen Molekülen von Bedeutung, die über bestimmte reaktive Zentren verfügen, die bei einer Reaktion miteinander in Kontakt kommen müssen.

Wirksame Zusammenstöße führen zu einem **energiereichen Übergangszustand**, einem aktivierten Komplex. In diesem sind Bindungen in den Eduktteilchen bereits gelockert und die Ausbildung neuer Bindungen zwischen den Reaktionspartnern wird angestrebt. Um die Reaktion in Gang zu setzen, muss eine gewisse Energiebarierre überwunden werden. Der dazu notwendige Energiebetrag wird als **Aktivierungsenergie** bezeichnet.

Unter der **Aktivierungsenergie** versteht man die Mindestenergie, die man den Edukten zuführen muss, damit sie miteinander reagieren.

Eine Möglichkeit, einem Reaktionsgemisch Aktivierungsenergie zuzuführen, besteht darin, es zu erwärmen. Durch Wärmezufuhr wird der Anteil der Teilchen, die eine für einen wirksamen Zusammenstoß notwendige Geschwindigkeit (kinetische Energie) haben, erhöht. Dies wird aus Abbildung 24 ersichtlich, welche die **Boltzmann-Verteilung** von Gasteilchen bei zwei verschiedenen Temperaturen T_1 und T_2 ($T_1 < T_2$) zeigt.
Diese Geschwindigkeitsverteilung macht verständlich, dass die Reaktionsgeschwindigkeit in hohem Maße durch die Temperatur beeinflusst wird. Eine Temperaturerhöhung um 10 °C bewirkt in vielen Fällen eine Verdopplung der Teilchen, die über die nötige Mindestenergie verfügen.

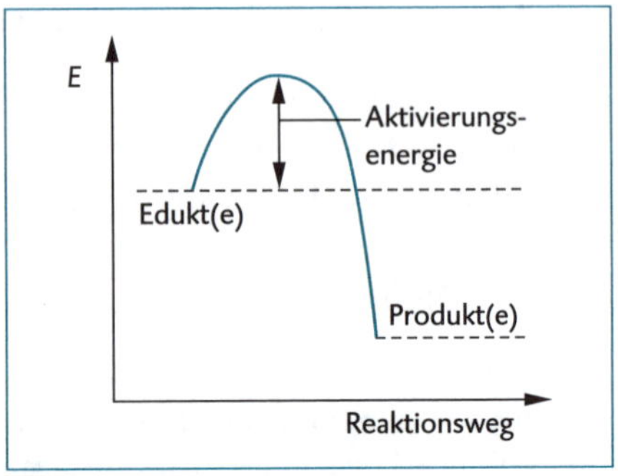

Abb. 23: Aktivierungsenergie einer exothermen Reaktion

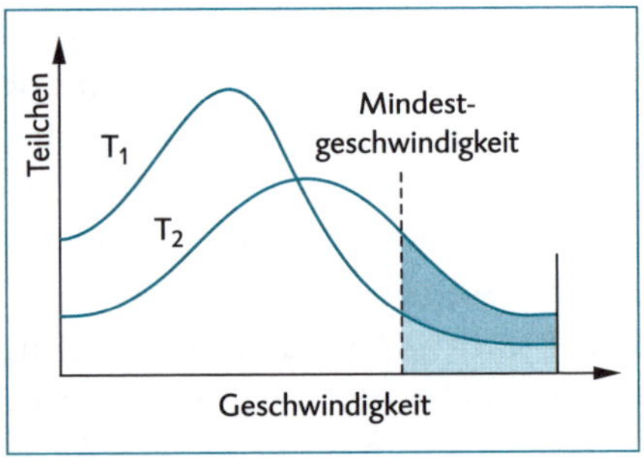

Abb. 24: Temperaturabhängigkeit der Geschwindigkeitsverteilung

Reaktionsgeschwindigkeits-Temperatur-Regel (RGT-Regel):
Bei Reaktionen zwischen gelösten oder gasförmigen Stoffen bewirkt eine Temperaturerhöhung um 10 °C in etwa eine **Verdopplung** der Reaktionsgeschwindigkeit.

1.3 Katalysatoren

Einige chemische Reaktionen laufen auch bei höherer Temperatur nur sehr langsam ab, manchmal ist eine Temperaturerhöhung auch überhaupt nicht möglich, da sich die Ausgangsstoffe bei diesen Temperaturen zersetzen würden. In solchen Fällen empfiehlt sich der Einsatz von **Katalysatoren**.

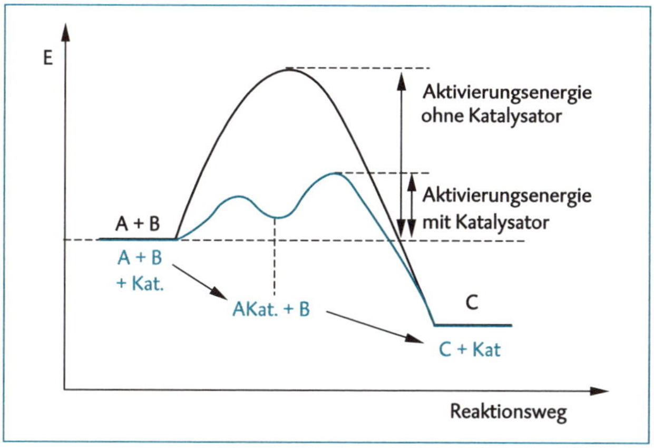

Abb. 25: Verringerung der Aktivierungsenergie mithilfe eines Katalysators

Katalysatoren verringern die **Aktivierungsenergie**. Bei gleichbleibender Temperatur verfügen daher mehr Teilchen über die für wirksame Zusammenstöße erforderliche Mindestenergie; die Reaktionsgeschwindigkeit steigt.

Eigenschaften von Katalysatoren:

- Katalysatoren verringern die Aktivierungsenergie einer chemischen Reaktion. Sie beschleunigen somit die Einstellung des Gleichgewichtszustands, verändern jedoch nicht die Lage des Gleichgewichts.
- Katalysatoren nehmen unter Bildung instabiler, reaktionsfreudiger Zwischenprodukte an der Reaktion teil.
- Nach der chemischen Reaktion liegt der Katalysator unverändert vor und ist erneut einsatzbereit.
- Katalysatoren wirken selektiv, d. h., es wird mit den vorliegenden Edukten nur eine bestimmte Reaktion katalysiert.

Es wird je nach Aggregatzustand von Edukten und Katalysator zwischen **homogener** und **heterogener** Katalyse unterschieden. Bei einer homogenen Katalyse liegen Edukte und Katalysator in derselben Phase vor, bei einer heterogenen Katalyse bilden sie verschiedene Phasen aus.
Eine besondere Rolle kommt Katalysatoren in lebenden Systemen zu. Diese Biokatalysatoren werden als **Enzyme** bezeichnet und sorgen dafür, dass chemische Reaktionen in der Zelle in einem engen Temperatur- und pH-Wert-Bereich stattfinden können.

Zusammenfassung

- Die **Reaktionsgeschwindigkeit** wird als Abnahme der Konzentration eines Edukts bzw. als Zunahme der Konzentration eines Produkts pro Zeiteinheit definiert.
- Man unterscheidet zwischen **Durchschnittsgeschwindigkeit** innerhalb eines bestimmten Zeitintervalls und **Momentangeschwindigkeit** zu einem bestimmten Zeitpunkt.
- Die Reaktionsgeschwindigkeit wird beeinflusst durch
  - die Eduktkonzentration,
  - den Zerteilungsgrad,
  - die Temperatur (RGT-Regel).
- **Katalysatoren** beschleunigen eine Reaktion, indem sie die **Aktivierungsenergie** herabsetzen.

Aufgaben

112. Nennen Sie die Aufgaben eines Katalysators bei einer chemischen Reaktion.

113. Skizzieren Sie ein Energieniveauschema für eine exergonische bzw. eine endergonische Reaktion, jeweils mit und ohne Katalysator.

114. Stickstoff reagiert mit Wasserstoff unter Bildung von Ammoniak (NH_3).

a Formulieren Sie die Reaktionsgleichung.

b Berechnen Sie die Geschwindigkeit, mit der Wasserstoff umgesetzt wird, wenn die Reaktionsgeschwindigkeit für die Bildung von Ammoniak $0{,}32 \cdot 10^{-3}\ \text{mol} \cdot \text{L}^{-1} \cdot \text{s}^{-1}$ beträgt.

115. Erklären Sie, was man allgemein unter der Reaktionsgeschwindigkeit versteht.

116. In einem Experiment gibt man Zink (im Überschuss vorhanden) zu 5 mL 1-molarer Salzsäure und misst bei konstanter Temperatur in definierten Zeitabständen das Volumen des sich entwickelnden Wasserstoffs in einem Kolbenprober. Dabei ergeben sich folgende Messwerte:

t [s]	0	100	200	300	400	500	600
V (H_2) [mL]	0	19,4	28,0	33,1	37,0	39,5	41,4

a Formulieren sie die Reaktionsgleichung für die ablaufende Reaktion.

b Zeichnen Sie ein Diagramm, das das Volumen des gebildeten Wasserstoffs und dessen Stoffmenge in Abhängigkeit von der Reaktionszeit zeigt.
Hinweis: Da die Reaktion bei 20 °C und Normaldruck ablief, beträgt das molare Volumen $V_m = 24\ L \cdot mol^{-1}$.

c Da die Anfangskonzentrationen der Salzsäure und das verwendete Säurevolumen bekannt sind, kann man für die angegebenen Zeiten die Konzentrationen der Salzsäure und des gelösten Zinkchlorids berechnen.
Führen Sie diese Berechnungen durch und erstellen Sie zwei Diagramme, in denen die jeweiligen Konzentrationen gegen die Zeit aufgetragen sind.

d Machen Sie eine Voraussage über den Zusammenhang der Durchschnittsgeschwindigkeit der Abnahme der Salzsäurekonzentration und der Durchschnittsgeschwindigkeit der Zunahme der Zink-Ionenkonzentration.

e Ermitteln Sie beide Durchschnittsgeschwindigkeiten im Zeitintervall zwischen 100 s und 200 s rechnerisch.

2 Enzyme

Um biochemische Reaktionen zu beschleunigen, verfügt die Zelle über Enzyme (früher: Fermente). Enzyme sind katalytisch wirksame Proteine. Die von den Enzymen umgesetzten Stoffe werden als **Substrate** bezeichnet.

2.1 Wirkungsweise von Enzymen

Spezifität von Enzymen

Ein Enzym katalysiert die Umsetzung von Verbindungen, mit denen es einen **Enzym-Substrat-Komplex** bilden kann. Dies ist nur dann möglich, wenn das Substrat-Molekül so gebaut ist, dass es in die Substratbindungsregion des Enzyms, die auch als **aktives Zentrum** bezeichnet wird, „hineinpasst“.

Die Eigenschaft eines Enzyms, nur ein oder mehrere bestimmte Substrate zu binden und umzusetzen, bezeichnet man als **Substratspezifität**.

Mithilfe des **Schlüssel-Schloss-Prinzips** lässt sich dies anschaulich erklären. Nach dieser Modellvorstellung können von einem Enzym nur solche Moleküle gebunden und umgesetzt werden, die in die Substratbindungsregion des Enzyms passen wie ein Schlüssel in das Schloss. Diese Modellvorstellung wird gestützt von der Tatsache, dass bei einigen Enzymen **rinnen-** oder **taschenförmige** Bereiche entdeckt wurden, in denen das Substrat reversibel gebunden wird. Als Bindungskräfte treten Van-der-Waals-Kräfte, Wasserstoffbrückenbindungen oder auch elektrostatische Anziehungskräfte zwischen ionischen Gruppen auf. In der Bindung an das Enzym kann das Substrat so polarisiert werden, dass die eigentliche Umsetzung des Substrats erleichtert wird. Nach der Umsetzung löst sich das Produkt (bzw. die Produkte) vom Enzym-Molekül ab.

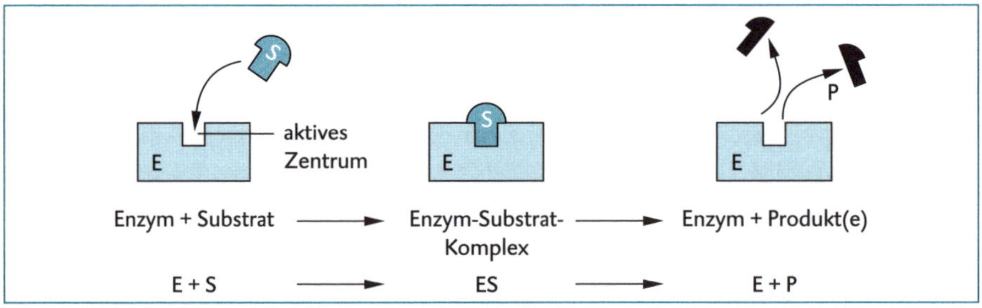

Abb. 26: schematische Darstellung des Schlüssel-Schloss-Prinzips

Das Ausmaß der Substratspezifität ist unterschiedlich. Von **absoluter Spezifität** spricht man, wenn nur ein einziges Substrat umgesetzt wird; dies ist beispielsweise bei der Urease der Fall, die ausschließlich Harnstoff umsetzt.
Verbreiteter sind **gruppenspezifische Enzyme**, die auf verschiedene Substrate wirken, die jedoch in bestimmten Atomgruppen übereinstimmen.

Jedes Enzym kann ein gebundenes Substrat nur in einer bestimmten Weise umsetzen, da nur für diese Reaktion die Aktivierungsenergie so weit gesenkt wird, dass sie ablaufen kann.

> Die Eigenschaft eines Enzyms, nur einen bestimmten Reaktionstyp zu katalysieren, bezeichnet man als **Wirkungsspezifität**.

Sind in einer Zelle verschiedene Enzyme vorhanden, die ein Substrat unterschiedlich umsetzen können, so entscheidet über die Art der Umsetzung der Umstand, an welches Enzym das Substrat gebunden wird.

Benennung von Enzymen

Der systematische Name eines Enzyms wird aus dem Substratnamen, der Enzymwirkung und der Endsilbe **-ase** gebildet, z. B. Glucoseoxidase. Bei gruppenspezifischen Enzymen wird anstelle des Substratnamens der Name der umgesetzten Stoffgruppe eingesetzt, z. B. Alkoholdehydrogenase. Für hydrolytische Enzyme werden verkürzte Benennungen aus Substratname und der Endung -ase verwendet. Neben diesen Bezeichnungen sind für manche Enzyme auch unsystematische Namen gebräuchlich, z. B. Trypsin, Pepsin.

2.2 Abhängigkeit der Enzymaktivität von äußeren Faktoren

Die Reaktionsgeschwindigkeit einer enzymatischen Umsetzung gibt Auskunft über die Aktivität des beteiligten Enzyms. Die Enzymaktivität wird durch verschiedene äußere Faktoren beeinflusst.

Substratkonzentration

Wie bereits erläutert bindet ein Enzym das Substrat zunächst zum Enzym-Substrat-Komplex, in dem die eigentliche Umsetzung des Substrats erfolgt. Abschließend löst sich das entstandene Produkt ab.
Bei **niedrigen** Substratkonzentrationen ist die Reaktionsgeschwindigkeit **direkt proportional** zur Substratkonzentration. Dies erklärt sich damit, dass bei

geringen Konzentrationen noch nicht alle Enzymmoleküle an der Reaktion beteiligt sind. Hinzukommende Substratmoleküle werden sofort zum Enzym-Substrat-Komplex gebunden und umgesetzt.

Bei weiter zunehmender Substratkonzentration steigt die Reaktionsgeschwindigkeit langsamer an; es sind zwar noch freie Enzymmoleküle vorhanden, doch deren Anzahl nimmt mit zunehmender Substratkonzentration ab und es dauert länger, bis ein Substratmolekül auf ein freies Enzymmolekül trifft. Schließlich erreicht die Substratkonzentration einen **Sättigungswert**.

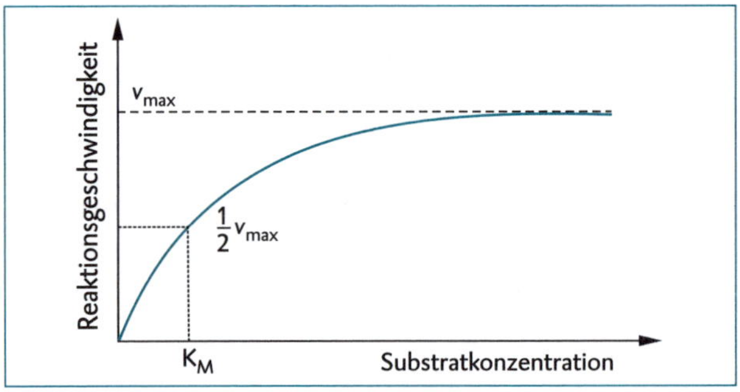

Abb. 27: Abhängigkeit der Reaktionsgeschwindigkeit (Enzymaktivität) von der Substratkonzentration

Eine Kenngröße für ein Enzym ist seine Michaeliskonstante K_M.

> Die **Michaeliskonstante K_M** ist definiert als diejenige Substratkonzentration, bei der die halbmaximale Reaktionsgeschwindigkeit $\frac{1}{2}v_{max}$ erreicht ist.

Temperatur

Im unteren Temperaturbereich nimmt die Enzymaktivität mit steigender Temperatur zu. Sie folgt der **Reaktionsgeschwindigkeits-Temperatur-Regel (RGT-Regel)**, die als Faustregel besagt, dass eine Temperaturerhöhung von 10 °C die Reaktionsgeschwindigkeit etwa verdoppelt (vgl. S. 150). Mit steigender Temperatur nimmt die Wärmebewegung der Enzym- und Substratmoleküle zu, sodass sich die Wahrscheinlichkeit für wirksame Zusammenstöße der Reaktionspartner erhöht.

Wird die Temperatur über das Optimum hinaus erhöht, vermindert sich der Substratumsatz zunehmend und sinkt schließlich auf 0 ab. Dies ist auf zunehmende **Hitzedenaturierung** zurückzuführen, die mit einer irreversiblen Zerstörung der Tertiärstruktur der Eiweißanteile des Enzyms verbunden ist. Das denaturierte Enzym kann mit dem Substrat keinen Enzym-Substrat-Komplex mehr bilden.

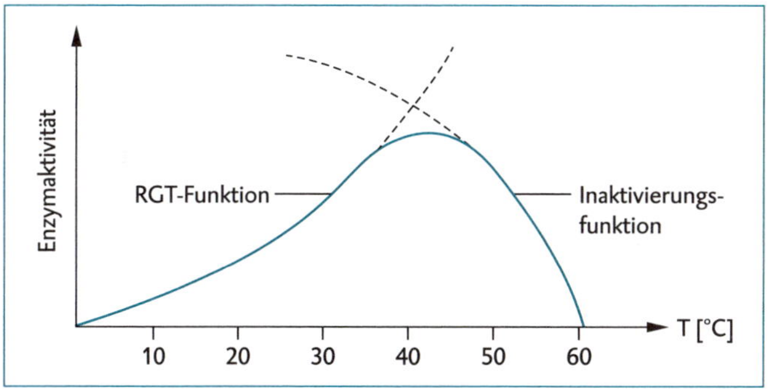

Abb. 28: Abhängigkeit der Enzymaktivität von der Temperatur

pH-Wert

Die Abhängigkeit der Enzymaktivität vom pH-Wert wird durch eine Optimumskurve beschrieben. Bei einem bestimmten pH-Wert ist die Aktivität am größten, bei Abweichungen vom pH-Optimum nimmt sie ab. Diese Abhängigkeit lässt sich auf den Eiweißcharakter der Enzyme zurückführen. Enzymproteine sind globuläre Eiweiße, deren Tertiärstruktur auch von **elektrostatischen Wechselwirkungen** zwischen den ionischen Gruppen der sauren und basischen Aminosäuren beeinflusst wird. Bei pH-Wert-Verschiebungen kann sich infolge von **Protonierung** bzw. **Deprotonierung** dieser Gruppen die Ladungsverteilung im Protein verändern, was eine mehr oder minder starke Veränderung der Tertiärstruktur zur Folge hat. Dies vermindert die Enzymaktivität, da das Substrat schlechter oder gar nicht mehr an das Enzym gebunden werden kann.

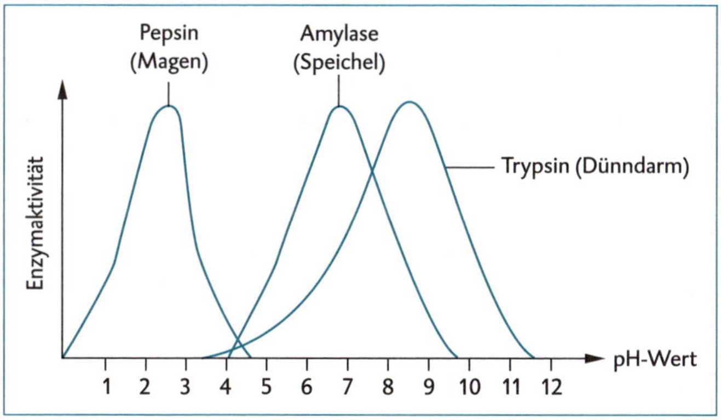

Abb. 29: Abhängigkeit der Enzymaktivität vom pH-Wert

Hemmstoffe

Kompetitive Hemmstoffe besitzen eine strukturelle Ähnlichkeit mit dem Substrat und konkurrieren mit diesem um die Anlagerung an das aktive Zentrum. Hemmstoff-Moleküle, die an das Enzym gebunden sind, können nicht umgesetzt werden, blockieren aber vorübergehend das Enzym. Je höher die Konzentration des Hemmstoffs ist, umso größer ist die Wahrscheinlichkeit, dass das Enzym ein Hemmstoff-Molekül bindet, und umso größer das Ausmaß der Hemmung.
Durch Erhöhung der Substratkonzentration (bei gleichbleibender Hemmstoffkonzentration) kann die Hemmung rückgängig gemacht werden.

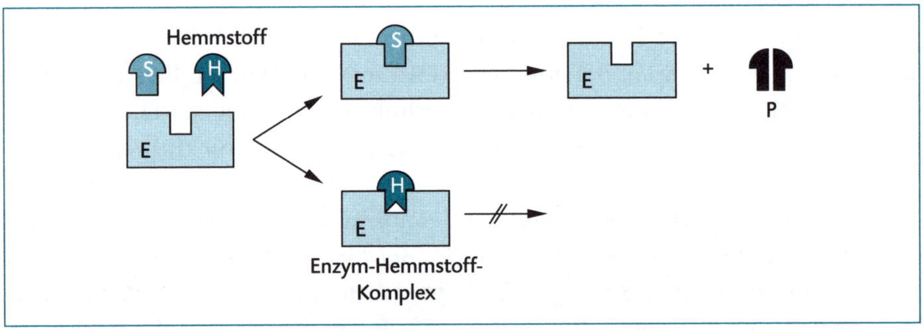

Abb. 30: Prinzip der kompetitiven Hemmung eines Enzyms

Allosterische Hemmstoffe (nicht kompetitive Hemmstoffe) ähneln den Substraten in ihrem strukturellen Aufbau nicht. Sie können auch an das Enzym gebunden werden, allerdings an einer anderen Bindungsstelle als das Substrat. Dadurch verändert sich aber der räumliche Bau der Substratbindungsregion und das Substrat kann nicht mehr gebunden werden. Eine Erhöhung der Substratkonzentration hat keinen Einfluss auf die hemmende Wirkung.

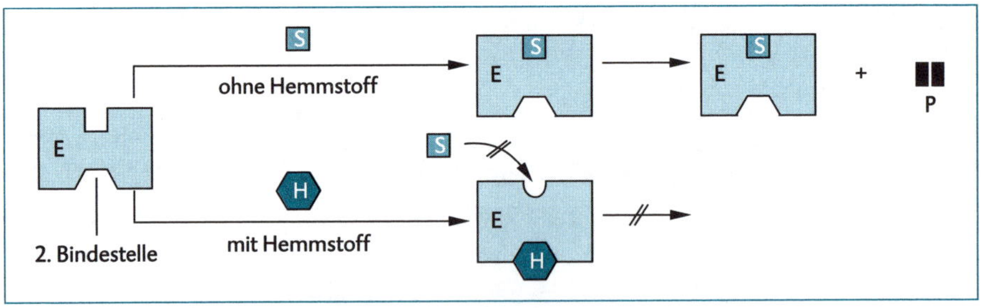

Abb. 31: Prinzip der allosterischen Hemmung eines Enzyms

Enzymvergiftung

Schwermetall-Ionen (z. B. Cu^{2+}, Pb^{2+}, Hg^{2+}) gehen mit bestimmten Resten des Enzymmoleküls meist irreversible Bindungen ein. Dies hat eine Veränderung der Tertiärstruktur zur Folge, sodass das Enzym das Substrat nicht mehr zum Enzym-Substrat-Komplex binden kann und daher seine katalytische Funktion verliert.

2.3 Verwendung von Enzymen

Enzyme finden heute in Medizin, Wissenschaft und Technik viele Anwendungsmöglichkeiten, was an wenigen Beispielen verdeutlicht werden soll. In diesem Zusammenhang ist die **Spezifität** der Enzyme besonders nützlich, da sie, trotz eventueller Anwesenheit zahlreicher Begleitstoffe, gezielt ein Substrat umsetzen.

Medizin

- Nachweis von D-Glucose im Urin mithilfe von Teststäbchen
  Die Teststäbchen enthalten die Enzyme Glucoseoxidase und Peroxidase. Unter dem Einfluss der Glucoseoxidase wird Glucose oxidiert. Dabei wird Wasserstoff abgespalten, der mit Sauerstoff Wasserstoffperoxid bildet. Das Wasserstoffperoxid reagiert unter dem Einfluss der Peroxidase mit einer Substanz im Teststäbchen, die sich dadurch blau färbt.
- Bestimmung des Harnstoffgehalts im Blut
  Spaltet man den Harnstoff im Blutplasma mithilfe von Urease und misst die Menge des gebildeten Ammoniaks, so kann man Rückschlüsse auf die Harnstoffmenge im Blut ziehen. Abweichungen vom Normalwert geben einen Hinweis auf eine Störung der Nierenfunktion.
- Anwendung von Lipasen (für Fettverdauung), Amylasen (Stärkeverdauung) oder Proteasen (für Eiweißverdauung) in verdauungsunterstützenden Medikamenten.

Wissenschaft

- Sequenzanalyse eines Polypeptids
  Bei der Aufklärung der Aminosäuresequenz eines Polypeptids lässt sich mithilfe bestimmter Enzyme der jeweils endständige Aminosäurebaustein abtrennen, der dann identifiziert wird.
- Herausschneiden von DNS-Stücken im Rahmen gentechnischer Experimente.

Technik

- Zusatz von Proteasen in Waschmitteln zur Entfernung eiweißhaltiger Verunreinigungen.
- Beseitigung von Trübungen in Fruchtsäften durch zugesetzte Enzyme.

Zusammenfassung

- **Enzyme** sind Proteine, die als Biokatalysatoren wirken. Im Verlauf der Reaktion bildet sich ein **Enzym-Substrat-Komplex** aus.
- Enzyme zeigen **Substrat-** und **Wirkungsspezifität**.
- Die Enzymaktivität ist abhängig von
  - der Substratkonzentration (Sättigungseffekt),
  - der Temperatur (RGT-Regel),
  - dem pH-Wert,
  - von kompetitiven oder allosterischen Hemmstoffen.
- Enzyme können durch Schwermetallionen **vergiftet** werden.

Aufgaben

117. Beschreiben Sie zwei Nachweismethoden, mithilfe derer man den Proteincharakter der Urease nachweisen kann.

118. Erläutern Sie anhand einer einfachen Skizze die Wirkungsweise eines Proteinenzyms.

119. Nennen Sie die Faktoren, die Einfluss auf die Geschwindigkeit einer enzymatisch katalysierten Reaktion haben.

120. Urease ist ein Enzym, das die Spaltung von Harnstoff in Ammoniak und Kohlenstoffdioxid katalysiert. Einer Harnstofflösung, der einige Tropfen Phenolphthalein beigemischt wurden, setzt man eine Ureasesuspension zu.
Beschreiben und deuten Sie Ihre Beobachtungen.

121. Welchen Einfluss hat die Erhöhung der Substratkonzentration auf die Aktivität eines
- a Enzyms?
- b kompetitiv gehemmten Enzyms?
- c allosterisch gehemmten Enzyms?

122. $$A \xrightarrow{\text{Enzym 1}} B \xrightarrow{\text{Enzym 2}} C \xrightarrow{\text{Enzym 3}} D \xrightarrow{\text{Enzym 4}} E$$

In einem Organismus wird der Stoff E in einer Stoffwechselkette gebildet, die aus mehreren enzymatisch katalysierten Reaktionsschritten besteht. Stoff E ist ein allosterischer Hemmstoff für das Enzym 1. So wird ermöglicht, dass die Menge des hergestellten Stoffs E dem jeweiligen Bedarf angepasst werden kann.
Erklären Sie diesen Zusammenhang.

123. Bei hohen Substratkonzentrationen kann man bei manchen Enzymen einen Rückgang der Enzymaktivität feststellen. Dieser Sonderfall der kompetitiven Hemmung wird als Substrathemmung bezeichnet.
Erklären Sie, worauf die Substrathemmung zurückzuführen sein könnte.

124. Bakterien können ausgehend von der Aminosäure Threonin in einer Stoffwechselkette die Aminosäure Isoleucin herstellen. Reichert sich Isoleucin an, so wird seine Synthese gebremst.
Erklären Sie dies.

125. Verwendet man ein geeignetes Enzym zur Trennung eines Racemats, so kann man meist nur ein Enantiomer isolieren, während das andere abgebaut wird.
a Geben Sie an, was man unter einem Racemat versteht.
b Erklären Sie, weshalb das Enzym nur eines der beiden Enantiomere abbaut.

126. Vergleichen Sie die kompetitive und die allosterische Hemmung von Enzymen miteinander.

Lösungen

1. a Unter der Kekulé-Struktur des Benzols versteht man eine Cyclohexatrien-(1,3,5)-Struktur. Danach entspricht das Benzol-Molekül einem Ring aus sechs Kohlenstoff-Atomen mit drei lokalisierten Doppelbindungen zwischen dem 1. und 2., dem 3. und 4. und dem 5. und 6. Kohlenstoff-Atom.

   b
   - Die vollständige katalytische Hydrierung von Benzol liefert Cyclohexan.
   - Der Ersatz eines Wasserstoff-Atoms des Benzols durch einen Liganden X führt nur zu einem Monosubstitutionsprodukt C_6H_5X.
   - Der Ersatz zweier Wasserstoff-Atome liefert drei isomere Disubstitutionsprodukte $C_6H_4X_2$, die sich in der Stellung der Substituenten zueinander unterscheiden.

   c
   - Es gibt nur ein ortho-1,2-Disubstitutionsprodukt $C_6H_4X_2$.
   - Durch Röntgeninterferenzuntersuchungen wurde festgestellt, dass alle C–C-Bindungen die gleiche Länge haben, die zwischen der einer Einfach- und einer Doppelbindung liegt.
   - Die Hydrierungsenthalpie des Benzols ist kleiner, als dies für ein Cyclohexatrien-(1,3,5) zu erwarten wäre.
   - Um diesen Energiebetrag ist Benzol aufgrund der π-Elektronendelokalisation energieärmer als ein hypothetisches Cyclohexatrien.
   - Die für das Benzol typische Reaktionsart ist die Substitution und nicht, wie für ungesättigte Verbindungen zu erwarten wäre, die Addition.

2. Im Benzol bilden sechs Kohlenstoff-Atome ein reguläres Sechseck, in dem jedes C-Atom zwei benachbarte C-Atome und ein H-Atom bindet. Das Molekül ist eben gebaut; sämtliche Bindungswinkel betragen 120°.
   Zwischen den C-Atomen liegt ein System von konjugierten Doppelbindungen vor, d. h., Einfach- und Doppelbindungen wechseln sich ab. Die sechs π-Elektronen sind nicht einzelnen C-Atomen zugeordnet, sondern sind völlig symmetrisch über das gesamte Kohlenstoffgerüst verteilt.

Dieses delokalisierte π-Elektronensextett begründet den aromatischen Charakter des Benzols und erklärt, warum im Benzol die Bindungslänge zwischen allen C-Atomen gleich ist und zwischen der von Einfach- und Doppelbindung liegt.

3. Ist die Elektronenverteilung in einem Molekül wie z. B. im Benzol nicht durch eine Strukturformel zu erfassen, so liegt Mesomerie vor. Die tatsächliche Elektronenverteilung im Molekül lässt sich dann nur durch mesomere Grenzstrukturen umschreiben. Die mesomeren Grenzstrukturen werden durch Mesomeriepfeile (⟷) miteinander verbunden.

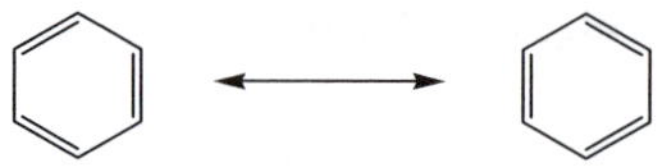

Die mesomeren Grenzstrukturen kommen nicht in der Realität vor; Benzol stellt also kein Gemisch aus zwei Molekülsorten dar, die den Grenzstrukturen entsprechen und sich ineinander umwandeln können. Vielmehr ist die tatsächliche Elektronenverteilung in allen Benzol-Molekülen gleich und entspricht einem Zwischenzustand zwischen den darstellbaren Grenzstrukturen.

4. Die Mesomerieenergie des Benzols entspricht der Differenz zwischen der theoretisch zu erwartenden Hydrierungsenthalpie eines hypothetischen Cyclohexatriens und der experimentell bestimmbaren Hydrierungsenthalpie des Benzols.
Bei der Hydrierung von Cyclohexen, das eine Doppelbindung enthält, wird ein Energiebetrag von 119,8 $kJ \cdot mol^{-1}$ frei. Legt man dem Benzol die hypothetische Cyclohexatrienstruktur mit drei Doppelbindungen zugrunde, so müsste nun dreimal so viel Energie (359,4 $kJ \cdot mol^{-1}$) frei werden. Hydriert man jedoch Benzol zu Cyclohexan, so beträgt die Hydrierungswärme nur 208,7 $kJ \cdot mol^{-1}$. Benzol ist also aufgrund der π-Elektronendelokalisation um 150,7 $kJ \cdot mol^{-1}$ energieärmer als ein hypothetisches Cyclohexatrien.

5. Das Ausmaß der Mesomeriestabilisierung ist dann besonders groß, wenn es, wie im Falle von Benzol, möglich ist, zwei völlig energiegleiche mesomere Grenzstrukturen zu formulieren.

6. Da es im o-Dichlorbenzol-Molekül keine lokalisierten Doppelbindungen gibt, sondern ein mesomeres System mit delokalisierten π-Elektronen vorliegt, sind alle Bindungen zwischen den C-Atomen gleichwertig. Es existieren daher **keine** Isomere mit den folgenden Formeln:

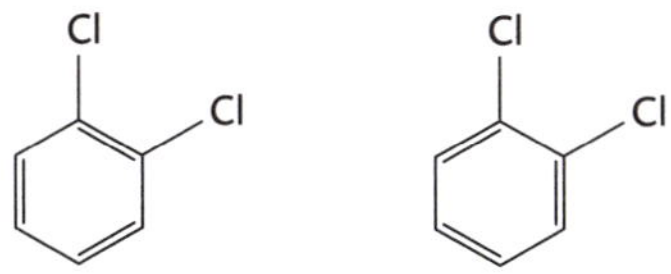

Die angegebenen Formeln sind mesomere Grenzstrukturen des o-Dichlorbenzols.

7. a $H_3C{-}CH_3 + Br_2 \longrightarrow H_3C{-}CH_2Br + HBr$
Monobromethan

$H_2C{=}CH_2 + Br_2 \longrightarrow BrCH_2{-}CH_2Br$
1,2-Dibromethan

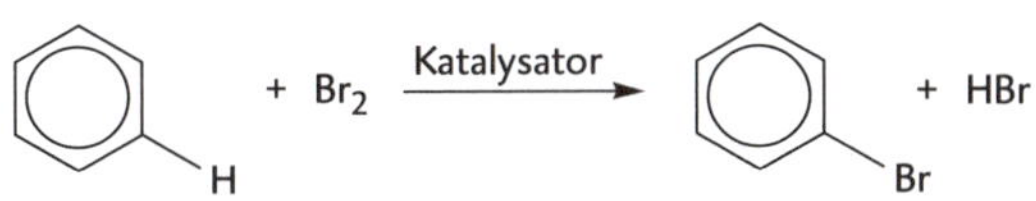

Monobrombenzol

b Die Reaktionen von Ethan und Benzol mit Brom verlaufen nach einem Substitutionsmechanismus. In Monobromethan und Monobrombenzol binden die C-Atome genauso viele Nachbaratome wie in den Edukten, nur sind in den Reaktionsprodukten Wasserstoff-Atome durch Halogen-Atome ersetzt.
Ethen reagiert mit Brom in einer Additionsreaktion. Die C-Atome in 1,2-Dibromethan binden zusätzlich zu den bereits im Ethen vorhandenen zwei H-Atomen unter Auflösung der Doppelbindung jeweils ein Brom-Atom.

8. a

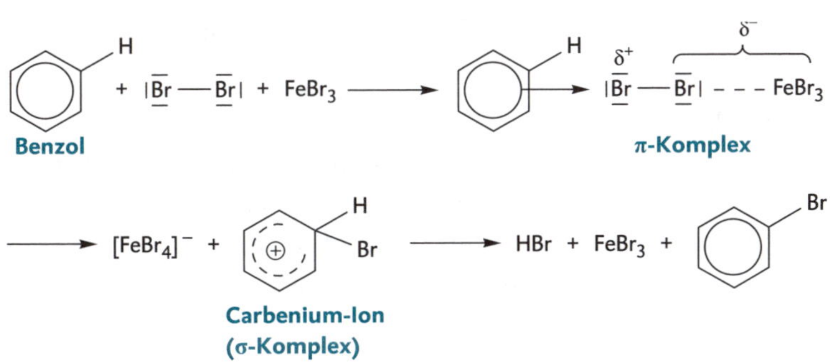

b Die Reaktion von Benzol mit Brom ist eine **elektrophile Substitution**. Der elektrophile Angriff ist nur in Gegenwart eines Katalysators (z. B. Eisen(III)-bromid) möglich, da Benzol infolge der Mesomeriestabilisierung nicht ausreichend reaktiv ist.
Der Katalysator bewirkt eine Polarisation des Halogen-Moleküls, sodass sein nunmehr ausreichend positiviertes Ende die π-Elektronenwolke des aromatischen Systems angreifen kann.
Bei der Heterolyse des Brom-Moleküls wird $[FeBr_4]^-$ abgespalten und das Br^+-Ion über ein π-Elektronenpaar des Benzols gebunden.

c Würde der auf den elektrophilen Angriff folgende Reaktionsschritt eine Addition (wie bei den Alkenen) sein, so würde das Produkt keinen aromatischen Charakter mehr besitzen.
Dagegen wird bei der Abspaltung eines Protons vom Carbenium-Ion das aromatische π-Elektronensextett wiederhergestellt und es entsteht das energieärmere und daher gegenüber dem Additionsprodukt bevorzugte Substitutionsprodukt.

9. Da sich die unpolaren Brom-Moleküle im ebenfalls unpolaren Benzol besser lösen als im polaren Lösungsmittel Wasser, wird Brom mit Benzol aus dem Wasser extrahiert. Ohne Katalysator findet zwischen Benzol und Brom keine Reaktion statt, sodass sich die Benzolphase braun färbt.

10. a

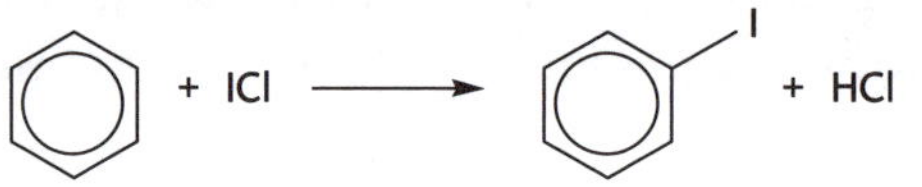

b

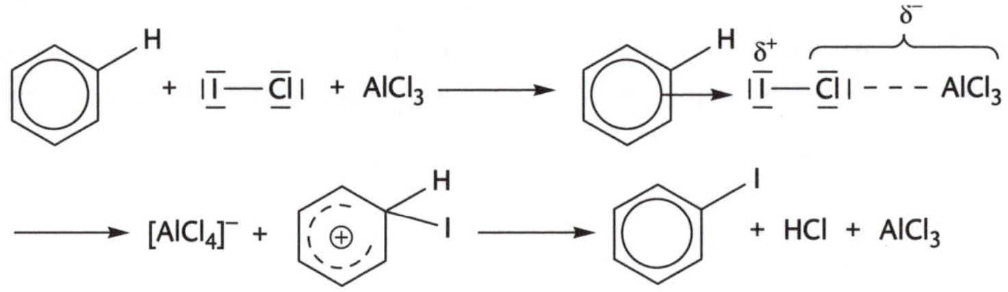

c Jod hat eine geringere Elektronegativität als Chlor. Bei der heterolytischen Spaltung des Jodchlorid-Moleküls unter Katalysatoreinfluss erhält daher das Chlor-Atom das gemeinsame bindende Elektronenpaar. Das entstehende Chlorid-Ion wird an Aluminiumchlorid gebunden, das positive Jod-Ion greift Benzol elektrophil an.

11. a Pyrrol ist eine heterocyclische aromatische Verbindung, da der Fünfring, in dem ein Stickstoff-Atom als Heteroatom enthalten ist, ein delokalisiertes π-Elektronensystem darstellt.

b An dem mesomeren System beteiligt sich das freie Elektronenpaar des Stickstoff-Atoms.

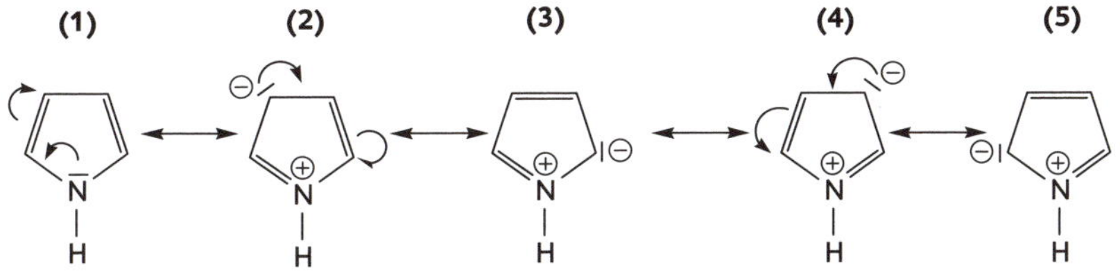

(Die mesomeren Grenzsstrukturen (2) und (3) erhält man ausgehend von (1) durch Elektronenpaarverschiebung im Uhrzeigersinn, die Grenzstrukturen (4) und (5) ausgehend von (1) durch Verschiebung entgegen dem Uhrzeigersinn.)

12. 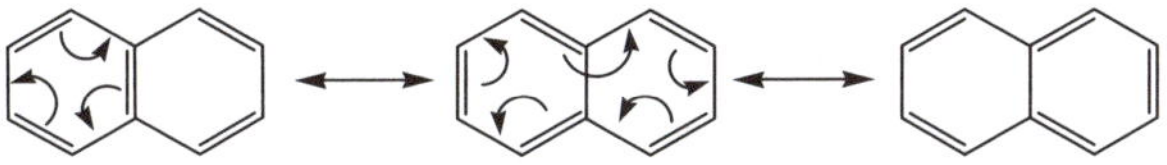

13. Benzol-Moleküle sind völlig **unpolar**; zwischen ihnen wirken Van-der-Waals-Kräfte. Im Phenol bilden sich zusätzlich Wasserstoffbrückenbindungen zwischen den **polaren OH-Gruppen** aus. Die zwischenmolekularen Kräfte sind folglich im Phenol stärker und reichen aus, um die Moleküle an festen Gitterplätzen zu halten.

14. Eine heterolytische Spaltung der OH-Gruppe führt zu einer Protonenabspaltung.
Die Protonenabspaltung ist beim Phenol begünstigt, da
- es durch den Elektronensog der Phenylgruppe zu einer verstärkten Polarisierung der O–H-Bindung kommt,
- das durch Protonenabgabe gebildete Phenolat-Ion besser mesomeriestabilisiert ist als Phenol.

Bei Ethanol kommt es hingegen weder zu einer verstärkten Polarisierung der O–H-Bindung noch ist das Ethanolat-Ion mesomeriestabilisiert. Die Tendenz zur Protonenabgabe ist daher sehr gering.

15. Das Lösen von Phenol ist kein rein physikalischer Vorgang. Es kommt infolge von **Protolyse** (Protonenübertragung) zur Bildung von Phenolat-Ionen. Je höher das Ausmaß der Phenolatbildung, umso größer ist die Löslichkeit, da Phenolat-Ionen aufgrund ihrer Ladung besser mit Wasser in Wechselwirkung treten als Phenol, das nur die polare OH-Gruppe besitzt. Da Hydroxid-Ionen ein stärkeres Bestreben haben, Protonen aufzunehmen, als Wasser-Moleküle, werden in der Natronlauge wesentlich mehr Phenolat-Ionen gebildet; folglich löst sich Phenol in Natronlauge besser als in Wasser.

16. Mesomere Grenzstrukturen:

Benzol

Anilin

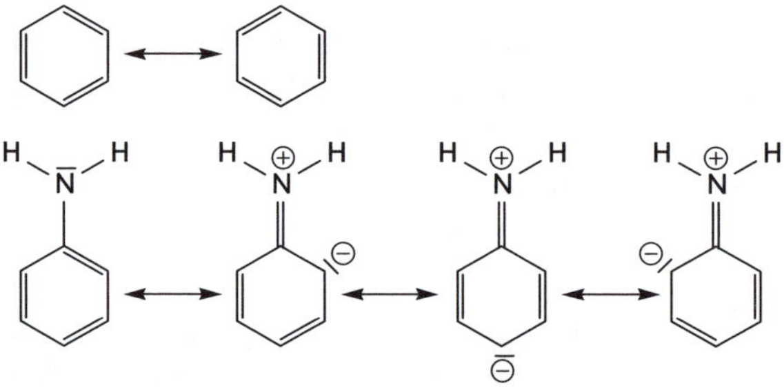

Bei der betrachteten elektrophilen Substitution ist der 1. Reaktionsschritt der elektrophile Angriff eines Br^+-Ions an das aromatische Ringsystem. Dieser Angriff erfolgt umso leichter, je höher die Elektronendichte an diesem Ort ist. Aufgrund des +M-Effektes der NH_2-Gruppe ist die Elektronendichte innerhalb des Rings bei Anilin höher als bei Benzol, was anhand der negativen Formalladungen in den Grenzformeln des Anilins sichtbar wird. Diese erhöhte Elektronendichte bedingt die gesteigerte Reaktivität des Anilins.

17. Salzsäure ist ein starker Protonendonator (Säure). Obwohl die Tendenz zur Anlagerung eines Protons an das freie Elektronenpaar des Stickstoff-Atoms wegen des +M-Effekts der Aminogruppe verringert ist, kommt es in einer reversiblen Reaktion zur Bildung von Anilinium-Ionen.

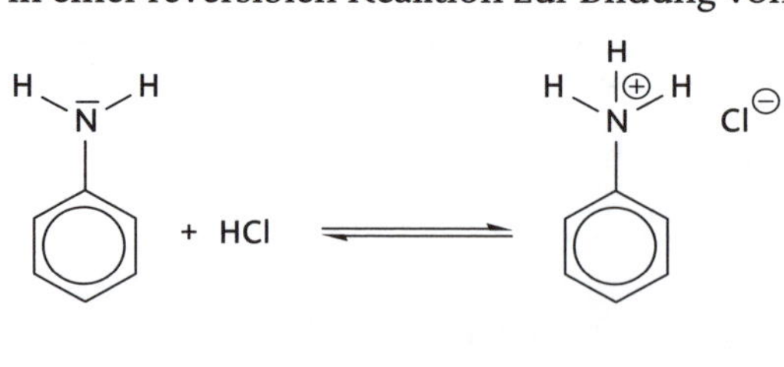

18. a

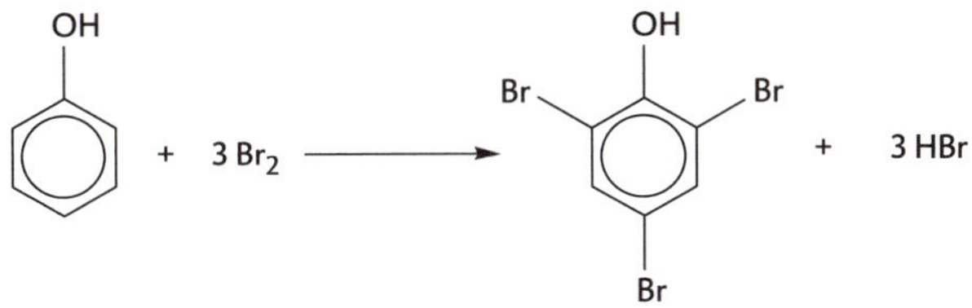

b Je nachdem in welcher Stellung der Angriff des Br^{+}-Ions erfolgt, entstehen folgende Carbenium-Ionen:

1,2-Stellung (o-Stellung):

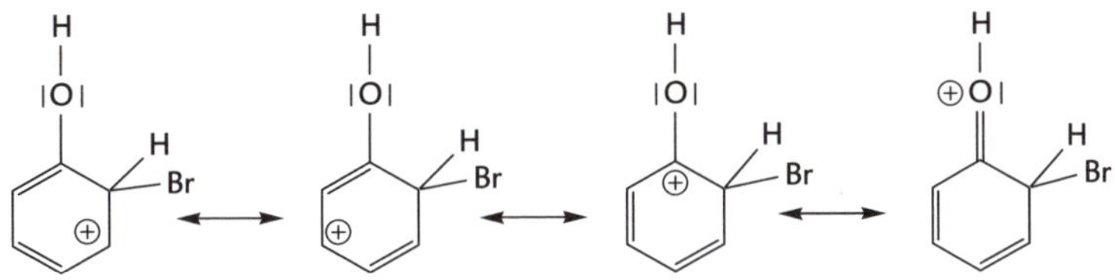

1,3-Stellung (m-Stellung):

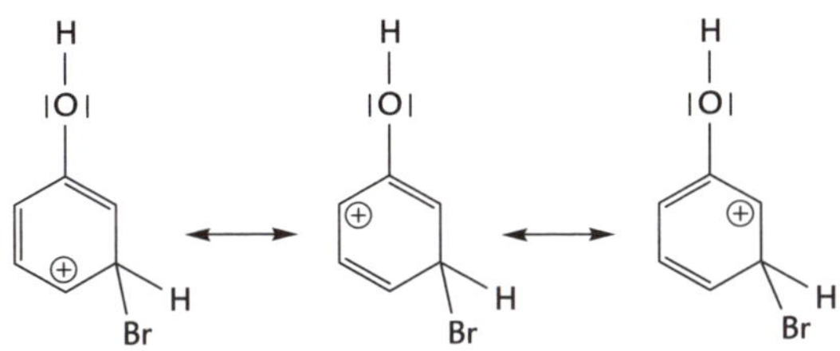

1,4-Stellung (p-Stellung):

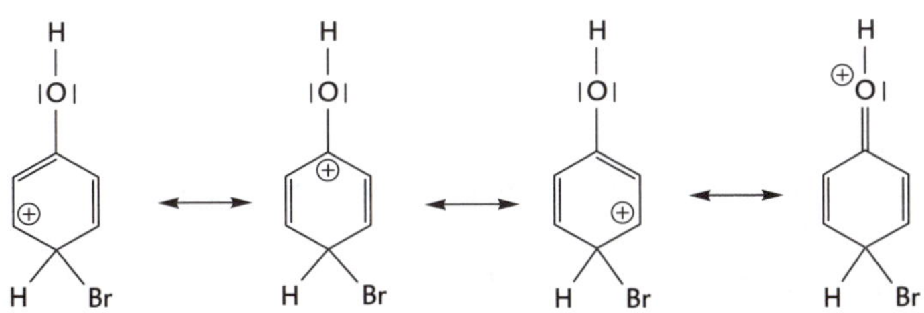

Nur wenn das Br^{+}-Ion in 1,2- bzw. 1,4-Stellung angreift, lassen sich für das Carbenium-Ion vier mesomere Grenzstrukturen formulieren, da sich nur dann ein freies Elektronenpaar der OH-Gruppe an der Mesomerie beteiligen kann. Da die Ausbildung dieser Carbenium-Ionen energetisch begünstigt ist, werden sie bevorzugt gebildet. Aus ihnen entsteht im letzten Reaktionsschritt durch Protonenabspaltung 2-Bromphenol bzw. 4-Bromphenol.

19. Wird von der Substanz kein Wellenlängenbereich des sichtbaren Spektrums absorbiert, so erscheint sie weiß bzw. farblos.

20. Für die Blaufärbung des Farbstoffgemisches kann es zwei unterschiedliche Ursachen geben:
    - Die Stoffe absorbieren oranges Licht. Die nicht absorbierten Wellenlängen erzeugen einen blauen Farbeindruck. Blau ist die Komplementärfarbe zu orange.
    - Die Stoffe absorbieren alle Wellenlängen des sichtbaren Lichts mit Ausnahme des blauen Spektralbereichs.

21. Ein Stoff erscheint schwarz, wenn er alle Spektralfarben des sichtbaren Lichts absorbiert.

22. **Mesomere Grenzstrukturen von Anilin:**

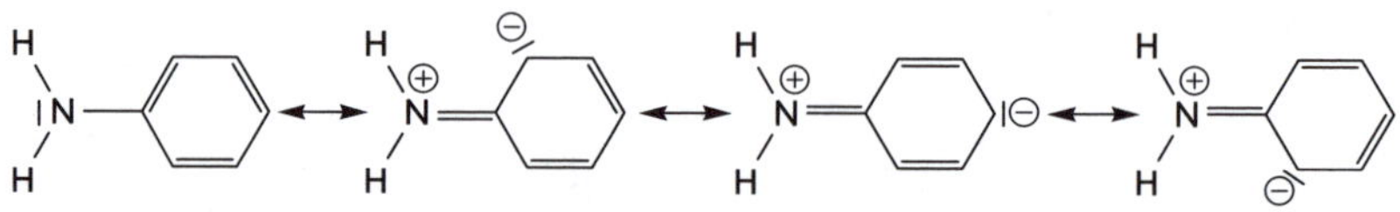

Die Aminogruppe des Anilins hat einen **+M-Effekt**. Das freie Elektronenpaar des Stickstoff-Atoms beteiligt sich am mesomeren System des aromatischen Rings und erhöht so dessen Elektronendichte.

Mesomere Grenzstrukturen von Nitrobenzol:

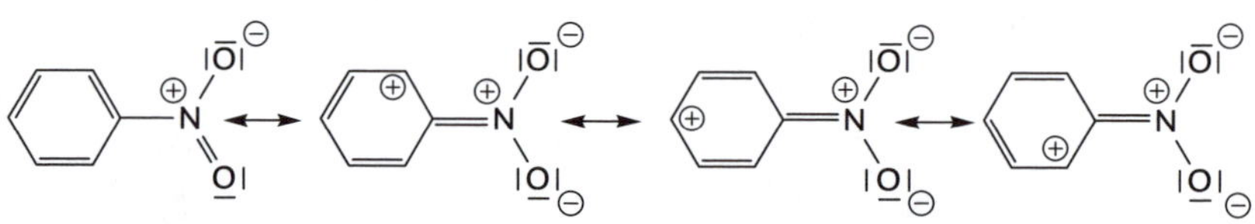

Die Nitrogruppe des Nitrobenzols hat einen **–M-Effekt**. Durch die elektronenziehende Wirkung wird dem mesomeren System des aromatischen Rings ein π-Elektronenpaar partiell entzogen und so dessen Elektronendichte erniedrigt.

23. In der Reihenfolge (3), (1), (2) verschiebt sich die Wellenlänge des absorbierten Lichts in den längerwelligen Bereich.
    Je größer das mesomere System in einer Verbindung ist, umso geringer ist die Energie, die zur π-Elektronenanregung benötigt wird, und umso längerwellig ist der Bereich, in dem sie absorbiert.

24. Verbindung (1) ist grün, da sich das mesomere System des Chromophors über das gesamte Molekül erstreckt. Die zur π-Elektronenanregung notwendige Energie ist umso kleiner, je ausgedehnter das mesomere System ist. Bei Verbindung (1) genügt daher die Energie des sichtbaren Lichts zur Anregung der Elektronen. Wird ein Teil des sichtbaren Spektrums absorbiert, so ist die Verbindung farbig.
Die mesomeren Systeme in Verbindung (2) werden durch die vierbindigen C-Atome der CH_2-Gruppen voneinander getrennt, sodass kein ausgedehntes System konjugierter Doppelbindungen existiert. Da die isolierten mesomeren Systeme nur klein sind, absorbieren sie im UV-Bereich. Verbindung (2) ist farblos.

25. a

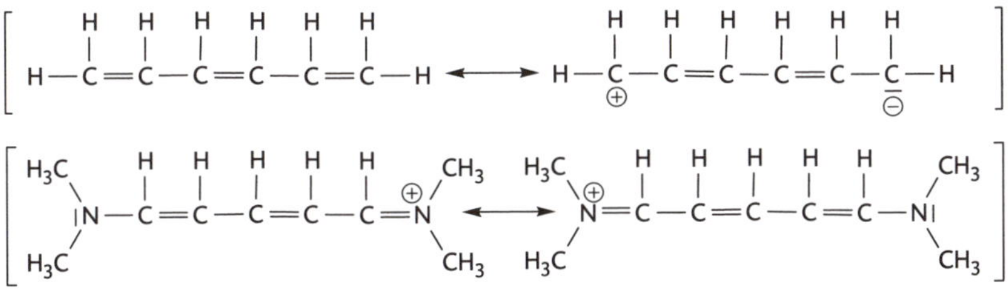

b Wenn bei gleichem Wert für n nur eine der angegebenen Verbindungen farbig ist, so muss es sich dabei um das Cyanin handeln, da dieses aufgrund seines Molekülbaus längerwelliges Licht als das Polyen absorbiert. Im Cyanin befindet sich an einem Molekülende eine auxochrome, am anderen Ende eine antiauxochrome Gruppe.

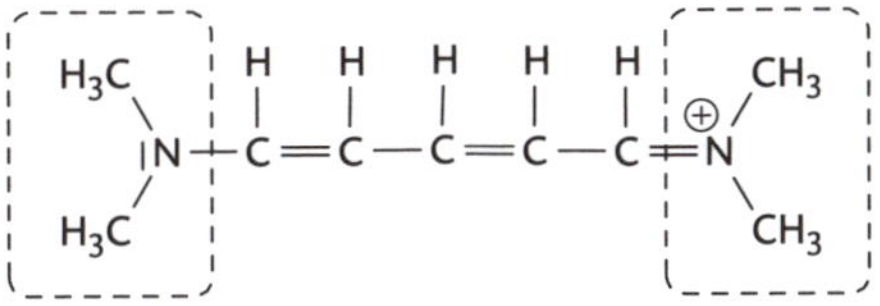

auxochrome Gruppe **antiauxochrome Gruppe**

Wie die angegebenen mesomeren Grenzstrukturen zeigen, lassen sich für Cyanin zwei energetisch gleichwertige Grenzstrukturen formulieren, was darauf hinweist, dass Auxo- und Antiauxochrom in hohem Maße mit dem Chromophor in Wechselwirkung treten können. Dies führt zu einem starken bathochromen Effekt, sodass die relativ kurzkettige Verbindung dennoch bereits sichtbares Licht absorbiert.
Im farblosen Polyen fehlen solche Gruppen, die einen bathochromen Effekt bewirken.

26. Verbindung M ist farbig. Über das gesamte Molekül erstreckt sich ein ausgedehntes mesomeres System. Die Dimethylaminogruppe wirkt als Auxochrom, die Dimethylimmoniumgruppe als Antiauxochrom. Zur Anregung von π-Elektronen reicht die Energie des sichtbaren Lichts, von dem bestimmte Wellenlängenbereiche absorbiert werden.
Im Benzol ist das mesomere System hingegen so klein, dass nur energiereiches UV-Licht absorbiert wird. (Bei UV-Licht handelt es sich um Strahlung, die kurzwelliger ist als sichtbares Licht.)
Auch Triphenylmethan absorbiert nur im UV-Bereich. Es besitzt mit den drei Phenylringen zwar drei mesomere Systeme, die jedoch nicht miteinander in Wechselwirkung treten können, da das verbindende Kohlenstoff-Atom vierbindig ist.

27. **Diazokomponente** | **Kupplungskomponente**

a
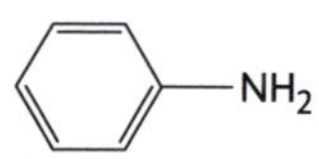

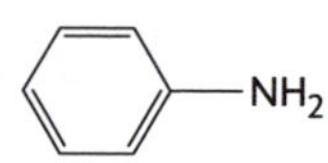

b
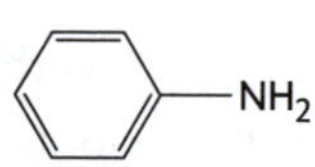

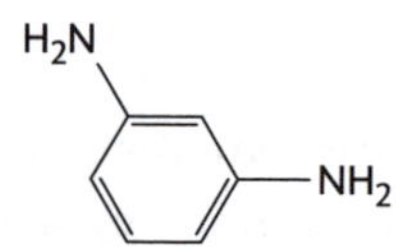

c
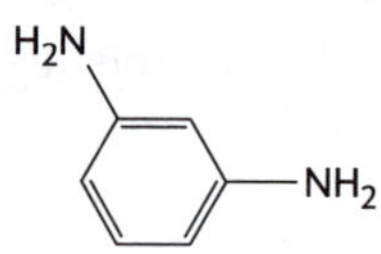

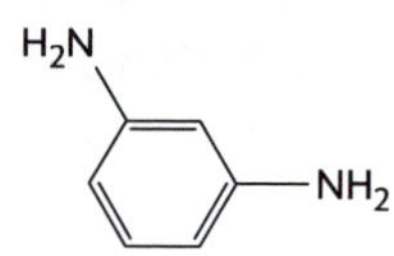

d
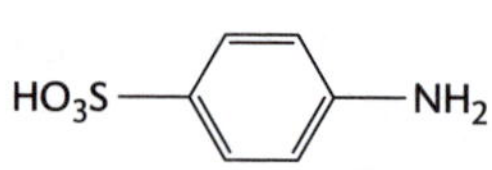

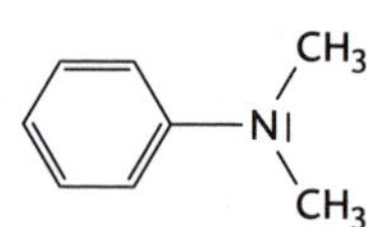

e
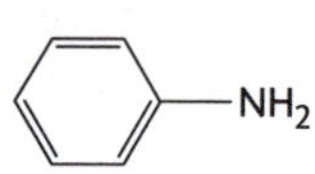

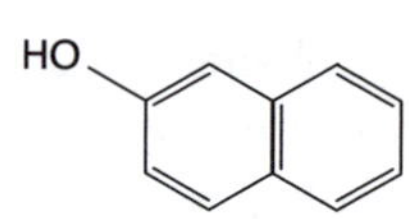

f
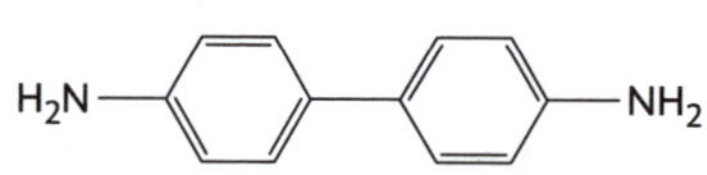

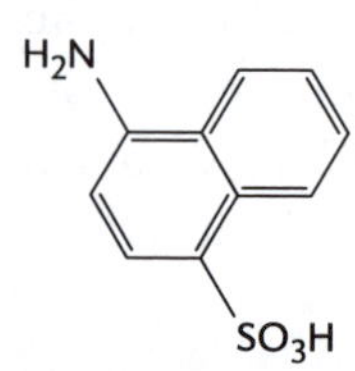

28. **Diazotierung von Anilin:** Im ersten Schritt bildet sich durch Reaktion von Anilin mit salpetriger Säure, die aus Natriumnitrit und Salzsäure hergestellt wird, ein Diazonium-Ion.

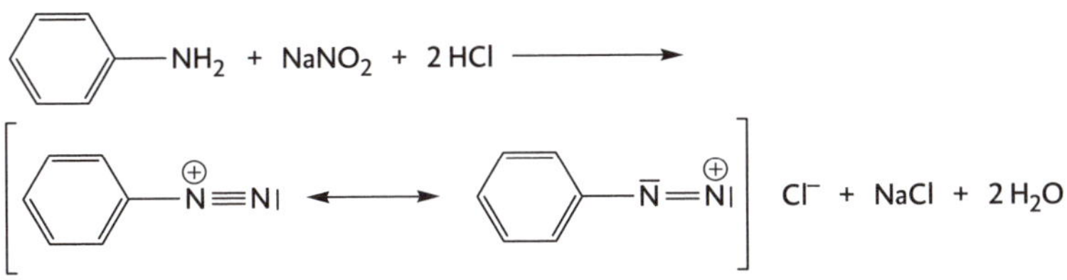

Diazonium-Ion

Azokupplung: Das Diazonium-Ion greift die Kupplungskomponente 1,3-Diaminobenzol elektrophil an. Nach der Abspaltung des Protons wird das aromatische System wiederhergestellt.

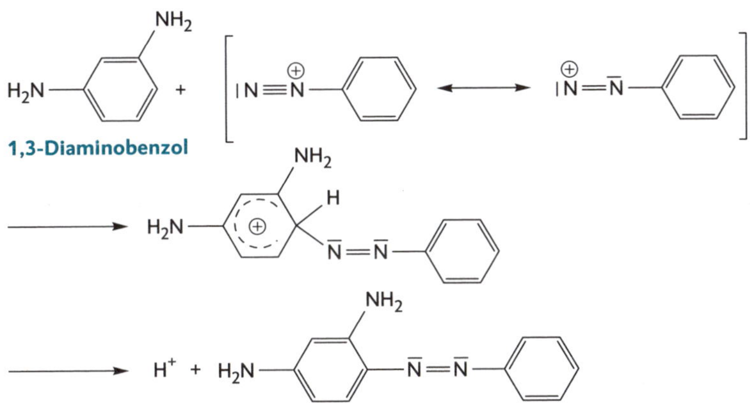

29. Steht als organischer Ausgangsstoff nur Anilin zur Verfügung, so lässt sich p-Aminoazobenzol (Anilingelb) herstellen.

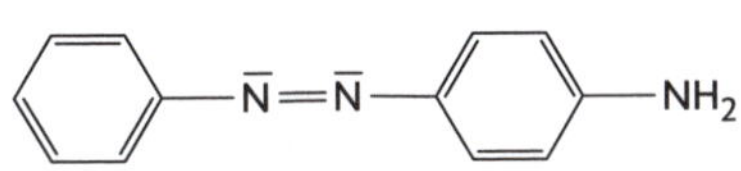

Als anorganische Substanzen werden Natriumnitrit und Salzsäure zur Herstellung von salpetriger Säure benötigt.

30. **Azokomponente:**

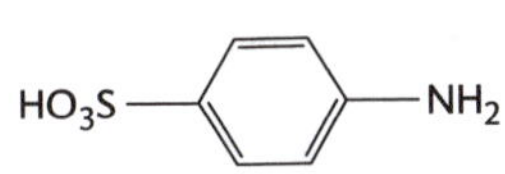

Sulfanilsäure

Kupplungskomponente:

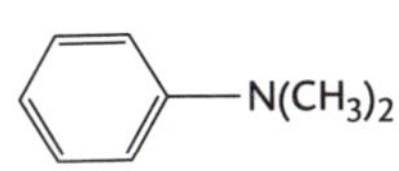

N,N-Dimethylanilin

31. **a** Die pH-Wert-Skala erstreckt sich von 0 bis 14. Der pH-Wert gibt an, ob eine Lösung sauer, basisch oder neutral reagiert. Eine neutrale Lösung hat den pH-Wert 7. Saure Lösungen haben pH-Werte < 7; sie reagieren umso stärker sauer, je kleiner der pH-Wert ist. Basische Lösungen haben pH-Werte > 7; sie reagieren umso basischer, je höher der pH-Wert ist.

b Dem farblosen Phenolphthalein ist Formel A zuzuordnen. Zwar sind auch in dieser Formel mit den drei Phenylringen drei mesomere Systeme enthalten, jedoch können diese nicht miteinander in Wechselwirkung treten. Da das verbindende C-Atom vierbindig ist, wird das System aus konjugierten Doppelbindungen unterbrochen.

c

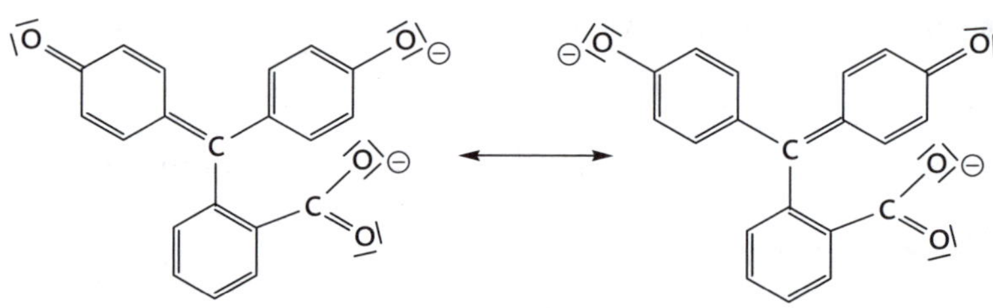

32. Chlorophyll absorbiert hauptsächlich im blauen und roten Wellenlängenbereich. Die reflektierten Lichtanteile des sichtbaren Spektrums ergeben die Mischfarbe Grün.

33. **a** Im Lycopin ist ein ausgedehntes mesomeres System (Chromophor) vorhanden. Die Verbindung absorbiert sichtbares Licht, dessen Energie ausreicht, um die π-Elektronen in den angeregten Zustand zu versetzen. Die nicht absorbierten Wellenlängen des sichtbaren Spektrums ergeben die Mischfarbe Rot.

b 11 konjugierte Doppelbindungen

c Brom reagiert mit Alkenen in einer elektrophilen Addition. Es kommt bei der Reaktion mit Brom formal zur Auflösung der Doppelbindung unter Bindung zweier Brom-Atome:

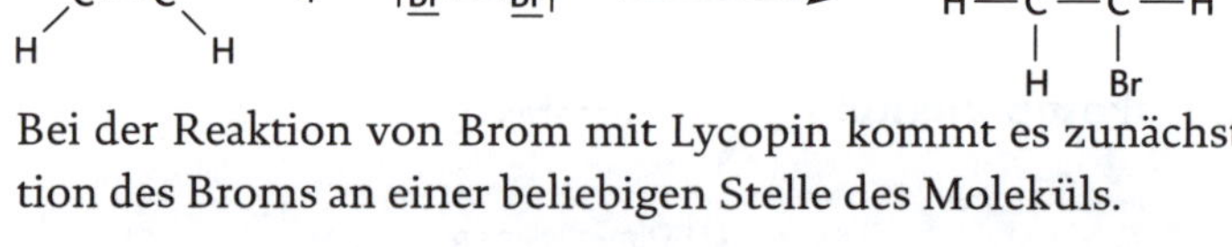

Bei der Reaktion von Brom mit Lycopin kommt es zunächst zur Addition des Broms an einer beliebigen Stelle des Moleküls.

Für die Addition des Broms wird dem delokalisierten π-Elektronensystem ein Elektronenpaar entzogen. Unter Anlagerung je eines Brom-Atoms kommt es an dieser Stelle zur Ausbildung zweier vierbindiger C-Atome, d. h., das mesomere π-Elektronensystem wird hier unterbrochen. Durch Addition von Brom an anderen Stellen entstehen weitere Unterbrechungen des mesomeren Systems; im Extremfall sind alle π-Elektronen für die Bindung von Brom genutzt.

z. B.

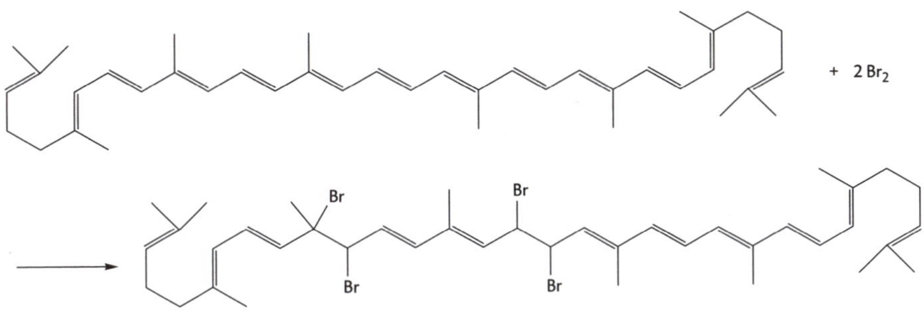

Bei den fortschreitend kleiner werdenden Chromophoren verschiebt sich die Absorption zunehmend in den kurzwelligen Bereich. Absorbieren die Moleküle im UV-Bereich, ist die Lösung entfärbt.

34. Atombindungen: Sowohl der Farbstoff als auch die Faser enthalten Gruppen, die unter Ausbildung von Atombindungen miteinander reagieren können.

Ionenbindungen: Farbstoff und Faser enthalten entgegengesetzt geladene Gruppen, zwischen denen sich elektrostatische Anziehungskräfte ausbilden.

Van-der-Waals-Kräfte: Bilden sich zwischen den unpolaren Molekülteilen von Farbstoff und Faser aus.

35. a $H_2C{=}CH_2$
Ethen

b $HOOC-(CH_2)_4-COOH$
Hexandisäure

$OH-(CH_2)_6-OH$
Hexandiol

c $H_2N-(CH_2)_6-NH_2$
1,6-Diaminohexan

$HOOC-(CH_2)_4-COOH$
Hexandisäure

d $H_2C{=}CHCl$
Monochlorethen

e $F_2C{=}CF_2$
Tetrafluorethen

f $\langle O{=}C{-}\overline{N}{-}(CH_2)_6{-}\overline{N}{-}C{=}O\rangle$ $HO{-}(CH_2)_4{-}OH$
Hexan-1,6-diisocyanat **Butan-1,4-diol**

36.

Radikalische Polymerisation	Polykondensation
Monomere enthalten eine C = C-Doppelbindung	Monomere sind (mindestens) bifunktionell
Ablauf: • Startradikale werden von einem Initiatormolekül zur Verfügung gestellt. • Startreaktion: Das Initiatorradikal greift das Monomer unter erneuter Radikalbildung an. • Wachstumsreaktion: Das gebildete Radikal greift ein weiteres Monomer an, wobei ein neues Radikal mit verlängertem Kohlenstoffgerüst entsteht; die Wachstumsreaktionen wiederholen sich vielfach. • Kettenabbruchsreaktion: Durch Rekombination oder Disproportionierung	Ablauf: Stufenweise Zusammenlagerung der Monomere unter Abspaltung niedermolekularer Nebenprodukte
Da keine Reaktionsnebenprodukte entstehen, hat das Monomer das gleiche Atomzahlenverhältnis wie das Polymer.	Da kleine Moleküle abgespalten werden, unterscheidet sich das Atomzahlenverhältnis von Polymer und Monomer.

37. natürliche Makromoleküle: **Proteine, Polysaccharide** (vgl. S. 122, 136)
Proteine sind aus α-Aminocarbonsäuren aufgebaut, die durch Peptidbindungen miteinander verknüpft sind.
Die Monomerbausteine von Polysacchariden sind Monosaccharide; sie sind durch glykosidische Bindungen miteinander verknüpft (z. B. Amylose aus α-1,4-glykosidisch verknüpften Glucosebausteinen).

38. a Beide Kunststoffe werden durch **Polykondensation** gebildet.

b (A) 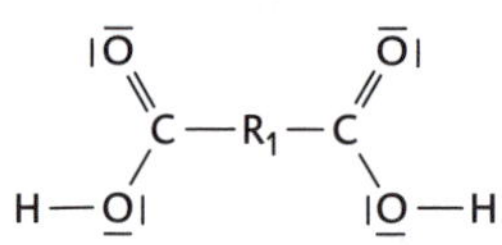

$H{-}\overline{\underline{O}}{-}R_2{-}\overline{\underline{O}}{-}H$

Diol

Dicarbonsäure

(B) 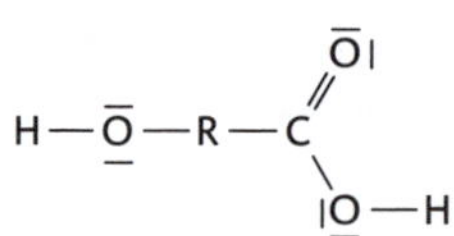

Hydroxycarbonsäure

Kunststoff **(A)** entsteht durch Polykondensation zweier bifunktioneller Monomere, die jeweils zwei gleichartige funktionelle Gruppen enthalten.
Am Aufbau von Kunststoff **(B)** ist nur ein Monomer beteiligt, das zwei unterschiedliche funktionelle Gruppen enthält.

39. charakteristisches Strukturmerkmal eines Polyesters:

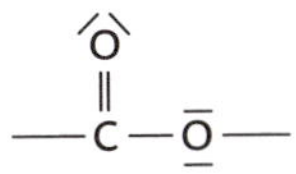

Esterbindung

Esterbindungen kommen auch in Fetten vor.

charakteristisches Strukturmerkmal eines Polyamids:

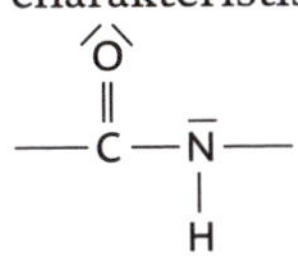

Säureamidbindung

Dieser Bindungstyp kommt ebenfalls in Peptiden bzw. Proteinen vor, wird hier jedoch meist als Peptidbindung bezeichnet.

40. Bei der Polykondensation bilden sich Dimere und durch Reaktion mit weiteren Monomeren Tri-, Oligo- und kurzkettige Polymere. Die Zahl der noch vorhandenen Monomere nimmt dabei ab.

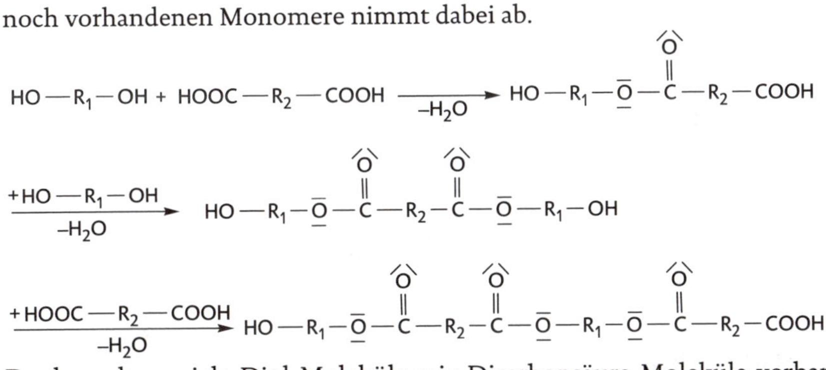

Da doppelt so viele Diol-Moleküle wie Dicarbonsäure-Moleküle vorhanden sind, ist es wahrscheinlicher, dass relativ kurzkettige Polykondensationsprodukte entstehen, die an beiden Molekülenden eine OH-Gruppe tragen. Diese kurzkettigen Polymere können sich nun wegen der gleichartigen funktionellen Endgruppen nicht in einer Kondensationsreaktion miteinander verbinden. Es ist also zu erwarten, dass die durchschnittliche Länge der Makromoleküle bei einem Molverhältnis von 2 : 1 geringer ist als bei einem Molverhältnis von 1 : 1.

41. 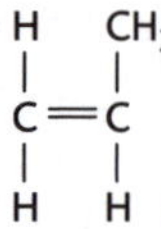

Propen

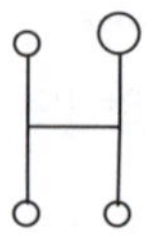

schematische Darstellung

Anordnungsmöglichkeiten im Polypropylen:

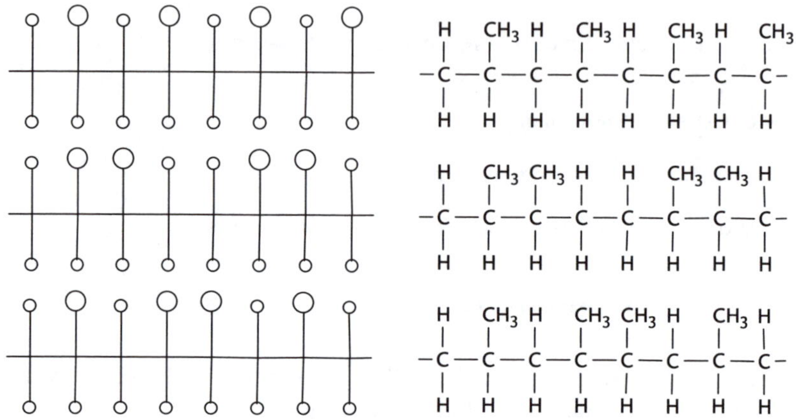

42. 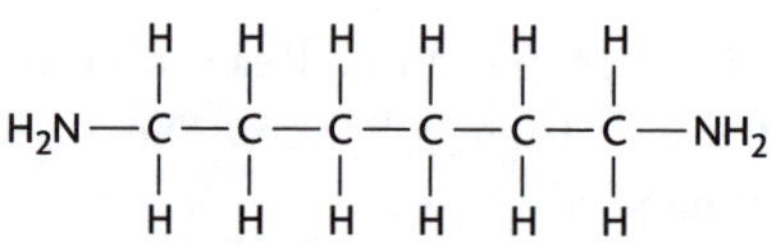

1,6-Diaminohexan

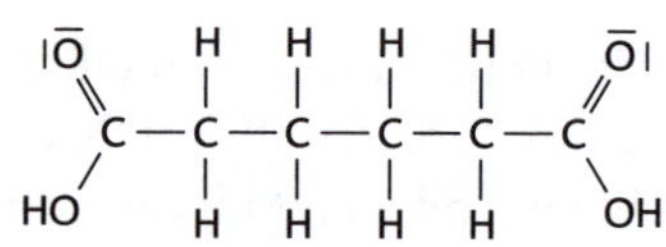

Hexandisäure

43. Radikalische Polymerisation

Bildung von Startradikalen:

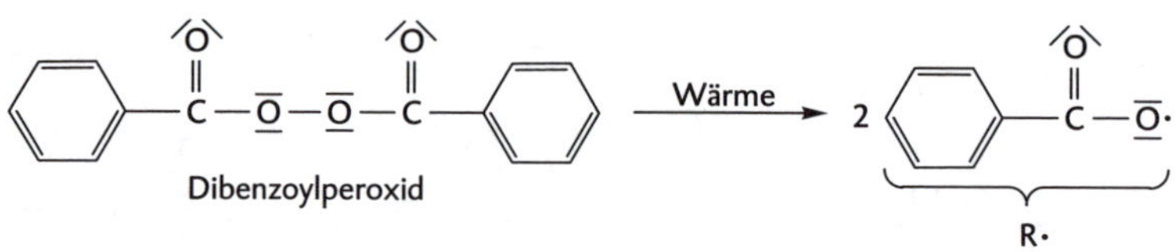

Startreaktion:

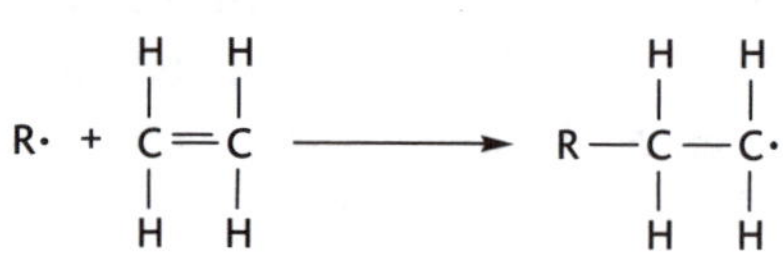

Wachstumsreaktion:

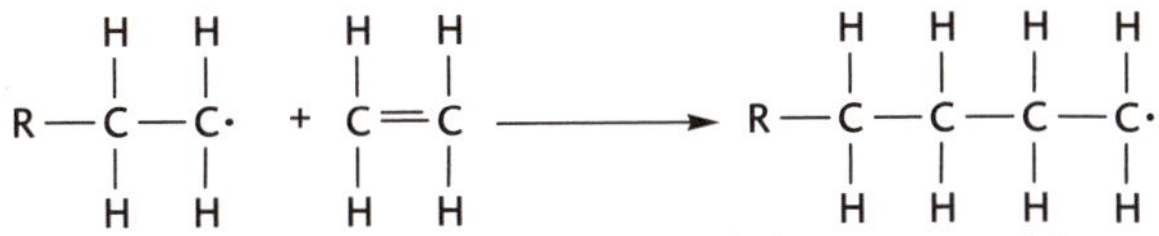

Weitere Wachstumsreaktionen führen zur Bildung von Makromolekülen.

Kettenabbruchsreaktion:

- durch Rekombination zweier Radikale

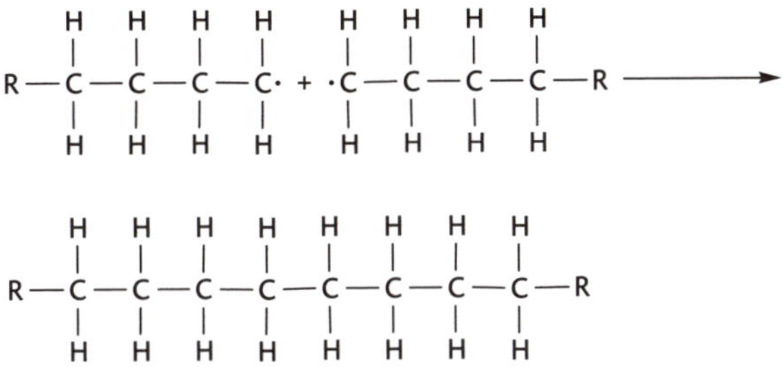

- durch Disproportionierung

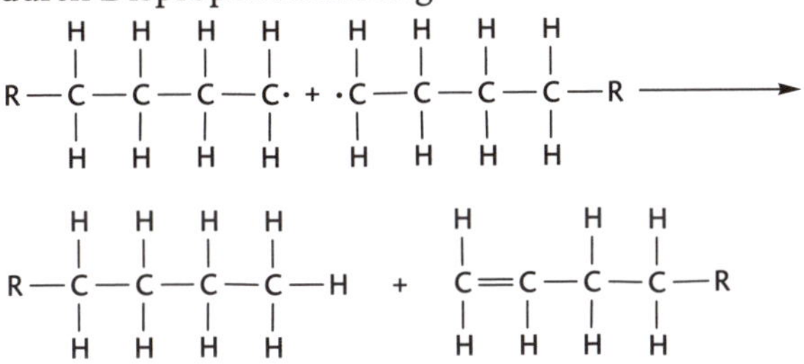

44. Wird durch ein Radikal eine C–H-Bindung innerhalb der Kohlenstoffkette eines bereits gebildeten Polymerisationsprodukts angegriffen, so kommt es zur Ausbildung einer Verzweigung.

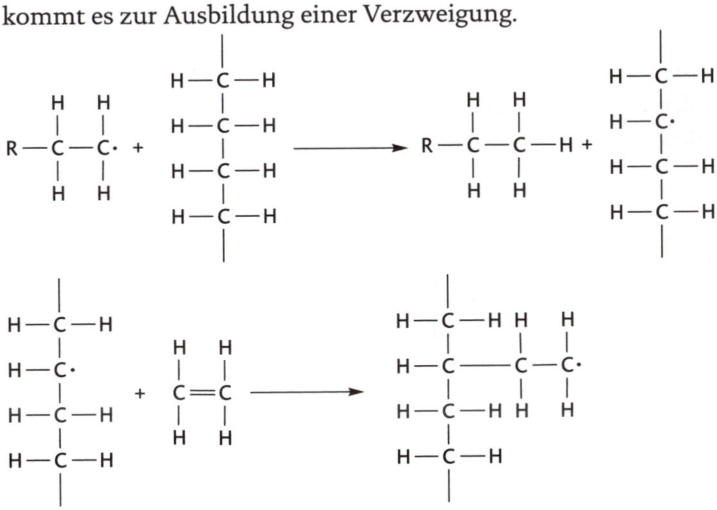

45. alternierendes Copolymer:

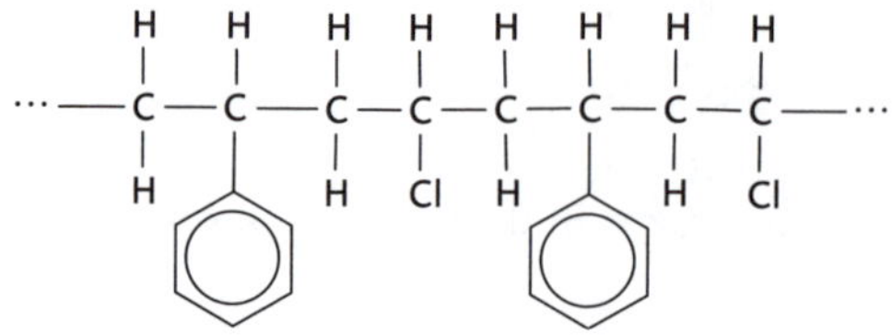

statistisches Copolymer:

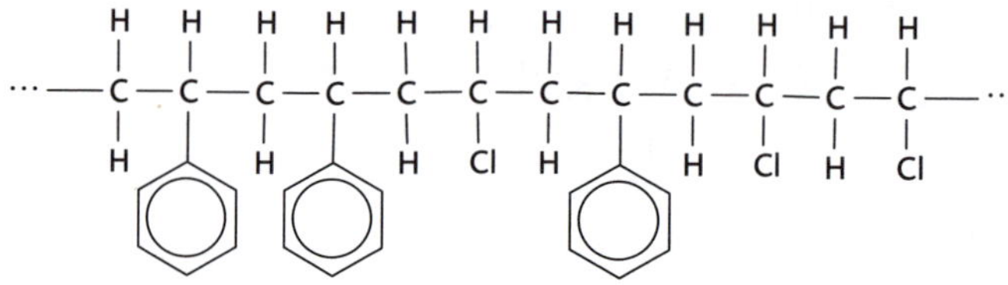

46. Repetiereinheit:

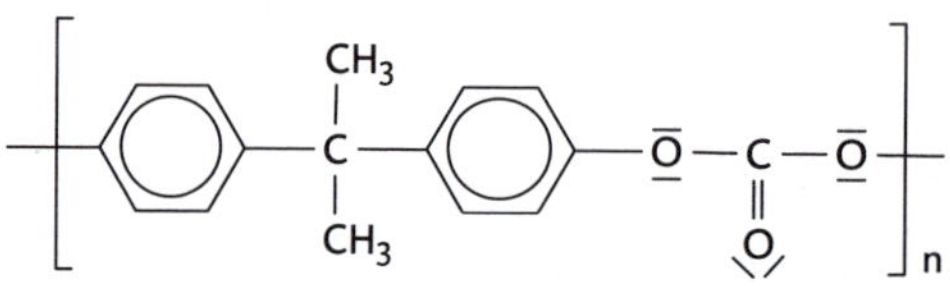

Bei der Polykondensation entsteht **Wasserstoffchlorid** als Nebenprodukt.

47. $H-\overline{\underline{O}}-CH_2-CH_2-\overline{\underline{O}}-H$

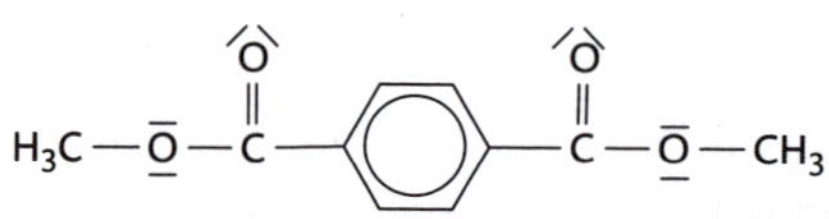

48. **Thermoplast**
Makromoleküle werden nur durch Sekundärbindungskräfte zusammengehalten.

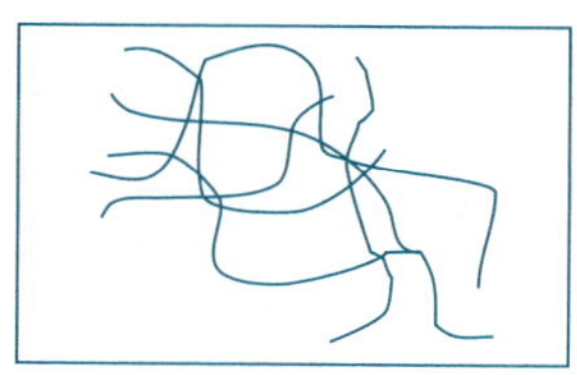

Duroplast
Makromoleküle sind über Atombindungen engmaschig miteinander verknüpft.

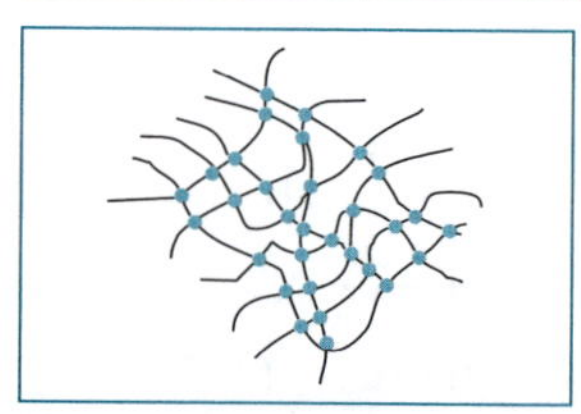

Elastomer
Makromoleküle sind über Atombindungen weitmaschig miteinander verknüpft.

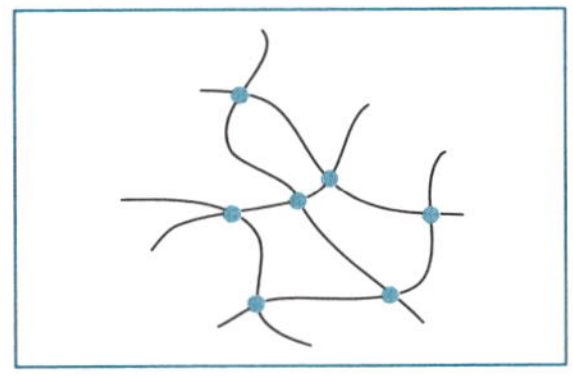

49. Um einen thermoplastischen Kunststoff herzustellen, geht man von **bifunktionellen** Monomeren aus, z. B. Ethandiol und Butandisäure.

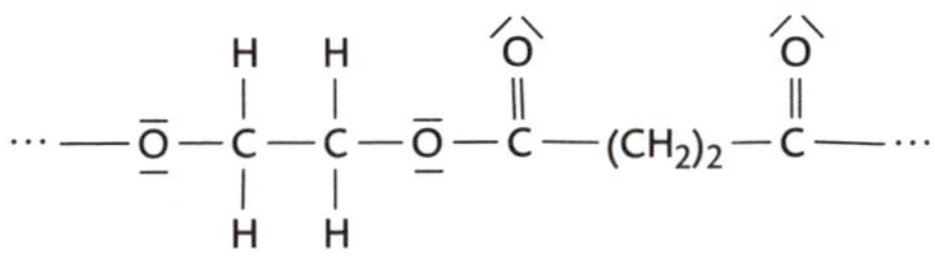

Ersetzt man einen der bifunktionellen Ausgangsstoffe durch ein trifunktionelles Monomer, z. B. Ethandiol durch Propantriol (Glycerin), entsteht ein räumlich vernetzter Duroplast.

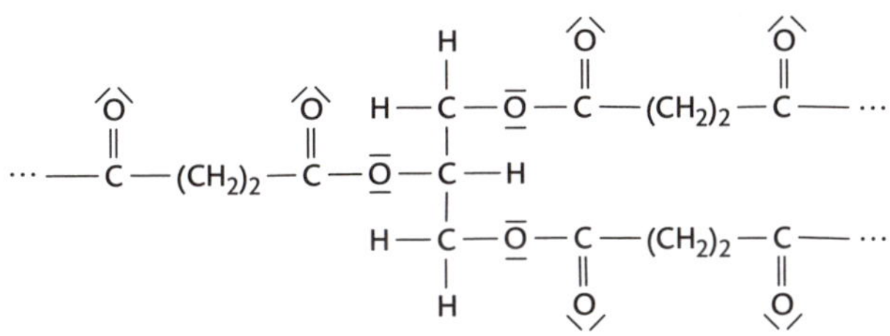

Der thermoplastische Kunststoff erweicht beim Erwärmen. Dies ist darauf zurückzuführen, dass die intermolekularen Anziehungskräfte durch die zugeführte Energie teilweise überwunden werden und so Makromoleküle bzw. Molekülabschnitte aneinander vorbeigleiten können. Bei Erreichen des Zersetzungstemperaturbereichs werden Atombindungen innerhalb der Makromoleküle gespalten und der Kunststoff zersetzt sich.
Der Duroplast erweicht nicht. In der dreidimensional vernetzten Kunststoffprobe werden beim Erwärmen Molekülabschnitte nicht verschiebbar, da sie durch Atombindungen miteinander verknüpft sind. Mit Erreichen des Zersetzungstemperaturbereichs erfolgt auch hier Zersetzung.

50. **Fett:** Glycerinester langkettiger Monocarbonsäuren
fettes Öl: Während man unter dem Begriff „Fett" meist die Fette versteht, die bei Raumtemperatur fest sind, nennt man Fette, die bei Raumtemperatur flüssig sind, fette Öle.

Triglycerid: Gleichbedeutend mit dem Begriff „Fett", beschreibt jedoch den Aufbau des Fett-Moleküls. Ein Triglycerid bildet sich, wenn alle drei Hydroxygruppen des Glycerins mit Monocarbonsäuren verestert werden.
Seife: Alkalisalze langkettiger Monocarbonsäuren
Ester: Stoffe, die neben Wasser bei der Reaktion eines Alkohols mit einer Carbonsäure entstehen.

Charakteristisches Strukturmerkmal der Ester: 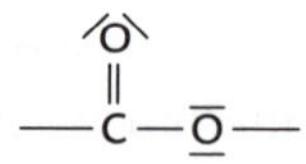

51. Gesättigte Fettsäuren sind langkettige Monocarbonsäuren, bei denen sämtliche Kohlenstoff-Atome im Alkylrest durch Einfachbindungen verknüpft sind. Bei ungesättigten Fettsäuren treten im Alkylrest zwischen den Kohlenstoff-Atomen neben Einfach- auch Doppelbindungen auf.

52. a

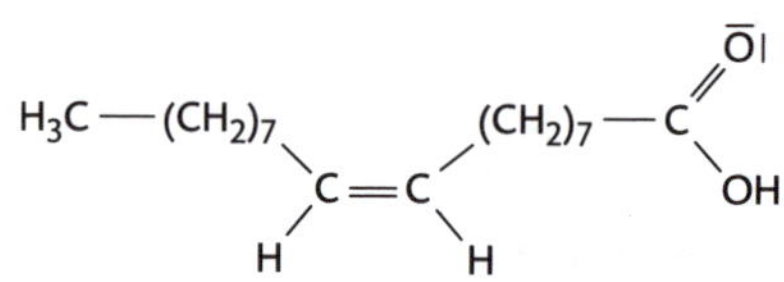

Z-Octadeca-9-ensäure

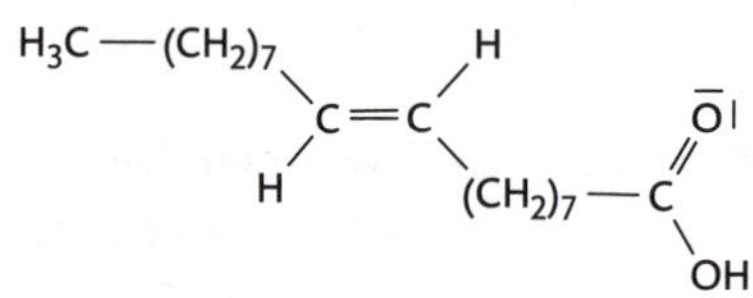

E-Octadeca-9-ensäure

b Im Alkylrest gesättigter Fettsäuren sind alle C-Atome durch Einfachbindungen verknüpft. Da diese rotationssymmetrisch sind und somit freie Drehbarkeit um die C–C-Verbindungsachse erlauben, gibt es keine bei Raumtemperatur beständigen Konfigurationen, sondern nur verschiedene räumliche Anordnungen, die sich jedoch bei Raumtemperatur ineinander umwandeln können (Konformationen).

53. Stearinsäure (Octadecansäure) ist eine Monocarbonsäure mit 18 Kohlenstoff-Atomen. Folglich können alle ungesättigten Fettsäuren, die ebenfalls 18 Kohlenstoff-Atome enthalten, durch katalytische Hydrierung in Stearinsäure umgewandelt werden.

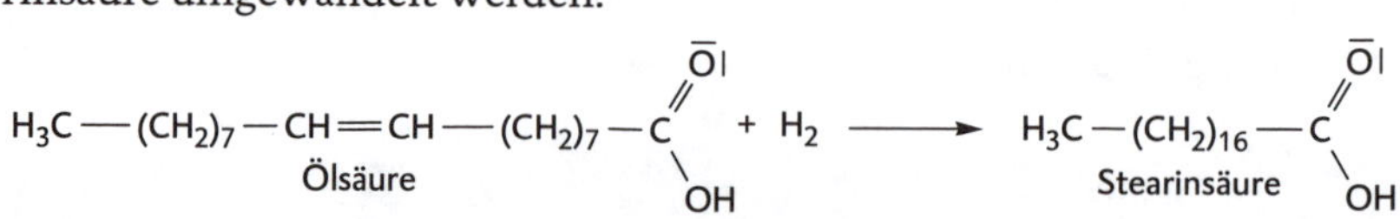

54. A Hexadecansäure Palmitinsäure
B Octadecansäure Stearinsäure
C Octadeca-9-ensäure Ölsäure
D Butansäure Buttersäure
E Z-Octadeca-9-ensäure Z-Ölsäure

55. Bei Mineralölen handelt es sich um ein Gemisch aus langkettigen Kohlenwasserstoffen, bei fetten Ölen um Glycerinester langkettiger (überwiegend ungesättigter) Monocarbonsäuren.

56. Natürlich vorkommende Fette sind in der Regel keine Reinstoffe, sondern ein Gemenge verschiedener Fettsorten. Die Moleküle dieser Fettsorten unterscheiden sich in der Art der gebundenen Fettsäurereste. Wenn die Fettprobe unterschiedliche Fett-Moleküle enthält, hat das Fett keinen exakten Schmelzpunkt, sondern einen breiteren Schmelzbereich.

57. Bei zu hohen Temperaturen werden C–C-Bindungen innerhalb der Fett-Moleküle gespalten; es wird Kohlenstoff freigesetzt und das Fett verkohlt.

58. Fett A enthält ausschließlich gesättigte Fettsäurereste und schmilzt daher bei höheren Temperaturen als Fett B, das nur Reste ungesättigter Fettsäuren enthält. Die natürlich vorkommenden ungesättigten Fettsäuren besitzen an der Doppelbindung stets Z-Konfiguration, was eine Krümmung der Moleküle an dieser Stelle und damit einen sperrigen Bau zur Folge hat. Die Moleküle können sich nur schlecht einander annähern, sodass die Van-der-Waals-Kräfte sehr gering sind. Der Schmelzpunkt von Fett B ist daher niedrig.
Die Moleküle von Fett A können sich wegen des regelmäßigen Baus der Fettsäurereste hingegen gut zu einem Kristallgitter zusammenschließen. Um die Moleküle gegeneinander verschiebbar zu machen, sind stärkere zwischenmolekulare Anziehungskräfte zu überwinden; der Schmelzpunkt liegt höher.

59. Um den Fleck aus dem Gewebe zu entfernen, muss das Fett von dem Fleckentfernungsmittel herausgelöst werden. Reinigungsbenzin eignet sich dazu besser als Brennspiritus.
Die Ethanol-Moleküle des Brennspiritus bestehen aus dem kurzen unpolaren Ethylrest und der polaren Hydroxygruppe. Mit dem weitgehend unpolaren Fett können die Ethanol-Moleküle nur über den kurzen Ethylrest

durch Van-der-Waals-Kräfte in Wechselwirkung treten. Die dabei frei werdende Energie ist geringer als die Energie, die zur Trennung der Fett- bzw. der Alkohol-Moleküle aufgewendet werden müsste.
Reinigungsbenzin ist ein Gemisch aus längerkettigen unpolaren Kohlenwasserstoffen. Diese unpolaren Moleküle können über Van-der-Waals-Kräfte sehr gut mit den überwiegend unpolaren Fett-Molekülen in Wechselwirkung treten. Die zur Trennung der Benzin- bzw. Fett-Moleküle notwendige Energie wird dabei zurückgewonnen. Die Fett-Moleküle werden solvatisiert (von einer Lösungsmittelhülle umgeben) und vom Gewebe abgelöst.

60. Die Verseifungszahl ist die Menge Kaliumhydroxid in mg, die gebraucht wird, um 1 g Fett zu verseifen.
Ein natürliches Fett stellt in der Regel ein Gemisch verschiedener Triglyceride dar, für die man eine durchschnittliche Molekülmasse angeben kann. Je geringer diese durchschnittliche Molekülmasse ist, umso mehr Fett-Moleküle sind in 1 g Fett enthalten. Da in allen Fett-Molekülen der Glycerinrest gleich ist, sind die Unterschiede in der durchschnittlichen Molekülmasse auf eine unterschiedliche Durchschnittskettenlänge der Fettsäurereste zurückzuführen.
In jedem Fett-Molekül werden bei der Verseifung unter Verbrauch von Kaliumhydroxid drei Esterbindungen gespalten. Der Verbrauch an Kaliumhydroxid wird also umso höher sein, je geringer die mittlere Kettenlänge der Fettsäurereste ist.
Es gilt: Je kleiner die durchschnittliche Kettenlänge der Fettsäurereste,
- umso mehr Fett-Moleküle sind in 1 g Fett enthalten,
- umso mehr Esterbindungen sind zu spalten,
- umso mehr Kaliumhydroxid wird zur Verseifung von 1 g Fett verbraucht,
- umso höher ist die Verseifungszahl.

61. a Unter der Jodzahl versteht man die Menge Jod in g, die an 100 g des untersuchten Fetts addiert werden kann. Das Jod wird dabei an die Doppelbindungen ungesättigter Fettsäurereste addiert. Je höher die Jodzahl, umso mehr Doppelbindungen sind in den Fett-Molekülen enthalten, umso ungesättigter ist also das Fett.
Ordnet man nach zunehmend ungesättigtem Charakter, so ergibt sich folgende Reihenfolge: Fett B, Fett A, Fett C.

b Die Verseifungszahl entspricht der Menge Kaliumhydroxid in mg, die benötigt wird, um 1 g Fett zu verseifen.
Je kleiner die durchschnittliche Kettenlänge der Fettsäurereste,

- umso mehr Fett-Moleküle sind in 1 g Fett enthalten,
- umso mehr Esterbindungen sind zu spalten,
- umso mehr Kaliumhydroxid wird zur Verseifung von 1 g Fett verbraucht,
- umso höher ist die Verseifungszahl.

Ordnet man nach zunehmender mittlerer Länge der gebundenen Fettsäurereste, so ergibt sich folgende Reihenfolge: Fett B, Fett C, Fett A.

62.

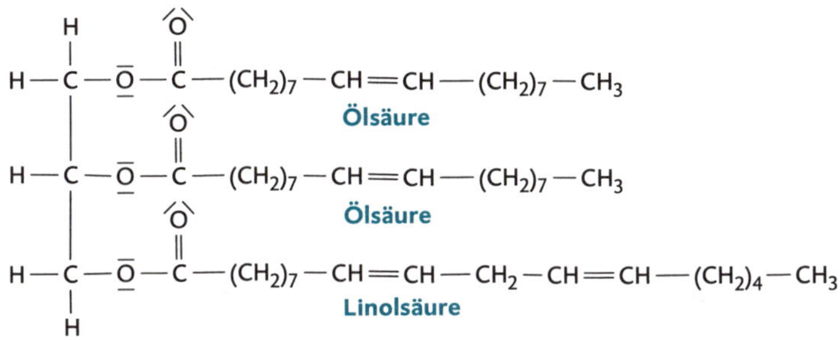

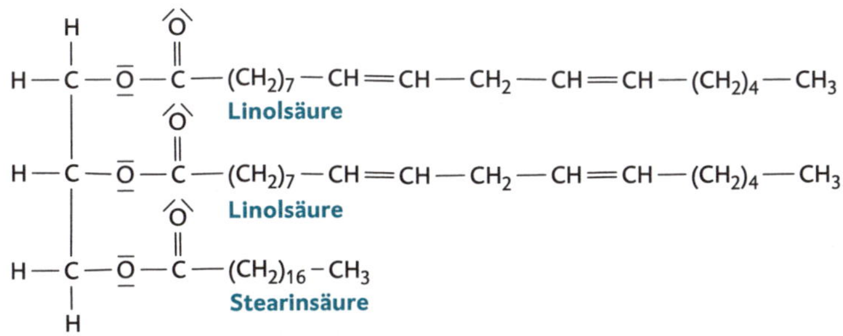

63. In Reagenzglas 1 bildet sich eine Emulsion aus Öl und Wasser. Die polaren Wasser-Moleküle können mit den überwiegend unpolaren Fett-Molekülen nicht in ausreichendem Maße in Wechselwirkung treten; das Öl löst sich daher nicht in Wasser.
Kocht man das Öl mit Natronlauge, so wird das Öl verseift und dabei in Glycerin und Fettsäure-Anionen gespalten. Glycerin-Moleküle können über ihre OH-Gruppen, die Fettsäure-Anionen über die negativ geladenen Carboxylatgruppen mit den Wasser-Molekülen vergleichsweise starke Wechselwirkungen ausbilden; in Reagenzglas 2 befindet sich nach der Verseifung des Öls eine Lösung.

64. Das Öl lässt sich durch Hydrierung an einem Nickelkatalysator in ein festes Fett überführen. Dabei lagert sich in der Hitze bei Überdruck Wasserstoff an die Doppelbindungen der ungesättigten Fettsäurereste.

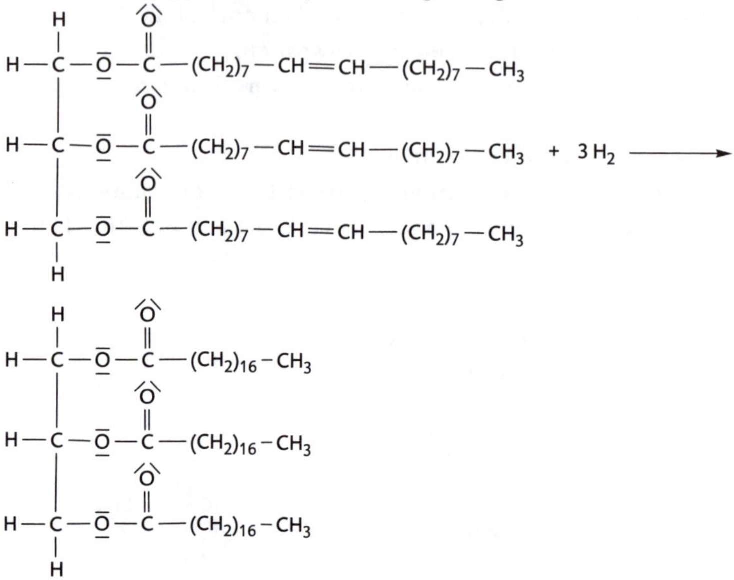

65. Aus dem Wasserstoffverbrauch ergibt sich, dass die Fettsäurereste des Fetts insgesamt fünf Doppelbindungen enthalten.

a mögliche Strukturformel:

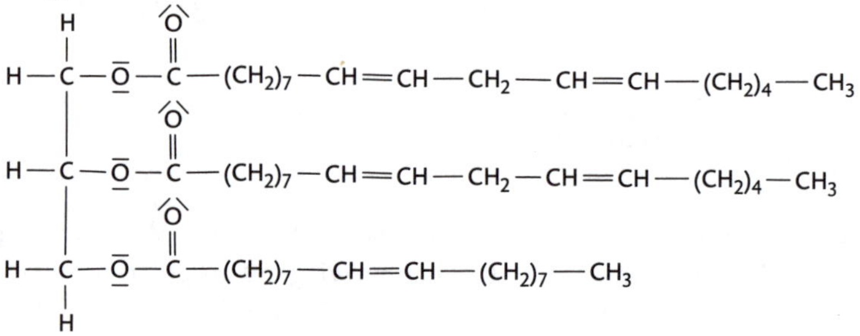

b Das Fett besitzt stark ungesättigten Charakter und ist daher bei Raumtemperatur flüssig; es handelt sich um ein Öl. Aufgrund der Z-Konfiguration an den Doppelbindungen ergibt sich ein sperriger Molekülbau, der verhindert, dass die Fett-Moleküle eng beieinanderliegen können. Die Van-der-Waals-Kräfte zwischen den Fett-Molekülen sind daher gering, weshalb die Moleküle bereits bei Raumtemperatur leicht gegeneinander verschiebbar sind.

c Tetrachlormethan ist ein unpolares Lösungsmittel. Da der Schwerpunkt der negativen Teilladungen (an den Cl-Atomen) mit der positiven Teilladung (am C-Atom) zusammenfällt, hat das tetraedrisch gebaute CCl_4-Molekül keinen Dipolcharakter. Die unpolaren Lösungsmittel-Moleküle können mit den Fett-Molekülen in Wechselwirkung treten und sie solvatisieren. Das Fett löst sich.

66. Die Lösung von Natriumstearat reagiert basisch und färbt daher die Lackmuslösung blau. Das Stearat-Ion ist die korrespondierende Base zur schwachen Stearinsäure und somit ausreichend stark, um Wasser-Molekülen in einer Gleichgewichtsreaktion Protonen zu entziehen. Die entstehenden Hydroxid-Ionen bedingen die basische Reaktion der Lösung.

67. Seifen werden hergestellt, indem man Fette in Gegenwart von Laugen erhitzt. Dabei werden die Esterbindungen gespalten und es entstehen Glycerin und Seifen, die Alkalisalze der Fettsäuren.

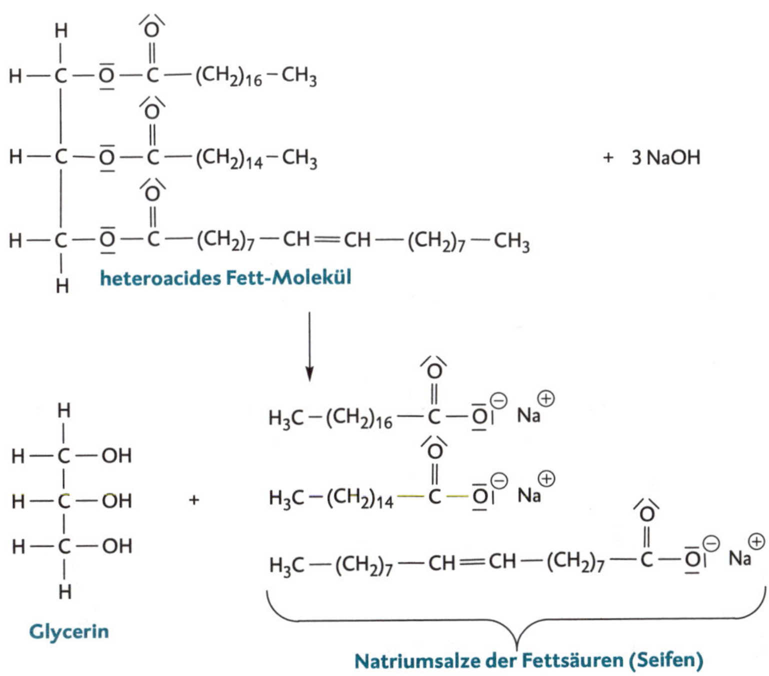

68. In hartem Wasser befinden sich Ca^{2+}- und Mg^{2+}-Ionen, die Seifen als schwer lösliche Kalk- oder Magnesiumseifen ausfällen. Die ausgefällten Seifen können keine Waschwirkung mehr entfalten, sodass man, um die gleiche Waschwirkung wie in weichem Wasser zu erreichen, mehr Seife benötigt.

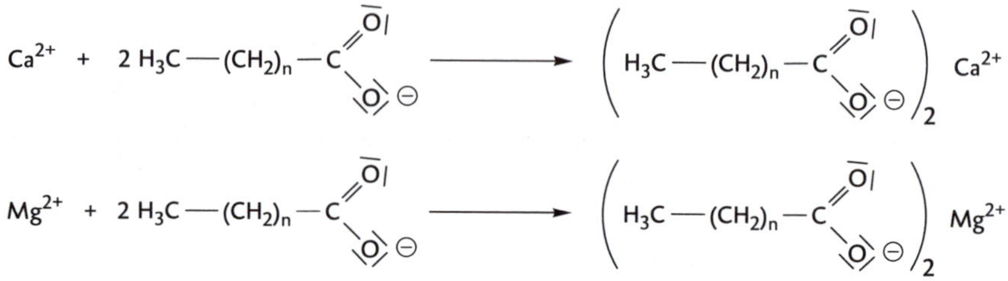

69. In der wässrigen Lösung des Natriumsalzes der Octadecansäure verfärbt sich Phenolphthalein rotviolett; die Lösung reagiert basisch. Die zur schwachen Octadecansäure korrespondierende Base, das Octadecansäure-Anion, ist eine vergleichsweise starke Base, die dem Wasser in einer Gleichgewichtsreaktion Protonen entziehen kann. Die gebildeten Hydroxid-Ionen bewirken die basische Reaktion.

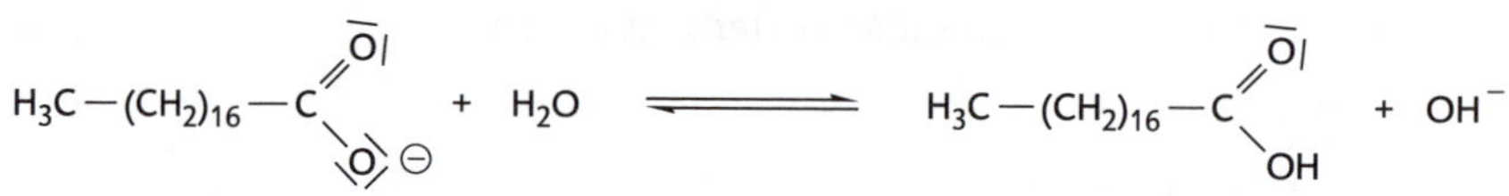

Bei Säurezugabe wird die Lösung zunächst neutralisiert und dann angesäuert. In stark saurer Lösung bildet sich in einer Gleichgewichtsreaktion die wasserunlösliche Octadecansäure. Die ausfallende Fettsäure bewirkt eine weiße Trübung der Lösung.

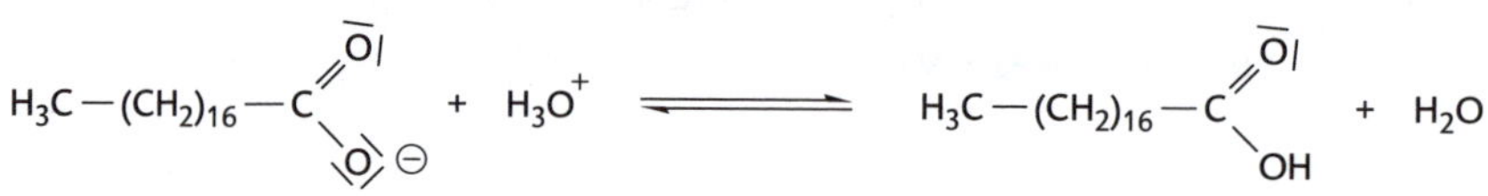

70. Grenzflächenaktive Stoffe sind gekennzeichnet durch einen amphiphilen Molekülbau, d. h., sie enthalten einen hydrophoben (meist ein langer Alkyl- oder Alkylbenzolrest) und einen hydrophilen Teil.

71. Anionische Tenside tragen in ihrem hydrophilen Teil eine negative Ladung. Tenside sind grundsätzlich amphiphil gebaut. Während es sich bei dem hydrophoben Molekülteil stets um einen langkettigen Kohlenwasserstoffrest handelt, kann die hydrophile Gruppe variieren.

Um mit Wasser in Wechselwirkung treten zu können, muss sie entweder geladen sein oder polare Gruppen enthalten.

Neben anionischen Tensiden gibt es

- **kationische Tenside** mit einer positiv geladenen hydrophilen Gruppe,
- **nichtionische Tenside** mit polaren Gruppen in der hydrophilen Gruppe,
- **amphotere Tenside** mit einer positiven und einer negativen Ladung in der hydrophilen Gruppe (zwitterionische Gruppe).

72. Lässt man Calciumchloridlösung zu einer Seifenlösung tropfen, so kann man die Ausfällung weißer, unlöslicher Kalkseife beobachten.

$$R{-}COO^- + Ca^{2+} \longrightarrow Ca^{2+}(RCOO^-)_2 \downarrow$$ R = langkettiger Alkylrest

Alkylbenzolsulfonate bilden mit Calcium-Ionen keine schwer löslichen Salze, sodass auch keine Ausfällung zu beobachten ist.

73. **Emulsionen** sind Gemische zweier Flüssigkeiten, die nicht ineinander löslich sind (z. B. Öl und Wasser). Beim Schütteln eines Öl-Wasser-Gemisches wird das Öl vorübergehend in kleine Tröpfchen zerteilt. Die Emulsion entmischt sich jedoch wieder und das spezifisch leichtere Öl schwimmt auf dem Wasser.
Eine **Suspension** ist eine Aufschlämmung eines fein verteilten unlöslichen Feststoffs in einer Flüssigkeit. Lässt man die Suspension stehen, setzt sich der Feststoff mit der höheren Dichte am Boden ab.
Tenside sind in der Lage, Emulsionen bzw. Suspensionen hydrophober Substanzen zu stabilisieren. Die Tensid-Moleküle dringen mit ihrem hydrophoben Teil in die Substanz ein, während der hydrophile Teil in Richtung des umgebenden Wassers zeigt. Bei ionischen Tensiden verhindern die gleichnamigen Ladungen, dass sich die Tröpfchen bzw. Partikelchen der hydrophoben Substanz wieder vereinigen.

74. Von den gezeigten Verbindungen ist lediglich Verbindung (B) grenzflächenaktiv, da sie sowohl über einen hydrophilen als auch über einen ausreichend langen hydrophoben Molekülteil verfügt.
Verbindung (A) (Natriumethanoat) ist nicht grenzflächenaktiv, da der hydrophobe Alkylrest zu kurz ist. Verbindung (C) (Octadecansäuremethylester) ist nicht grenzflächenaktiv, da die Estergruppierung nicht ausreichend polar und somit zu wenig hydrophil ist.

75. Es bilden sich kugelförmige Wassertropfen. Auf die an der Grenzfläche Wasser/Luft bzw. Wasser/Kutikula liegenden Wasser-Moleküle wirkt eine ins Flüssigkeitsinnere gerichtete Kraft. Diese Kraft ist bestrebt, die Grenzfläche möglichst klein zu halten. Da die Oberfläche einer Kugel kleiner ist als die Oberfläche jedes anderen Körpers gleichen Volumens, bilden sich kugelförmige Tropfen.

76. Das hochwirksame Pestizid wird mit tensidhaltigem Wasser verdünnt. Die Tensid-Moleküle reichern sich an der Grenzfläche Pestizid/Wasser an, wobei der hydrophobe Teil des Tensids in das Pestizid, der hydrophile Teil in das Wasser ragt. Es bildet sich eine stabile Emulsion, die durch Spritzen aufgebracht werden kann.

77. a

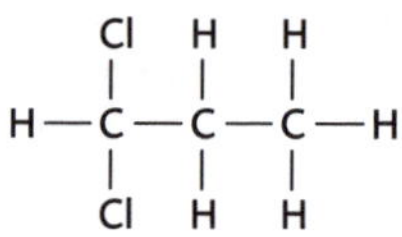
1,1-Dichlorpropan

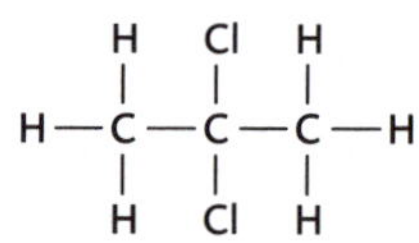
2,2-Dichlorpropan

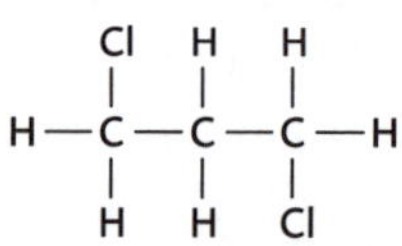
1,3-Dichlorpropan

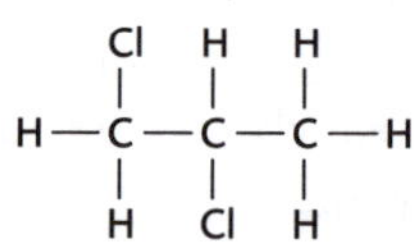
1,2-Dichlorpropan

1,2-Dichlorpropan besitzt ein asymmetrisches Kohlenstoff-Atom, ein Kohlenstoff-Atom also, das mit vier verschiedenen Atomen oder Atomgruppen verbunden ist. Folglich gibt es von 1,2-Dichlorpropan zwei Spiegelbildisomere (Enantiomere):

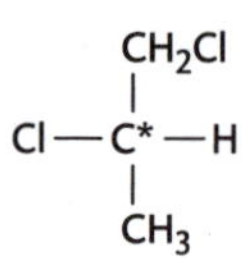
L-1,2-Dichlorpropan

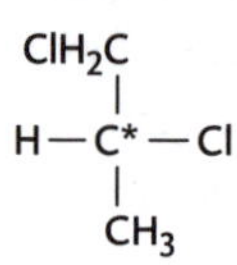
D-1,2-Dichlorpropan

b Die Spiegelbildisomere unterscheiden sich nur in ihrem Verhalten gegenüber linear polarisiertem Licht, was man im Polarimeter untersuchen kann. Die anderen isomeren Verbindungen lassen sich z. B. aufgrund ihrer unterschiedlichen Siedepunkte ermitteln.

78. a 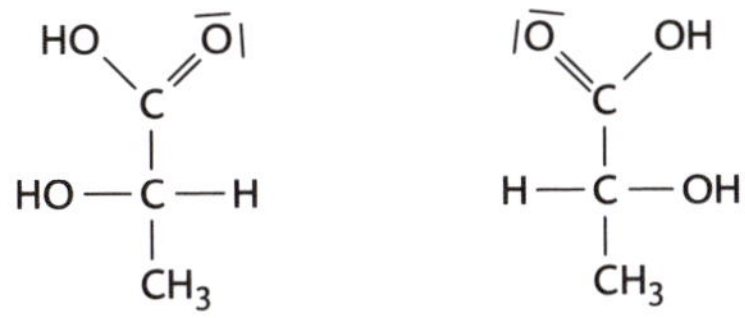

L-Milchsäure D-Milchsäure

b Rechtsdrehende Milchsäure dreht die Ebene linear polarisierten Lichts nach rechts (im Uhrzeigersinn).

c Die Bezeichnungen D- bzw. L- geben die Konfiguration am asymmetrischen C-Atom an. Man kann anhand dieser Bezeichnungen nicht auf die Drehrichtung der Verbindung schließen. Die Drehrichtung muss experimentell am Polarimeter bestimmt werden.
(Bei der Milchsäure ist die L-Form rechtsdrehend: L-(+)-Milchsäure)

d Der Abbau von Milchsäure im Organismus wird von Enzymen katalysiert. Enzyme können nur solche Stoffe umsetzen, die sie zuvor nach dem Schlüssel-Schloss-Prinzip gebunden haben. Kann das eine Enantiomer gut gebunden werden, so kann sein Spiegelbild nur schlecht gebunden werden und wird daher langsamer umgesetzt.

79. In vielen dieser Verbindungen, die unter dem Begriff Kohlenhydrate zusammengefasst werden, sind neben Kohlenstoff auch Wasserstoff und Sauerstoff im Verhältnis 2 : 1 enthalten. In diesem Verhältnis treten Wasserstoff und Sauerstoff auch im Wasser auf. Man definierte diese Verbindungen daher als „Hydrate des Kohlenstoffs".
Heutige Definition: Kohlenhydrate sind Polyhydroxyaldehyde, Polyhydroxyketone oder Verbindungen, die unter Anlagerung von Wasser in diese Verbindungen gespalten werden können.

80. Kohlenhydrate werden nach der Anzahl der miteinander verknüpften Monosaccharid-Bausteine beispielsweise in Mono-, Di-, Tri, Oligo- und Polysaccharide eingeteilt.
Monosaccharide werden in Aldosen und Ketosen eingeteilt, je nachdem, ob in der offenkettigen Form eine Aldehyd- oder eine Ketogruppe vorhanden ist. Zudem unterscheidet man bei Monosacchariden nach der Anzahl der im Molekül vorhandenen Kohlenstoff-Atome zwischen Biosen, Triosen, Tetrosen, Pentosen, Hexosen etc.

81. Beobachtet man das Drehvermögen der Glucoselösung über einen längeren Zeitraum, so stellt man fest, dass sich der Drehwinkel kontinuierlich ändert, d. h., man muss den Analysator immer wieder nachziehen, um die vollständige Auslöschung des Lichts zu erreichen. Schließlich stellt sich jedoch ein konstanter Endwert ein.
Diese Erscheinung wird als **Mutarotation** bezeichnet. Wässrige Lösungen von reiner α-D-Glucose sind nicht beständig. α-D-Glucose-Moleküle können sich über die offenkettige Aldehydform in β-D-Glucose-Moleküle umwandeln (und umgekehrt). Es stellt sich schließlich ein Gleichgewichtsgemisch ein, das aus α-D-Glucose (ca. 38 %), β-D-Glucose (ca. 62 %) und einer geringen Menge offenkettiger Aldehydform (unter 0,5 %) besteht. Das Gleichgewichtsgemisch hat einen spezifischen Drehwinkel, der dem konstanten Endwert entspricht.

82. Die Bestandteile des Namens haben folgende Bedeutungen:

Glucopyranose: In der Halbacetalform der Glucose liegt ein heterocyclischer Sechsring (aus fünf C- und einem O-Atom) vor.

D: Das Monosaccharid gehört zur D-Reihe, d. h., die OH-Gruppe an dem asymmetrischen C-Atom, das am weitesten von der Aldehydgruppe entfernt ist (C 5-Atom), steht in der offenkettigen Form rechts. Die Halbacetalform ist hiervon abzuleiten.

α: Die OH-Gruppe am anomeren C 1-Atom, das durch den Ringschluss bei der Halbacetalbildung asymmetrisch wurde, steht in der Fischer-Projektionsformel rechts bzw. zeigt in der Haworth-Projektionsformel nach unten.

(+) Die Verbindung dreht die Ebene linear polarisierten Lichts nach rechts.

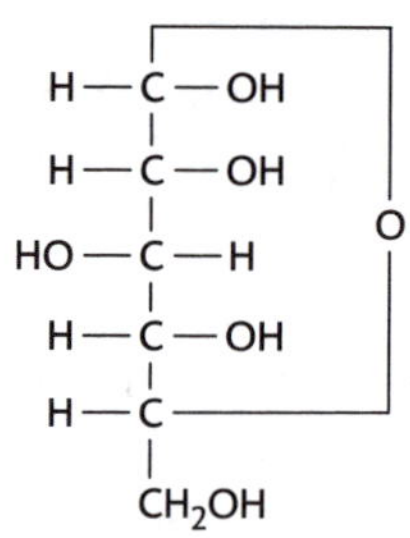

α-D-(+)-Glucopyranose

83. D- und L-Glucose sind **Enantiomere**; sie verhalten sich wie Bild und Spiegelbild.

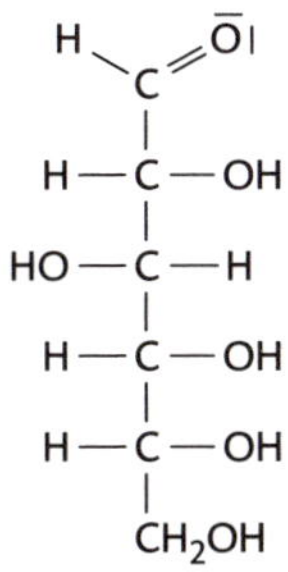

D-Glucose

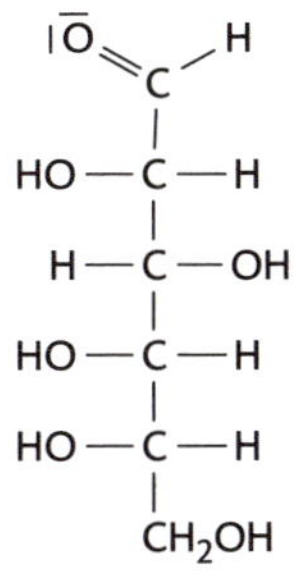

L-Glucose

84. Im Glucose-Molekül sind viele polare Hydroxygruppen gebunden, die mit den ebenfalls polaren Wasser-Molekülen unter Ausbildung von Wasserstoffbrückenbindungen in Wechselwirkung treten können. Die Glucose-Moleküle werden von einer Wasserhülle umgeben und voneinander getrennt; die Glucose wird in Wasser gelöst.

Benzin, ein Gemisch längerkettiger Kohlenwasserstoffe, ist ein unpolares Lösungsmittel. Die unpolaren Lösungsmittel-Moleküle können mit den polaren Glucose-Molekülen nicht in ausreichendem Maße in Wechselwirkung treten; Glucose löst sich daher nicht in Benzin.

85. Fischer-Projektionsformel:

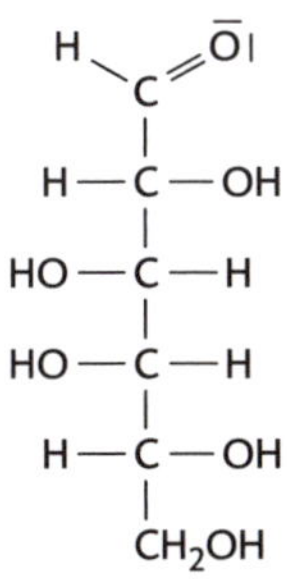

D-Galactose

Darstellung der Halbacetale mit Fischer-Projektionsformeln:

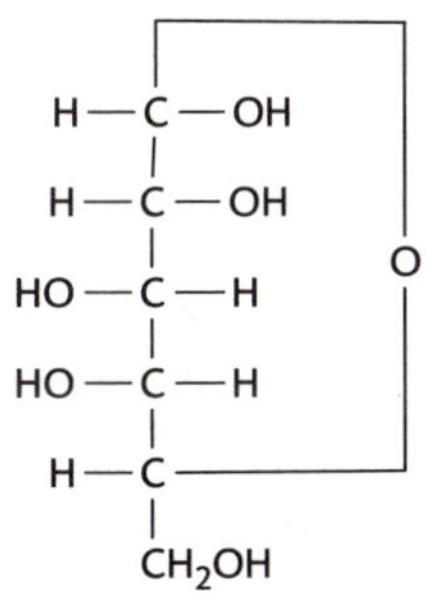

α-D-Galactopyranose

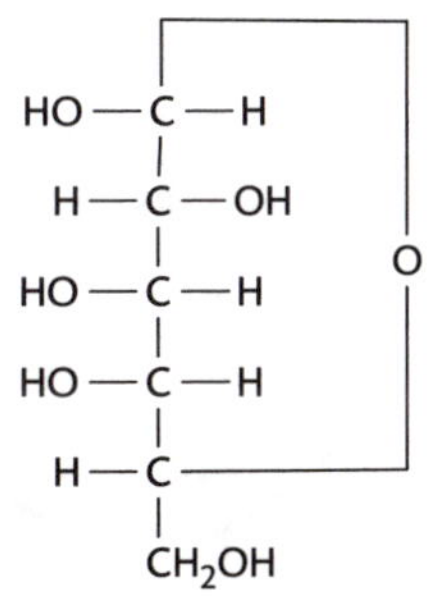

β-D-Galactopyranose

Darstellung der Halbacetale mit Haworth-Projektionsformeln:

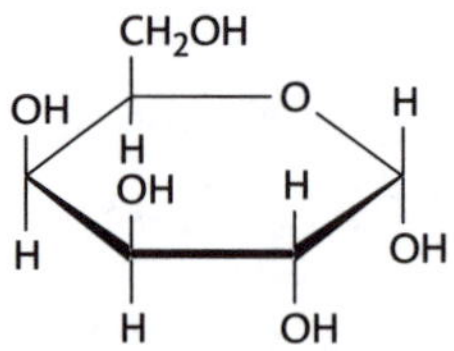

α-D-Galactopyranose

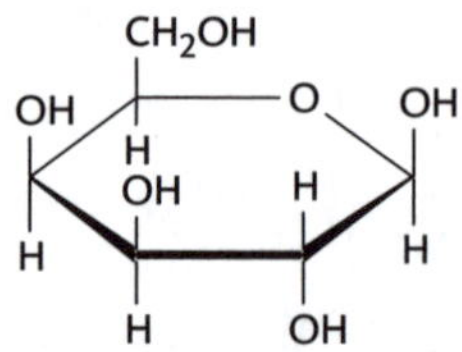

β-D-Galactopyranose

86. Damit die beiden zu verknüpfenden C 1-Atome der beiden Monosaccharid-Bausteine in benachbarte Stellung kommen, wird der 2. Glucose-Baustein zunächst um die eingezeichnete Achse „geklappt“.

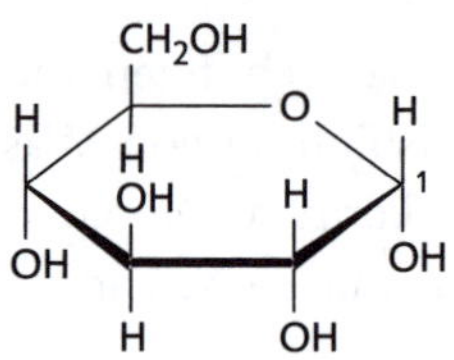

α-D-Glucose

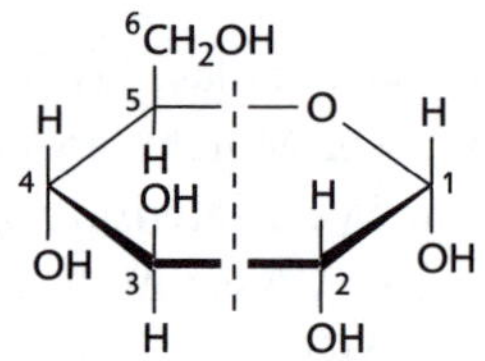

α-D-Glucose

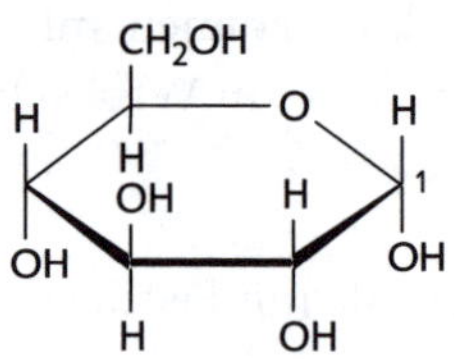

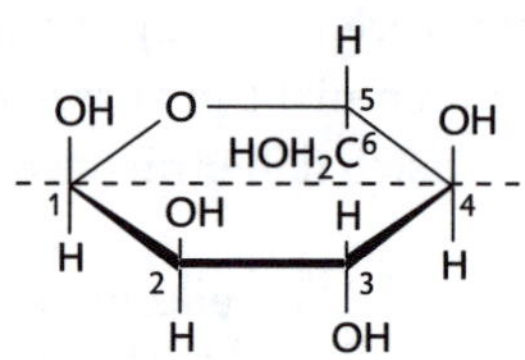

Da nun die OH-Gruppen an den zu verknüpfenden C-Atomen in verschiedene Richtungen weisen, muss der 2. Baustein noch um die C1 – C4-Achse „geklappt“ werden.

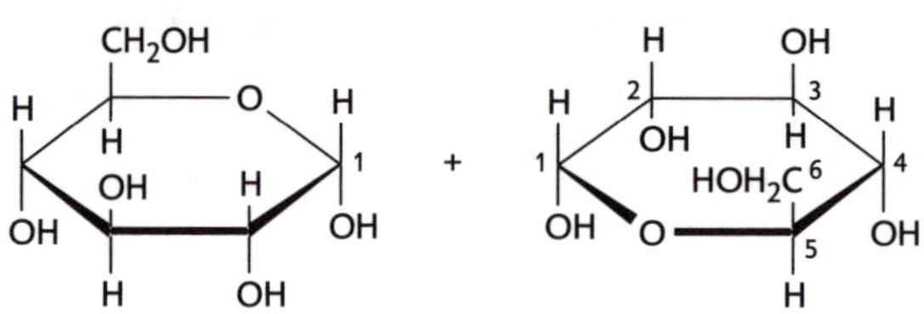

Nun kann die glykosidische Bindung formuliert werden; Wasser wird abgespalten.

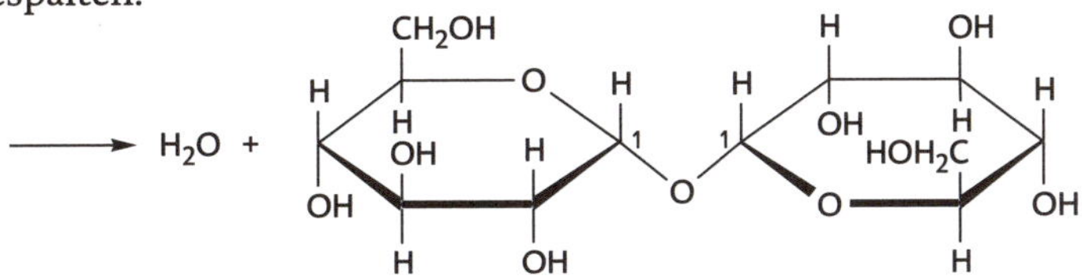

Trehalose

87. Mit allen drei Lösungen verläuft die Silberspiegelprobe positiv.
In einer wässrigen Lösung von **D-Glucose** stellt sich ein Gleichgewicht zwischen α-D-Glucose, β-D-Glucose und einer geringen Konzentration an offenkettiger Aldehydform ein. Bei Ablauf der Silberspiegelprobe wird die offenkettige Aldehydform dem Gleichgewicht entzogen und daher ständig nachgebildet.
Bei positiver Silberspiegelprobe werden die Silber-Ionen des Silberdiamminkomplexes zu metallischem Silber reduziert, das sich an der Reagenzglaswand abscheidet und einen Silberspiegel bildet. Die Glucose wird dabei oxidiert. Stark vereinfacht kann man davon ausgehen, dass die Aldehydgruppe der Aldose zur Carboxygruppe oxidiert wird.

Oxidation: $R{-}\overset{+I}{C}HO + 2\,OH^- \longrightarrow R{-}\overset{+III}{C}OOH + H_2O + 2\,e^-$

Reduktion: $2\,[\overset{+I}{Ag}(NH_3)_2]^+ + 2\,e^- \longrightarrow 2\,\overset{0}{Ag} + 4\,NH_3$

Redox: $R{-}CHO + 2\,OH^- + 2\,[Ag(NH_3)_2]^+ \longrightarrow R{-}COOH + 2\,Ag + H_2O + 4\,NH_3$

Hinweis: R sei der Rest des Glucose-Moleküls, der sich bei der Reaktion nicht verändert.

Auch mit **Fructose** verläuft die Silberspiegelprobe positiv, da sich in alkalischer Lösung aus D-Fructose über die Endiolform D-Glucose bilden kann.

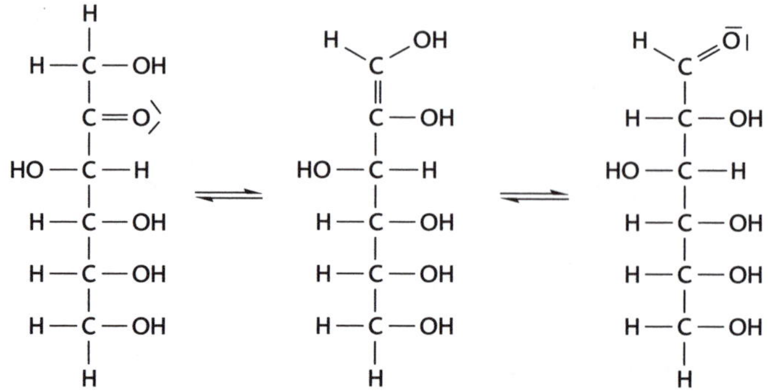

D-Fructose ⇌ Endiolform ⇌ D-Glucose

In der **Cellobiose** sind zwei D-Glucose-Moleküle β-1,4-glykosidisch miteinander verknüpft. Da in der Cellobiose ein Monosaccharid-Baustein vorliegt, dessen OH-Gruppe am anomeren Kohlenstoff-Atom nicht durch die glykosidische Bindung blockiert ist, kann sich in wässriger Lösung ein Gleichgewicht zwischen α-, β- und offenkettiger Form der Cellobiose einstellen. Die offenkettige Form der Cellobiose besitzt die oxidierbare Aldehydgruppe.

Oxidation:

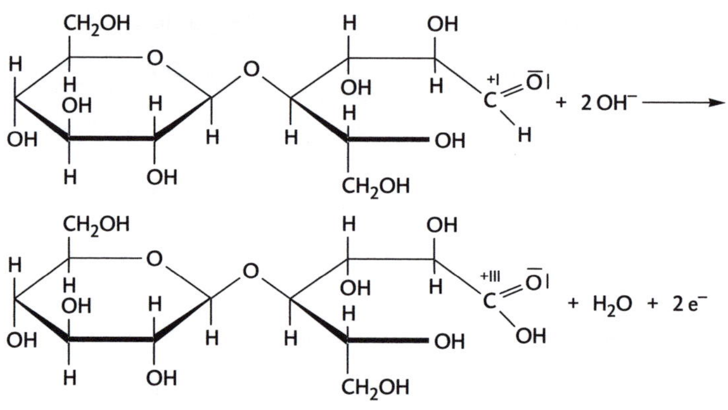

Reduktion: $2\,[\overset{+I}{Ag}(NH_3)_2]^+ + 2\,e^- \longrightarrow 2\,\overset{0}{Ag} + 4\,NH_3$

Redox: $R{-}CHO + 2\,OH^- + 2\,[Ag(NH_3)_2]^+ \longrightarrow R{-}COOH + H_2O + 2\,Ag + 4\,NH_3$

Hinweis: R sei der Rest des Cellobiose-Moleküls, der sich bei der Reaktion nicht verändert.

88.

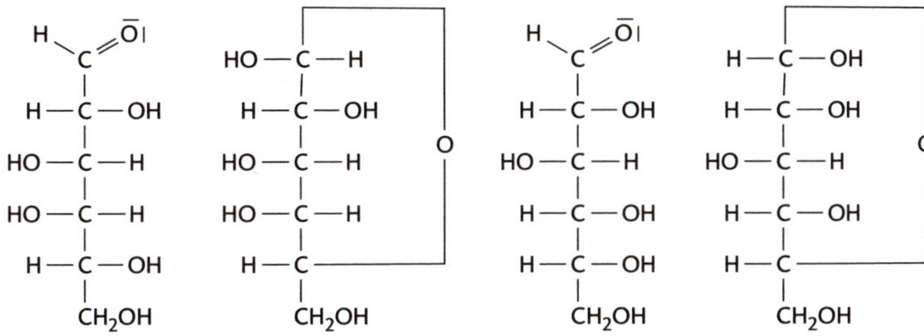

D-Galactose **β-D-Galactopyranose** **D-Glucose** **α-D-Glucopyranose**

Unter Beachtung der entsprechenden Regeln lassen sich die Fischer- in die Haworth-Projektionsformeln überführen:

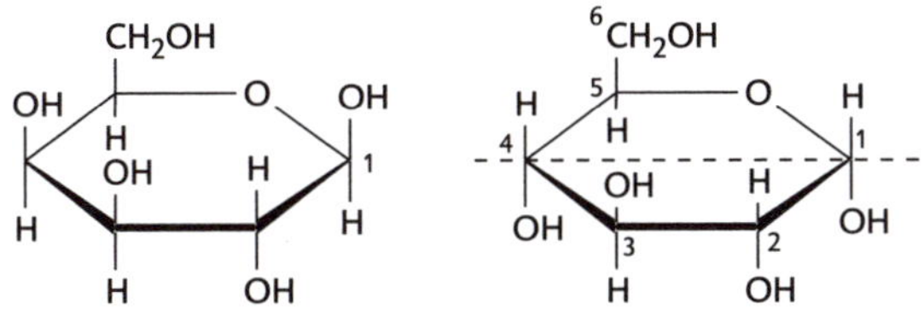

β-D-Galactopyranose **α-D-Glucopyranose**

Hinweis: Steht die OH-Gruppe am anomeren C-Atom des Glucosebausteins in α-Stellung, so führt die Verknüpfung der Bausteine zur α-Form der Lactose.

Um die Verknüpfung formal zu ermöglichen, muss der Glucose-Baustein um die C 1 – C 4-Achse „geklappt" werden.

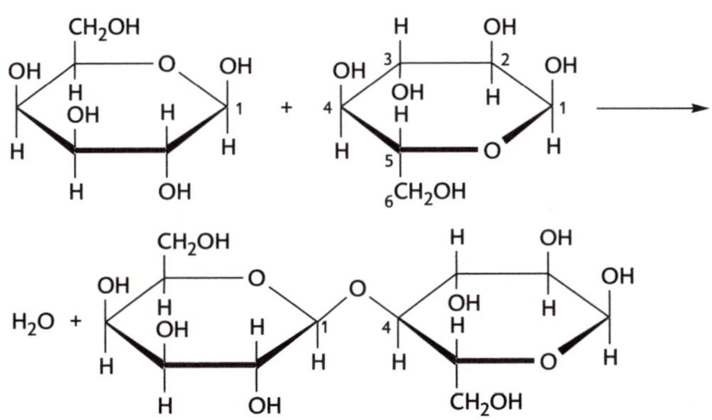

Lactose (α-Form)

89. a Disaccharide, bei denen nicht die anomeren Kohlenstoff-Atome beider Monosaccharid-Bausteine durch die glykosidische Bindung verknüpft sind, besitzen reduzierende Eigenschaften.
An dem Monosaccharid-Baustein, dessen OH-Gruppe am anomeren Kohlenstoff-Atom nicht blockiert ist, kann es zu einer Ringöffnung kommen, sodass sich ein Gleichgewicht zwischen α-, β- und offenkettiger Form des Disaccharids einstellt.
Die offenkettige Form, die nachgebildet wird, wenn sie dem Gleichgewicht entzogen wird, besitzt die oxidierbare Aldehydgruppe, zeigt also reduzierende Eigenschaften.

b Da die Mutarotation auf die Gleichgewichtseinstellung zwischen α-, β- und offenkettiger Form des Disaccharids zurückzuführen ist, zeigen die unter a charakterisierten Disaccharide auch Mutarotation.

90. Zunächst führt man mit allen drei Zuckern die **Fehling-Probe** durch. Bei dem Zucker, mit dem diese Probe negativ ausfällt, handelt es sich um Saccharose. In der Saccharose sind α-D-Glucopyranose und β-D-Fructofuranose 1,2-glykosidisch miteinander verknüpft; es sind also beide anomeren Kohlenstoff-Atome der Monosaccharid-Bausteine miteinander verknüpft. Eine Ringöffnung an einem Baustein ist folglich nicht möglich. Saccharose besitzt keine reduzierenden Eigenschaften.
Glucose und Fructose lassen sich durch die **Seliwanow-Probe** unterscheiden. Erhitzt man Lösungen beider Zucker mit alkoholischer Resorcinlösung und setzt konzentrierte Salzsäure zu, kommt es nur mit Fructose zu einer Rotviolettfärbung.
Die Fehling-Probe eignet sich nicht zur Unterscheidung von Glucose und Fructose; sie fällt in beiden Fällen positiv aus.

91. a Im **reduzierenden Disaccharid** dürfen nicht beide anomeren C-Atome der Monosaccharid-Bausteine durch die glykosidische Bindung blockiert sein; es liegt also eine 1,4-Verknüpfung im Disaccharid vor (β-1,4-Verknüpfung).

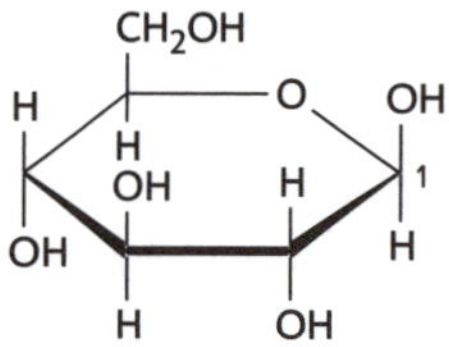

β-D-Glucopyranose

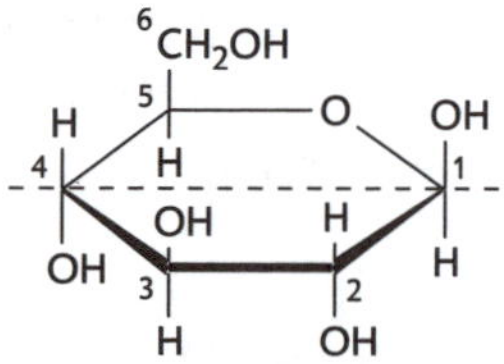

β-D-Glucopyranose

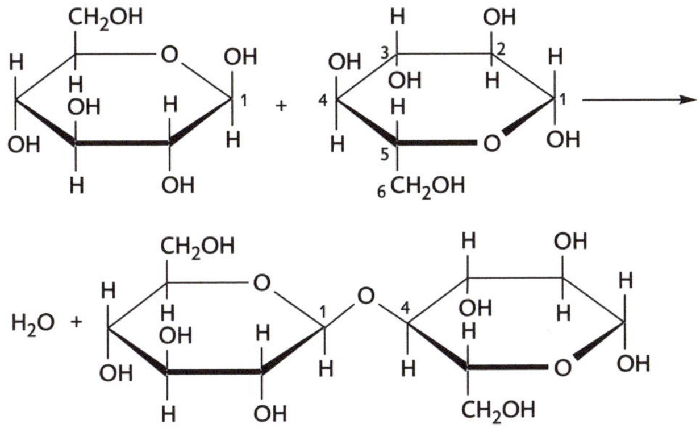

reduzierendes Disaccharid

Diese Art der Verknüpfung erlaubt, dass es an dem 2. Monosaccharid-Baustein zu einer Ringöffnung kommt und sich ein Gleichgewicht zwischen α-, β- und offenkettiger Form des Disaccharids einstellt. Die offenkettige Form besitzt die oxidierbare Aldehydgruppe.

Im **nichtreduzierenden Zucker** sind hingegen beide anomeren Kohlenstoff-Atome der Monosaccharid-Bausteine miteinander verknüpft; es liegt eine 1,1-Verknüpfung vor (β,β-1,1-Verknüpfung).

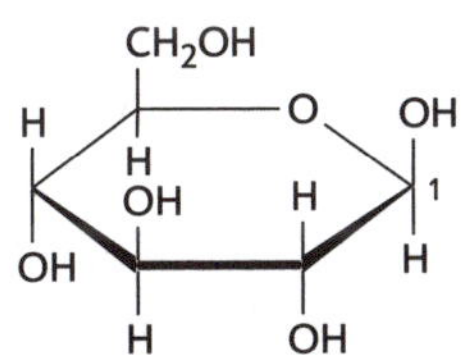

β-D-Glucopyranose

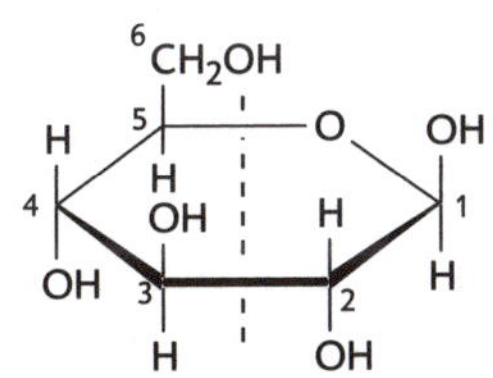

β-D-Glucopyranose

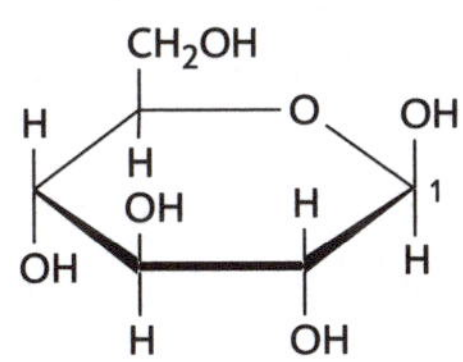

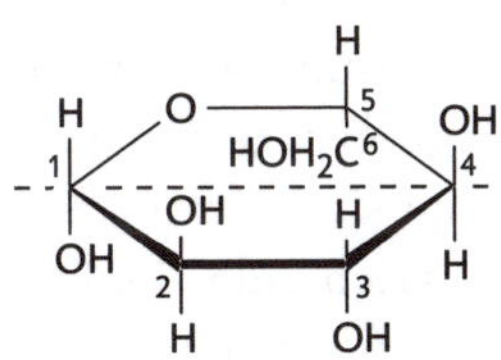

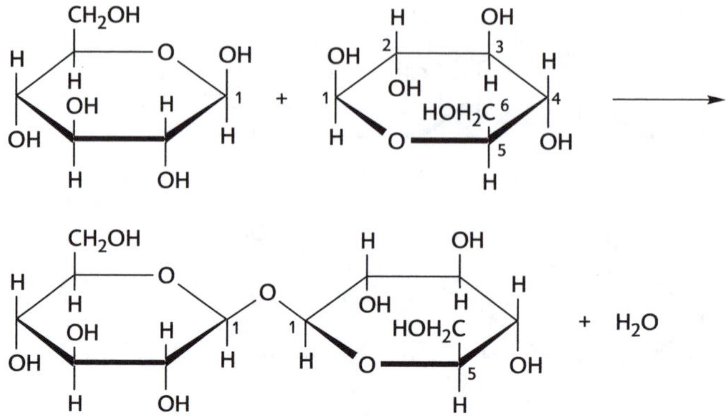

nichtreduzierendes Disaccharid

An keinem Monosaccharid-Baustein ist infolge der 1,1-Verknüpfung eine Ringöffnung möglich; eine offenkettige Form des Disaccharids kann also nicht gebildet werden. Der Zucker hat daher keine reduzierenden Eigenschaften.

b Die reduzierenden Eigenschaften des Disaccharids lassen sich z. B. mit der Fehling-Probe nachweisen. Dabei ist eine Farbänderung von blau nach rotbraun zu beobachten. Kupfer(II)-Ionen werden zu rotbraunem Kupfer(I)-oxid reduziert, gleichzeitig wird die Aldehydgruppe der offenkettigen Form des Disaccharids zur Carboxygruppe oxidiert.

92. Unter Invertzucker versteht man ein Gemisch aus D-Glucose und D-Fructose im Verhältnis 1 : 1, das durch Hydrolyse von Saccharose entstanden ist. Die Bezeichnung Invertzucker ist darauf zurückzuführen, dass das Hydrolysat die Ebene linear polarisierten Lichts nach links dreht, während eine wässrige Saccharoselösung nach rechts dreht. Diese Umkehrung des Drehsinns wird als Inversion bezeichnet.
In dem Hydrolysat stellen sich Gleichgewichte zwischen α-, β- und offenkettiger Form der Monosaccharide ein. Da das Gleichgewichtsgemisch der D-Fructose die Schwingungsebene linear polarisierten Lichts um einen höheren Betrag nach links dreht als das Gleichgewichtsgemisch der D-Glucose nach rechts, dreht die entstehende Lösung (im Unterschied zu Saccharose) nach links.

93. Monosaccharide:

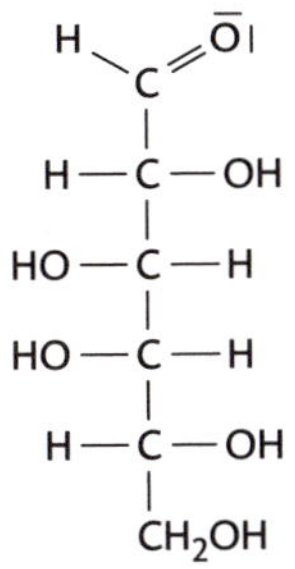

D-Galactose

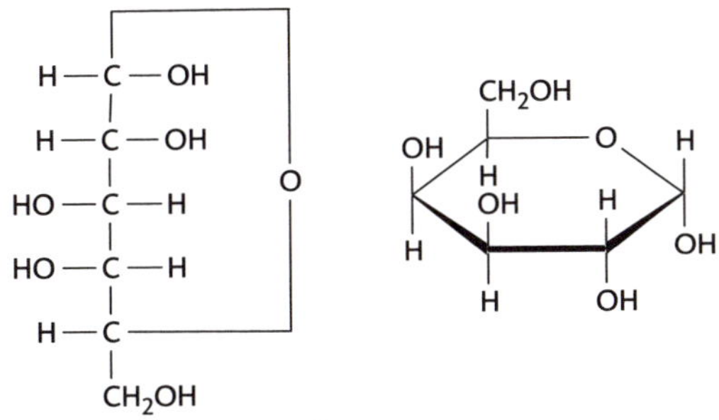

α-D-Galactopyranose

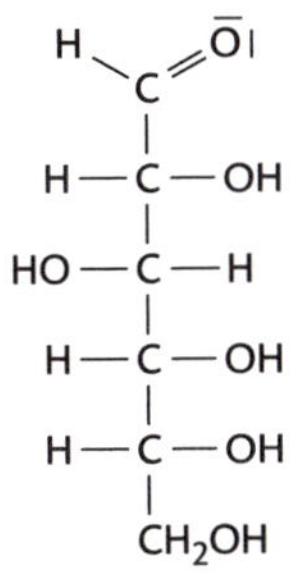

D-Glucose

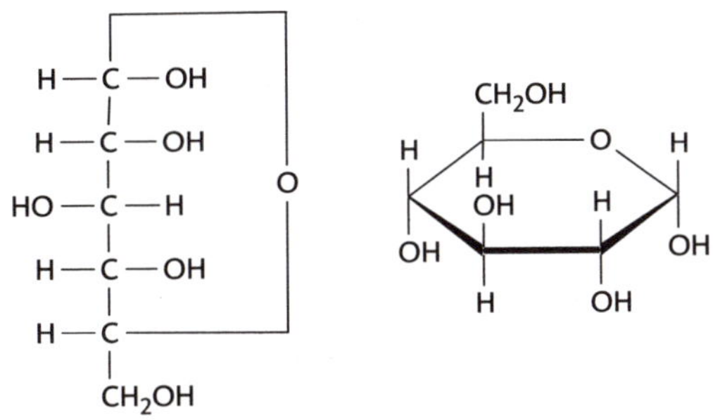

α-D-Glucopyranose

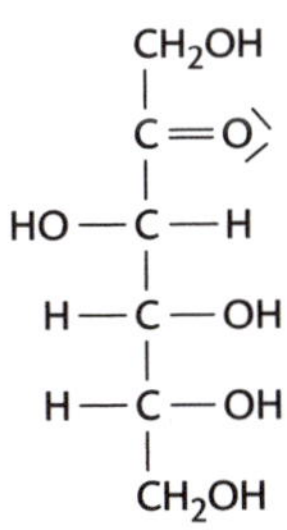

D-Fructose

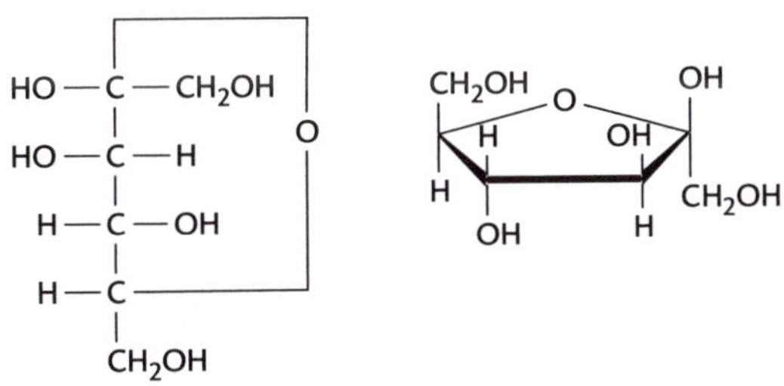

β-D-Fructofuranose

Verknüpfung der Monosaccharide:

1,2-glykosidische Verknüpfung von α-D-Glucopyranose und β-D-Fructofuranose

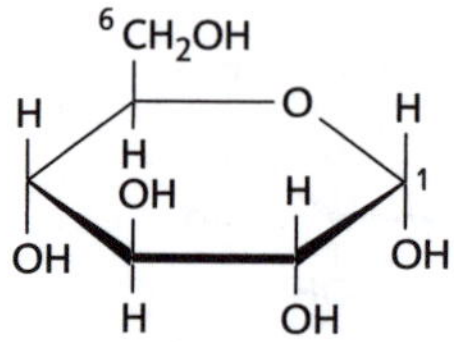

α-D-Glucopyranose

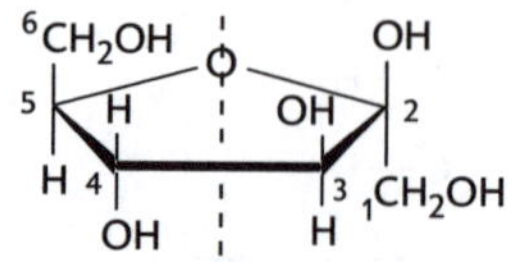

β-D-Fructofuranose

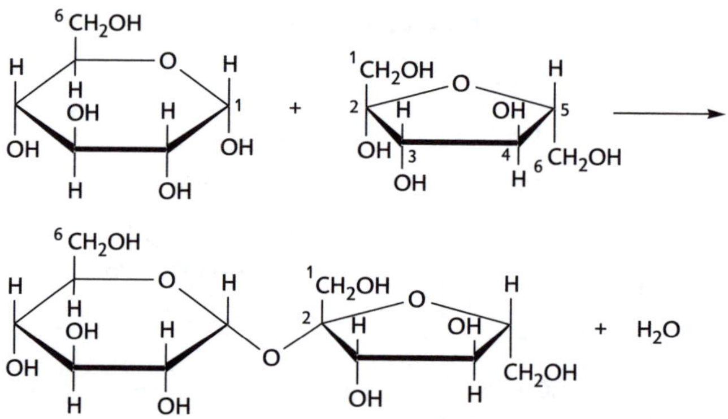

1,6-glykosidische Verknüpfung von α-D-Galactopyranose mit dem oben dargestellten Disaccharid

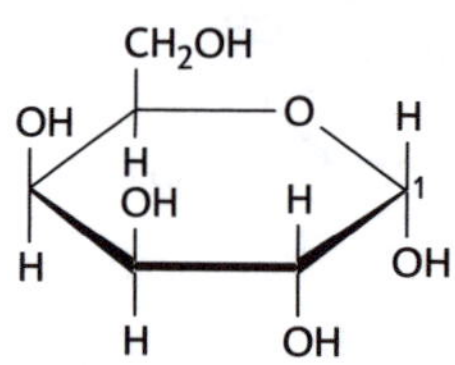

α-D-Galactopyranose

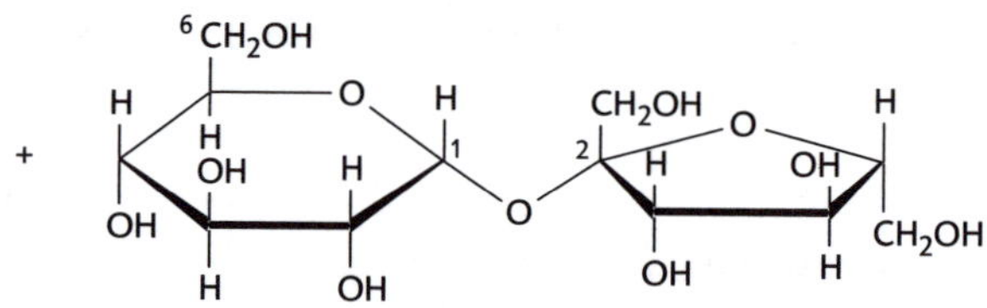

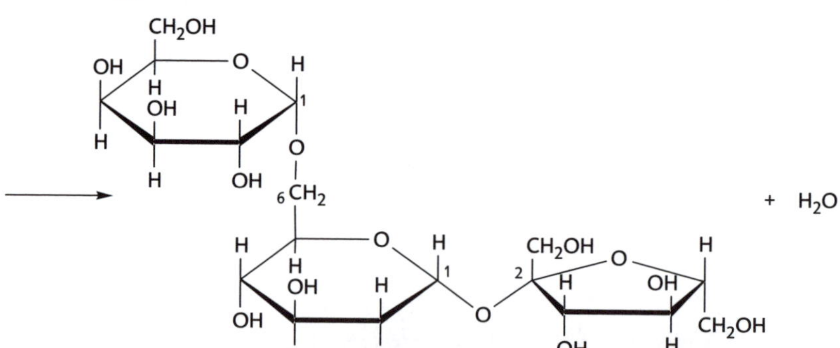

Raffinose

b Raffinose zeigt keine positive Fehling-Reaktion, da es sich hierbei um ein nichtreduzierendes Trisaccharid handelt. In dem Raffinose-Molekül sind sämtliche anomeren Kohlenstoff-Atome der Monosaccharid-Bausteine durch glykosidische Bindungen miteinander verknüpft; eine offenkettige Form des Trisaccharids mit einer Aldehydgruppe kann nicht gebildet werden.

94. a Die Fehling-Probe fällt negativ aus. In der Amylose sind die Glucose-Einheiten α-1,4-glykosidisch miteinander verknüpft. Bis auf die anomeren Kohlenstoff-Atome des jeweils letzten Glucose-Bausteins einer Makromolekülkette sind die anomeren Kohlenstoff-Atome der anderen Bausteine an den glykosidischen Bindungen beteiligt.

b Die Fehling-Probe fällt nun positiv aus, da die Amylose durch die Säureeinwirkung in ihre Glucose-Bausteine zerlegt wird. Diese besitzen reduzierende Eigenschaften.

95.

Cellulose	Amylose
• aufgebaut aus D-Glucose-Bausteinen, die **β-1,4-glykosidisch** miteinander verknüpft sind • **gestreckte** Makromolekülfäden • ergibt mit Jod-Kaliumjodidlösung (Lugol'sche Lösung) **keine Blaufärbung**	• aufgebaut aus D-Glucose-Einheiten, die **α-1,4-glykosidisch** miteinander verknüpft sind • **spiralige** Aufwindung des Makromoleküls • ergibt mit Jod-Kaliumjodidlösung **eine Blaufärbung** (Einlagerung von Jod-Molekülen in das spiralige Makromolekül)

96. Das wichtigste Reservekohlenhydrat der Pflanzen ist **Stärke**, die aus Amylose und Amylopektin besteht.
In der Amylose sind D-Glucose-Moleküle α-1,4-glykosidisch zu einem spiralig gewundenen Makromolekül verknüpft. Amylopektin besteht ebenfalls aus D-Glucose-Einheiten, die α-1,4-glykosidisch miteinander verknüpft sind. Auf ca. 25 Glucose-Bausteine erfolgt eine 1,6-Verzweigung.
Stärke ist als Reservestoff geeignet, da sie kaum wasserlöslich und somit osmotisch unwirksam ist.

97. Bei der Hydrolyse werden die Polysaccharide unter Wasseranlagerung in die Monosaccharid-Bausteine gespalten.
In der Cellulose sind D-Glucose-Bausteine β-1,4-glykosidisch miteinander verknüpft. In wässriger Lösung kann β-D-Glucose über die offenkettige Form in α-D-Glucose umgewandelt werden; es stellt sich ein Gleichgewicht zwischen allen drei Formen ein.
Auch das Hydrolysat der Amylose enthält genau dieses Gleichgewichtsgemisch, obwohl in Amylose D-Glucose-Bausteine α-1,4-glykosidisch verknüpft sind.

98. α-Aminosäuren enthalten neben einer Carboxygruppe (mindestens) eine Aminogruppe. Die Aminogruppe befindet sich am α-Kohlenstoff-Atom, d. h. an dem Kohlenstoff-Atom, das dem C-Atom der Carboxygruppe direkt benachbart ist.

99. Ein Zwitterion ist ein Teilchen, das neben einer positiven auch eine negative Ladung trägt und nach außen elektrisch neutral ist.

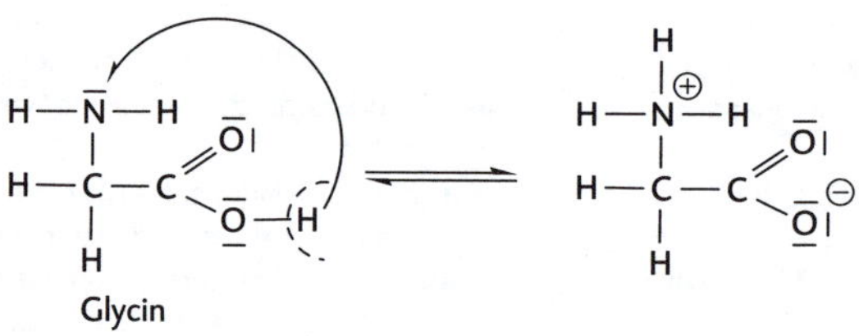

Bei der Bildung von Zwitterionen spaltet die Carboxygruppe ein Proton ab und die Aminogruppe nimmt ein Proton auf.

100. Glycin löst sich in Methanol besser als in Benzin.
Im festen Glycin liegen Zwitterionen vor. Methanol-Moleküle können über die polare Hydroxygruppe mit diesen Zwitterionen elektrostatische Wechselwirkungen ausbilden. Die Zwitterionen umgeben sich mit einer Hülle von Lösungsmittel-Molekülen und werden aus dem Ionenverband des festen Glycins herausgelöst.
Benzin ist ein Gemisch längerkettiger, unpolarer Kohlenwasserstoffe. Die unpolaren Moleküle können mit den Zwitterionen nicht in Wechselwirkung treten; Glycin ist in Benzin weitgehend unlöslich.

101. In einem Feststoff sind die Wechselwirkungen zwischen den Teilchen dieses Stoffes so stark, dass die Teilchen auf festen Gitterplätzen gehalten werden. In flüssigen Stoffen sind diese Wechselwirkungen schwächer und die Teilchen sind gegeneinander verschiebbar.
Bei Alanin müssen demnach stärkere Anziehungskräfte zwischen den Teilchen wirken als bei Ethansäure. Im festen Alanin liegen Zwitterionen vor, zwischen denen recht starke elektrostatische Anziehungskräfte herrschen, die die Zwitterionen bei Raumtemperatur auf ihren Gitterplätzen halten.
Bei Ethansäure bilden sich zwischen den Carboxygruppen Wasserstoffbrückenbindungen und zwischen den Alkylresten Van-der-Waals-Kräfte aus. Diese schwächeren intermolekularen Wechselwirkungen halten die Moleküle zwar zusammen, sie sind jedoch leicht gegeneinander verschiebbar.

102. a Von Alanin existieren zwei Isomere, die sich in ihrem räumlichen Bau am C 2-Atom (C_α-Atom) unterscheiden.

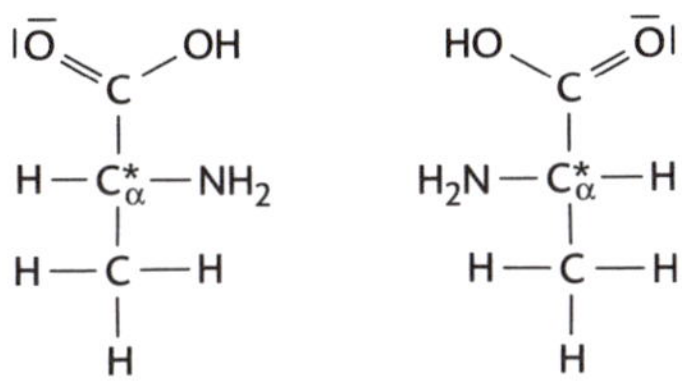

D-Alanin **L-Alanin**

b Es liegt **Spiegelbildisomerie** vor. Die Isomere, die sich wie Bild und Spiegelbild verhalten, werden als **Enantiomere** bezeichnet. Auch der Begriff „optische Antipoden“ trifft zu, da beide Isomere die Ebene linear polarisierten Lichts zwar um den gleichen Betrag, jedoch in entgegengesetzte Richtungen drehen.
Da sich die Enantiomere nur in ihrem räumlichen Bau unterscheiden, handelt es sich um Stereoisomere.

c Die Isomere unterscheiden sich lediglich in ihrem Verhalten gegenüber linear polarisiertem Licht. In allen anderen physikalischen und auch den chemischen Eigenschaften gleichen sich die Isomere.
Das unterschiedliche Verhalten gegenüber linear polarisiertem Licht kann in einem **Polarimeter** folgendermaßen gezeigt werden: Licht wird durch einen Polarisationsfilter geschickt, der nur Licht einer Schwingungsebene hindurch lässt. Dieses linear polarisierte Licht ge-

langt durch eine zunächst mit einem Lösungsmittel (meist destilliertem Wasser) gefüllte Küvette auf einen zweiten Polarisationsfilter, den Analysator, der so eingestellt wird, dass das auftreffende Licht nicht hindurchtreten kann und ein in den Filter schauender Beobachter vollständige Auslöschung feststellt. Anschließend wird in die Küvette die Lösung der optisch aktiven Substanz eingefüllt. Da diese die Schwingungsebene des Lichts dreht, kann nun erneut Licht durch den Analysator hindurchtreten. Der Winkel, um den der Analysator gedreht werden muss, um wieder völlige Auslöschung zu erreichen, stellt den Drehwinkel dar.

d Als Baustein in natürlichen Proteinen tritt **L-Alanin** auf.

103. Glycin enthält kein asymmetrisches Kohlenstoff-Atom, da das α-Kohlenstoff-Atom neben der Carboxy- und der Aminogruppe auch zwei Wasserstoff-Atome (also zwei gleiche Atome) gebunden hat. Von Glycin gibt es daher keine Enantiomere.

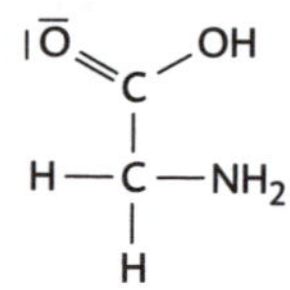

104. Der isoelektrische Punkt (pH(I)) einer Aminosäure ist der pH-Wert, bei dem die Aminosäure nahezu ausschließlich in Form von Zwitterionen vorliegt.

105. Die Zwitterionen einer α-Aminocarbonsäure können je nach Reaktionsbedingungen entweder als Säure oder als Base reagieren.
Ist der pH-Wert einer Aminosäurelösung niedriger als der pH(I) dieser Aminosäure, so nimmt die Carboxylatgruppe ein Proton auf und es bilden sich Kationen.

Mit steigender Oxonium-Ionen-Konzentration verschiebt sich das Gleichgewicht immer weiter auf die Seite der Kationen.

Ist der pH-Wert einer Aminosäurelösung höher als der pH(I) dieser Aminosäure, so spaltet die NH_3^+-Gruppe ein Proton ab und es bilden sich Anionen.

Mit steigender Hydroxid-Ionen-Konzentration verschiebt sich das Gleichgewicht immer weiter auf die Seite der Anionen.

106. a Alanin wird in einer Säure (z. B. in verdünnter Salzsäure) gelöst. Dies ist daran zu erkennen, dass am Beginn der Titrationskurve ein sehr niedriger pH-Wert vorliegt. Nun lässt man eine Lauge (z. B. Natronlauge) zutropfen und misst in Abhängigkeit von der Menge der zugegebenen Lauge den jeweiligen pH-Wert.

b Die Pufferwirkung der Aminosäure ist dort am größten, wo ein Laugenzusatz die geringste pH-Wert-Verschiebung zur Folge hat, also an der Stelle, an der die Kurve am flachsten verläuft. Dies ist an den durch die Nummern 1 und 2 gekennzeichneten Stellen (diese werden auch als pK-Werte bezeichnet) der Fall.
Die geringste Pufferwirkung hat Alanin im Bereich des isoelektrischen Punkts (3). Hier bewirkt eine geringe Laugenzugabe bereits eine starke pH-Wert-Verschiebung.

c Im stark sauren Milieu (vor der Laugenzugabe) überwiegen die Aminosäure-Kationen, am Ende der Titration (nach der Laugenzugabe) überwiegen die Aminosäure-Anionen.

107.

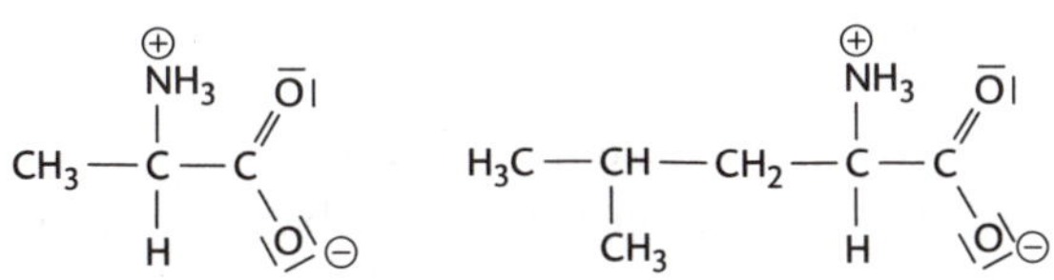

Alanin **Leucin**

Aminosäuren liegen im festen Zustand als Zwitterionen vor, die an der Carboxylatgruppe eine negative und an der NH_3-Gruppe eine positive Ladung tragen. Aufgrund dieses polaren Baus bilden die ebenfalls polar gebauten Wasser-Moleküle Wechselwirkungen zu den Zwitterionen aus.

Einfluss auf die Wasserlöslichkeit hat aber auch der an das α-Kohlenstoff-Atom gebundene hydrophobe Alkylrest. Da dieser Alkylrest im Leucin größer ist als im Alanin, ist die Wasserlöslichkeit von Leucin geringer als die von Alanin.

108. Es lassen sich sechs verschiedene Tripeptide „konstruieren".

Ala — Gly — Lys	**Alanylglycyllysin**
Gly — Ala — Lys	**Glycylalanyllysin**
Lys — Gly — Ala	**Lysylglycylalanin**
Gly — Lys — Ala	**Glycyllysylalanin**
Ala — Lys — Gly	**Alanyllysylglycin**
Lys — Ala — Gly	**Lysylalanylglycin**

109.

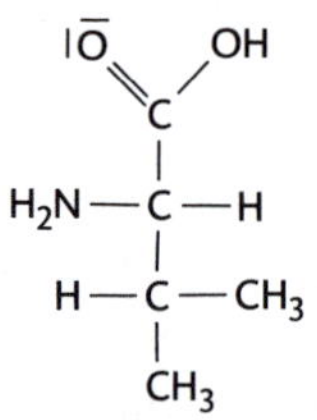

Valin

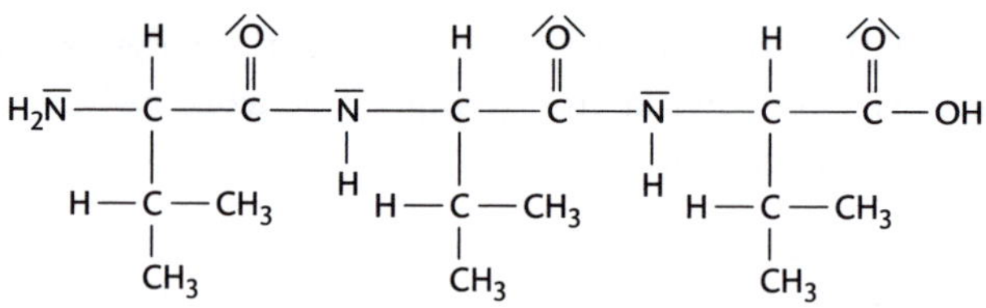

Tripeptid

110. Die **Helixstruktur** kann als Sekundärstruktur bei Proteinen auftreten.
Helixstruktur:

- Schraubenartige Aufwindung des Makromoleküls.
- Ausbildung intramolekularer Wasserstoffbrückenbindungen zwischen den C=O- und N–H-Gruppierungen verschiedener, in den Windungen der Helix gelegener Peptidbindungen eines Proteinmoleküls.
- Die Seitengruppen stehen radial vom Schraubenkörper ab.

111. Proteine besitzen in den Seitengruppen der Aminosäurereste z. B. NH_2- oder COOH-Gruppen, die in Abhängigkeit vom pH-Wert der Lösung protoniert (NH_3^+-Gruppe) oder deprotoniert (COO^--Gruppe) werden können.

Entspricht der pH-Wert der Lösung dem isoelektrischen Punkt (pH(I)) des Proteins, so sind gleich viele positiv wie negativ geladene Gruppen in dem Proteinteilchen vorhanden. Es wandert daher im elektrischen Gleichspannungsfeld nicht (Protein C).

Liegt der pH-Wert der Lösung über dem pH(I), geben NH_3^+-Gruppen Protonen ab. Die Anzahl der negativ geladenen Gruppen ist höher als die der positiv geladenen. Protein A wandert daher zur Anode.

Liegt der pH-Wert der Lösung unter dem pH(I), nehmen COO^--Gruppen Protonen auf. Die Anzahl der positiv geladenen Gruppen ist höher als die der negativ geladenen. Protein B wandert daher zur Kathode.

112. Ein Katalysator bewirkt
- eine Herabsetzung der Aktivierungsenergie,
- eine Beschleunigung des Reaktionsablaufs.

113.

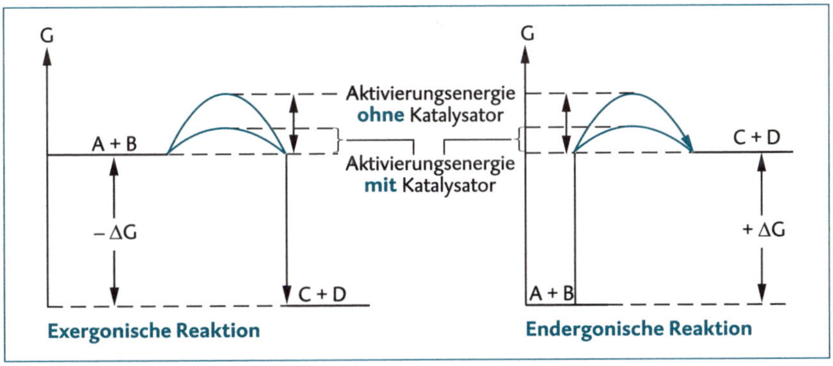

114. a $N_{2\,(g)} + 3\,H_{2\,(g)} \longrightarrow 2\,NH_{3\,(g)}$

b Aus 3 Wasserstoff-Molekülen werden laut Reaktionsgleichung 2 Ammoniak-Moleküle gebildet:

$$\frac{n(H_2)}{n(NH_3)} = \frac{3}{2}$$

Die Geschwindigkeit, mit der Wasserstoff umgesetzt wird, ist also um den Faktor 3/2 höher als die Bildungsgeschwindigkeit des Ammoniaks.

$$v_{H_2\text{-Verbrauch}} = 0{,}32 \cdot 10^{-3}\ \frac{\text{mol}\,(NH_3)}{L \cdot s} \cdot \frac{3\,\text{mol}\,(H_2)}{2\,\text{mol}\,(NH_3)}$$
$$= 0{,}48 \cdot 10^{-3}\ \text{mol}\,(H_2) \cdot L^{-1} \cdot s^{-1}$$

115. Die Reaktionsgeschwindigkeit ist die Abnahme der Konzentration eines Edukts bzw. die Zunahme der Konzentration eines Produkts der Reaktion pro Zeiteinheit.

116. a $Zn_{(s)} + 2\,HCl_{(aq)} \longrightarrow Zn^{2+}_{(aq)} + 2\,Cl^-_{(aq)} + H_{2(g)}$

b Umrechnung der Volumenangaben in Stoffmengen:

$$n(H_2) = \frac{V(H_2)}{V_m}$$

t [s]	0	100	200	300	400	500	600
$V(H_2)$ [mL]	0	19,4	28,0	33,1	37,0	39,5	41,4
$n(H_2)$ [mmol]	0	0,81	1,17	1,38	1,54	1,65	1,73

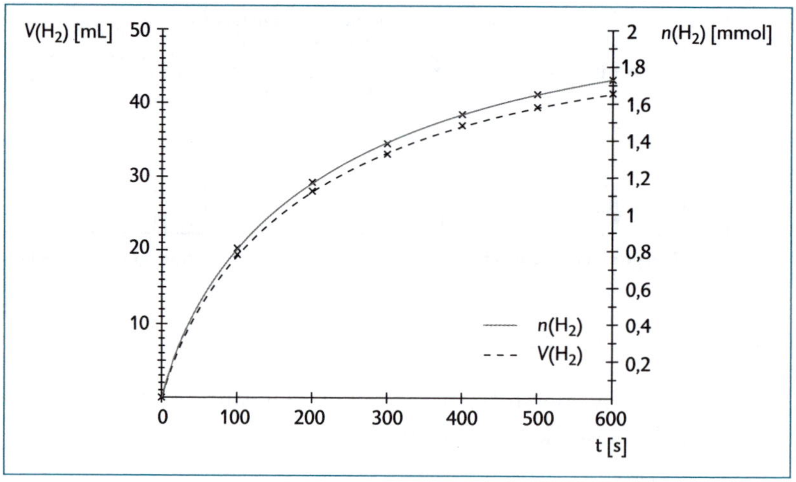

c **Berechnung der HCl-Konzentrationen**

Anfangskonzentration c_0 der Salzsäure: 1 mol · L^{-1}

Anfangsstoffmenge n_0 der Salzsäure:

$$n_0(HCl) = c_0(HCl) \cdot V(HCl) = 1\,\text{mol} \cdot L^{-1} \cdot 0{,}005\,L = 0{,}005\,\text{mol}$$

Aus der Reaktionsgleichung ist ersichtlich, dass für jedes gebildete H_2-Molekül zwei HCl-Moleküle umgesetzt werden.

$$\frac{n_{\text{verbraucht}}(\text{HCl})}{n(\text{H}_2)} = \frac{2}{1} \Rightarrow n_{\text{verbraucht}}(\text{HCl}) = 2 \cdot n(\text{H}_2)$$

Beispielberechnung für $t = 100$ s:

Nach 100 s haben sich 0,81 mmol H_2 gebildet.

$$n_{100\text{s}}(\text{HCl}) = n_0(\text{HCl}) - n_{\text{verbraucht}}(\text{HCl})$$

$$n_{100\text{s}}(\text{HCl}) = n_0(\text{HCl}) - 2 \cdot n(\text{H}_2) = 5\,\text{mmol} - 1{,}62\,\text{mmol}$$

$$n_{100\text{s}}(\text{HCl}) = 3{,}38\,\text{mmol}$$

Für die Bildung von 0,81 mmol Wasserstoff werden 1,62 mmol HCl verbraucht. Von den anfänglich vorhandenen 5 mmol HCl bleiben 3,38 mmol übrig.

Da sich das Volumen im Verlauf der Reaktion nicht ändert, gilt für die Konzentration der HCl nach 100 s:

$$c_{100\text{s}}(\text{HCl}) = \frac{n_{100\text{s}}(\text{HCl})}{5 \cdot 10^{-3}\,\text{L}} = \frac{3{,}38 \cdot 10^{-3}\,\text{mol}}{5 \cdot 10^{-3}\,\text{L}} = 0{,}68\,\text{mol} \cdot \text{L}^{-1}$$

t[s]	100	200	300	400	500	600
n (HCl) [mmol]	3,38	2,66	2,24	1,92	1,70	1,54
c (HCl) [mol · L^{-1}]	0,68	0,53	0,45	0,38	0,34	0,31

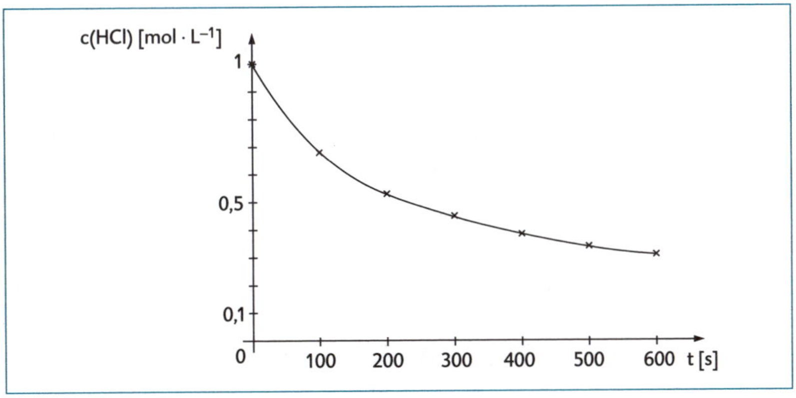

Berechnung der Zn^{2+}-Konzentrationen

Aus der Reaktionsgleichung ist ersichtlich, dass die Stoffmenge der Zn^{2+}-Ionen der Stoffmenge des gebildeten Wasserstoffs entspricht.

$$\frac{n(Zn^{2+})}{n(H_2)} = \frac{1}{1} \Rightarrow n(Zn^{2+}) = n(H_2)$$

Da sich das Volumen im Verlauf der Reaktion nicht ändert, gilt für die Konzentration der Zn^{2+}-Ionen nach 100 s:

$$c_{100s}(Zn^{2+}) = \frac{n_{100s}(Zn^{2+})}{5 \cdot 10^{-3}\ L} = \frac{0{,}81 \cdot 10^{-3}\ mol}{5 \cdot 10^{-3}\ L} = 0{,}16\ mol \cdot L^{-1}$$

t[s]	100	200	300	400	500	600
$n(Zn^{2+})$ [mmol]	0,81	1,17	1,38	1,54	1,65	1,73
$c(Zn^{2+})$ [$mol \cdot L^{-1}$]	0,16	0,23	0,28	0,31	0,33	0,35

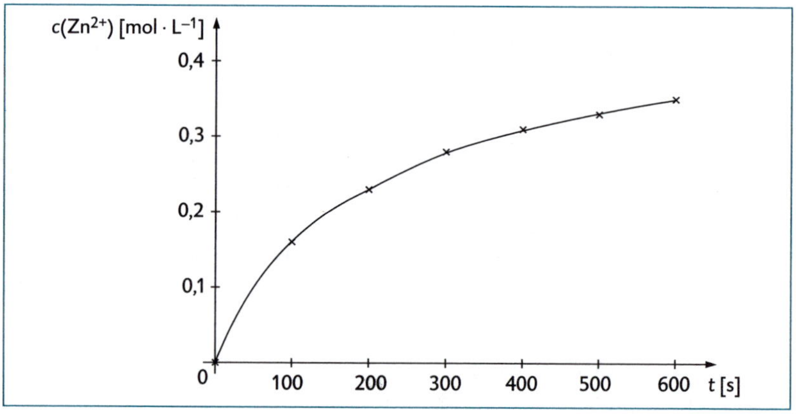

d Laut Reaktionsgleichung verhalten sich die Stoffmengen von Salzsäure und Zink-Ionen wie 2 : 1.

$$\frac{n(HCl)}{n(Zn^{2+})} = \frac{2}{1}; \quad n(HCl) = 2n(Zn^{2+})$$

Unter Berücksichtigung der stöchiometrischen Koeffizienten ergibt sich:

$$v_R = -\left(\frac{\Delta c(HCl)}{\Delta t}\right) = 2 \cdot \frac{\Delta c(Zn^{2+})}{\Delta t}$$

Die Konzentration der Salzsäure nimmt doppelt so schnell ab, wie die Konzentration der Zink-Ionen zunimmt.

e Durchschnittsgeschwindigkeit zwischen 100 s und 200 s:

$$v_{\text{HCl-Verbrauch}} = -\left(\frac{\Delta c(\text{HCl})}{\Delta t}\right) = -\left(\frac{0{,}53\ \text{mol}\cdot\text{L}^{-1} - 0{,}68\ \text{mol}\cdot\text{L}^{-1}}{100\ \text{s}}\right)$$

$$= \frac{0{,}15\ \text{mol}\cdot\text{L}^{-1}}{100\ \text{s}} = 0{,}0015\ \text{mol}\cdot\text{L}^{-1}\cdot\text{s}^{-1}$$

$$v_{\text{Zn}^{2+}\text{-Bildung}} = \frac{\Delta c(\text{Zn}^{2+})}{\Delta t} = \frac{0{,}23\ \text{mol}\cdot\text{L}^{-1} - 0{,}16\ \text{mol}\cdot\text{L}^{-1}}{100\ \text{s}}$$

$$= \frac{0{,}07\ \text{mol}\cdot\text{L}^{-1}}{100\ \text{s}} = 0{,}0007\ \text{mol}\cdot\text{L}^{-1}\cdot\text{s}^{-1}$$

117. Es eignen sich die für Proteine typischen Nachweisreaktionen:
Biuretreaktion: In alkalischer Lösung bilden Cu^{2+}-Ionen mit Urease eine rotviolette Komplexverbindung.
Xanthoproteinreaktion: Urease zeigt mit konzentrierter Salpetersäure eine Gelbfärbung, die auf die Nitrierung aromatischer Reste zurückzuführen ist.

118. Wirkungsweise eines Proteinenzyms:

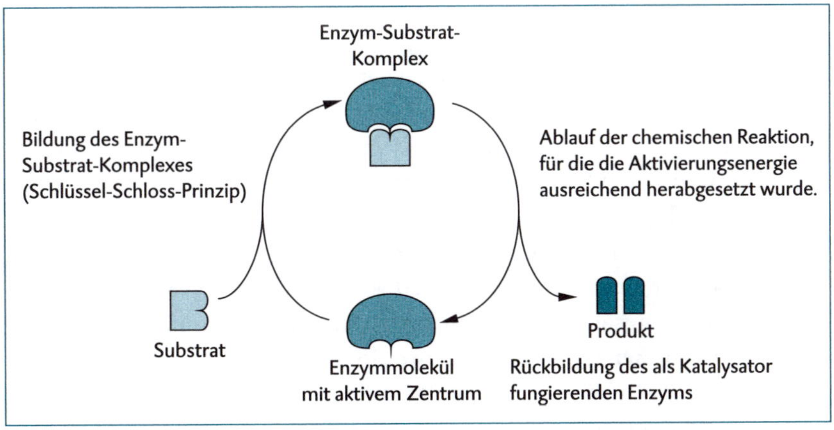

119. Die Geschwindigkeit einer enzymatisch katalysierten Reaktion wird beeinflusst durch
- Enzymkonzentration,
- Substratkonzentration,
- Temperatur,
- pH-Wert,
- Hemmstoffe,
- Schwermetallionen.

120. **Beobachtung:** Die Lösung färbt sich violett und zeigt damit eine basische Reaktion an.

Deutung: Die Urease katalysiert die Spaltung von Harnstoff in Kohlenstoffdioxid und Ammoniak:

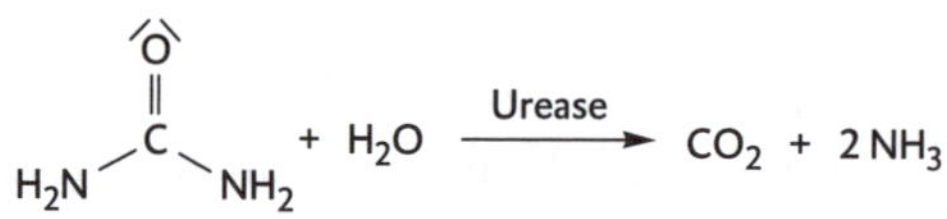

Die entstehende wässrige Lösung von Ammoniumcarbonat reagiert basisch und färbt Phenolphthalein rotviolett:

$$\underbrace{CO_2 + H_2O}_{H_2CO_3} + 2\,NH_3 \rightleftharpoons CO_3^{2-} + 2\,NH_4^+$$

$$CO_3^{2-} + H_2O \rightleftharpoons HCO_3^- + OH^-$$

121. **a** Bei niedrigen Substratkonzentrationen ist der Substratumsatz proportional zur Substratkonzentration. Solange noch Enzymmoleküle vorliegen, die nicht an der Reaktion beteiligt sind, werden diese bei Erhöhung der Substratkonzentration nach und nach am Substratumsatz beteiligt.

Bei zunehmender Substratkonzentration steigt der Substratumsatz langsamer an und nähert sich schließlich einem Maximalwert. Dieser Sättigungseffekt ist darauf zurückzuführen, dass bei den dazugehörigen hohen Substratkonzentrationen alle Enzymmoleküle zu einem Enzym-Substrat-Komplex gebunden und so am katalytischen Prozess beteiligt sind.

b Ist ein kompetitiver Hemmstoff zugegen, so konkurrieren Hemmstoffmoleküle mit Substratmolekülen. Steigt die Substratkonzentration, so nimmt der Substratumsatz langsamer zu als bei a. Je höher die

Substratkonzentration, umso größer die Wahrscheinlichkeit, dass ein Substratmolekül gebunden wird. Bei hohen Substratkonzentrationen kann die Hemmung rückgängig gemacht werden.

c Ist das Enzym allosterisch gehemmt, hat eine Erhöhung der Substratkonzentration keinen Einfluss auf die Enzymaktivität. Der allosterische Hemmstoff bindet an das Enzym, wodurch sich der räumliche Bau der Substratbindungsregion verändert und das Substrat nicht mehr gebunden werden kann. Eine Erhöhung der Substratkonzentration bewirkt keine Ablösung des allosterischen Hemmstoffs.

122. Ist genügend E vorhanden, so bindet E an Enzym 1, das dadurch allosterisch gehemmt wird. Je höher die Konzentration von E, umso mehr Enzymmoleküle werden gehemmt. Das hat zur Folge, dass die Bildung des Zwischenprodukts B und damit die gesamte Stoffwechselkette gebremst werden bzw. zum Erliegen kommen.
Sinkt die Konzentration von E, weil E z. B. ausgeschieden oder abgebaut wird, so lösen sich die Hemmstoffmoleküle E von den Enzymmolekülen ab und die Stoffwechselkette kommt wieder in Gang.

123. Bei hoher Substratkonzentration versuchen mehrere Substratmoleküle gleichzeitig, sich an das aktive Zentrum anzulagern. Dabei behindern sie sich gegenseitig, sodass letztlich kein Substratmolekül so gebunden wird, dass es umgesetzt werden kann. Je häufiger das passiert, umso stärker wird die Enzymaktivität herabgesetzt.

124. Isoleucin ist ein allosterischer Hemmstoff für das Enzym, das Threonin zu einem ersten Zwischenprodukt der Stoffwechselkette umsetzt. Die Hemmung hat zur Folge, dass die Bildung des Zwischenprodukts und damit die gesamte Stoffwechselkette gebremst werden.

125. a Ein Racemat ist ein Gemisch, in dem beide Enantiomere einer optisch aktiven Substanz im Verhältnis 1 : 1 vorliegen.

b Enzym und Substrat müssen sich zum Enzym-Substrat-Komplex zusammenlagern, wobei beide Komponenten wie Schlüssel und Schloss zusammenpassen müssen. Das eine Enantiomer ist so gebaut, dass es sich in die Substratbindungsregion am aktiven Zentrum einpasst. Da das andere Enantiomer spiegelbildlich gebaut ist, kann es sich nicht anlagern und wird somit auch nicht umgesetzt.

126.

Kompetitive Hemmung	Allosterische Hemmung
• Hemmstoff und Substrat haben strukturelle Ähnlichkeit und konkurrieren daher um die Anlagerung an das aktive Zentrum.	• Hemmstoff und Substrat haben keine strukturelle Ähnlichkeit. Der Hemmstoff lagert sich reversibel an anderer Stelle an das Enzym an, was zu einer Konformationsänderung des aktiven Zentrums des Enzyms führt.
• Der reversibel gebundene Hemmstoff kann nicht umgesetzt werden und blockiert vorübergehend das Enzym.	• Das mit dem Hemmstoff besetzte Enzym ist vorübergehend blockiert.
• Die Hemmung lässt sich durch Erhöhung der Substratkonzentration rückgängig machen.	• Die Hemmung lässt sich nicht durch Erhöhung der Substratkonzentration, sondern durch Entfernung des Hemmstoffs (z. B. Abbau oder Ausscheidung) rückgängig machen.

Stichwortverzeichnis

Abfallvermeidung 65
absolute Spezifität 155
Absorptionsmaximum 27
Absorptionsspektrum 36, 43
Acrylnitril 52
Addition
– von Halogenen 77
aktives Zentrum 154
Aktivierungsenergie 149
Aldehydgruppe 30
Aldohexose 104
Aldosen 96, 104
Alkanole
– Acidität 15
Alkylbenzolsulfonat (ABS) 92
Alkylchlorsilane 68
α-Aminoethansäure 128
α-Aminosäuren 128
α-D-Fructofuranose 110
α-D-Fructopyranose 110
α-D-Glucose 107
α-Helix 139
Amine
– aliphatische ~ 18
– aromatische ~ 18
– primäre ~ 18
– sekundäre ~ 18
– tertiäre ~ 18
Aminocarbonsäure 128 ff.
Aminogruppe 30, 128
Aminosäuresequenz 136 f.
Ammoniak
– Basizität 18
amorpher Bereich 61
amphiphil 87
Ampholyt 131
amphoteres Verhalten 131
Amylopektin 122 f.
Amylose 122
angeregter Zustand 26
Anilin 18 f.
– Basizität 18 f.
Anilingelb 33
Anomere 107
anomeres C-Atom 107
Anregungszustände 43
Anthracen 9
Antiauxochrom 28 ff.
Aromaten 2
– heterocyclische ~ 9
– kondensierte ~ 9
asymmetrisches C-Atom 98, 129
autotrophe Organismen 80
Auxochrom 28 ff.
Azobenzol 28
Azofarbstoffe 33 ff.
Azogruppe 28, 33
Azokupplung 33 ff.

bathochromer Effekt 27
Benzidin 35
Benzol 2
– Gewinnung und Verwendung 7 f.
– Halogenierung 6 f.
– Kekulé-Struktur 2
– Mesomerieenergie 5
1,4-Benzoldicarbonsäure 55
β-D-Glucose 107
β-Faltblattstruktur 139
β-Naphtol 35
bifunktionell 54
Biosen 97
Bisphenol A 60
Biuretreaktion 138
Boltzmann-Verteilung 150
Butansäure 73
Buttersäure 73

Carbenium-Ion 6
Carbonfasern 65 ff.
Carbonisierung 66 f.
Carbonsäuren
– Acidität 15 f.
Carboxygruppc 16
Carboxylatgruppe 87
Carboxylat-Ion 17
Carotin 41
Carotinoide 41
Cellobiose 114
Cellulose 123 f.
Cellulosegewinnung 124
chiraler Molekülbau 98
Chiralitätszentrum 98
Chlorophyll 42
Chlorophyll a 41 f.
Chlorophyll b 41 f.
Chloroplasten 44
Chromophore 27 f.
chromophore Gruppen 27 f.
cis-Konfiguration 73
Copolymere 60
Cyanine 28
Cyclisierung 66
Cyclohexa-1,3-dien 5
Cyclohexa-1,3,5-trien 2
Cyclohexan 5
Cyclohexen 5

Deponie 64
Detergenzien 89
D-Form 100, 130
D-Galactose 113
Diamant 65
Diamin 54
1,3-Diaminobenzol 35
1,6-Diaminohexan 55
Diaminomonocarbonsäuren 128
Diastereomere 102
Diazoniumsalz 33
Diazotierung 33 f.
Dibenzoylperoxid 51
Dicarbonsäure 54
1,3-Dihydroxybenzol 111
2,3-Dihydroxypropanal 98
Diisocyanat 56
Dimethylimmoniumgruppe 30
Dimethylsilandiol 68
Diol 54, 56
Diphenylpolyen 27
Disaccharide 97, 114 ff., 117
– nichtreduzierende ~ 119
Disproportionierung 53
Doppelbindungen
– konjugierte ~ 2, 26, 28, 42

Drehwinkel 101
Dünnschichtchromatografie 41
Durchschnittsgeschwindigkeit 148
Duroplaste 61 f.

Elastomere 61 f.
elektromagnetische Strahlung 25
Elektronenakzeptor 29
Elektronendonator 29
Elektrophil 6
Elektrophorese 132
Elektrophoresekammer 133
Elementarfibrillen 123
Emulsion 90
Enantiomere 98, 129
Endiolform 111
Enzyme 151, 154
- Benennung 155
- Verwendung 159
Enzym-Substrat-Komplex 154
Enzymaktivität
- Abhängigkeit von äußeren Faktoren 155 ff.
Enzymvergiftung 159
Ester 72
Ethan-1,2-diol 55
extrudieren 63

Farbstoffe 24
- Natur~ 24, 40 ff.
- synthetische ~ 24
Fehling-Probe 106, 110, 119, 125
Fette 72
- als Chemierohstoff 80 ff.
- als Energieträger 80 ff.
- als Nahrungsmittel 80
fette Öle 75
Fetthärtung 77
Fettsäuremethylester 81
Fettsäuren
- gesättigte ~ 73
- ungesättigte ~ 73 f.
Fischer-Projektionsformel 98, 129
- Regeln 108
Fließmittel 40
Fließmittelfront 40
Fluoreszenz 43
Formalladung 14
Frequenz 25

Fructose 109 ff.
Furanose 109

Gerüstsubstanz 123
Gesamtpigmentextrakt 40
Glucose 104 ff.
- cyclische Halbacetalform 106
- offenkettige Aldehydform 104
- reduzierende Eigenschaften 105 f.
Glycerin 72
Glycerinaldehyd 98
Glycin 129
glykosidische Bindung 114
Graphit 65
Graphitierung 66
Grenzfläche 88
grenzflächenaktive Stoffe 87
Grenzflächenspannung 88
Grenzformeln 4, 13
Grundzustand 26

Halbketalbildung 109
Hämoglobin 142
Härtempfindlichkeit 91
Haworth-Projektionsformel 107 f.
- Regeln 108
Hemmstoffe 158
- allosterische ~ 158
- kompetitive ~ 158
- nicht kompetitive ~ 158
heterolytische Spaltung 6
Hexadecansäure 73
1,6-Hexandisäure 55
Hitzedenaturierung 156
homolytische Spaltung 51
Hormone 142
Hydrierung 77 f.
Hydrierungsenthalpie 3, 5
Hydrolyse
- enzymatische ~ 117
- saure ~ 117
- ~ von Saccharose 119
hydrophil 87
hydrophob 7, 87
Hydroxygruppe 16, 30

–I-Effekt 20
+I-Effekt 20
Indigo 45
Indikatoren 35
Initiatoren 51
Inversion 119
Invertzucker 119
Isocyanatgruppe 56
isoelektrischer Punkt 131

Jod-Stärke-Reaktion 124
Jodzahl 77

Kaliumpalmitat 79
Kaltpressverfahren 80
Katalysatoren 150 f.
Katalyse
- heterogene ~ 151
- homogene ~ 151
Kernseifen 78
Keto-Enol-Tautomerie 111
Ketogruppe 30
Ketohexose 109
Ketosen 96
Kettenabbruchreaktion 52 f.
Kinetik 146
Klopffestigkeit 8
Kohlenhydrate 96
Kohlenstofffasern 65 ff.
Komplementärfarben 26
Kondensationsreaktion 54, 136
Konsistenz 75
Konstitution 25
Konversion 80
Konzentrations-Zeit-Diagramm 148
kristalliner Bereich 61
Kristallinitätsgrad 61
Kunstfasern 63
Kunststoffe
- halbsynthetische ~ 50
- vollsynthetische ~ 50
- Verarbeitung und Verwendung 62 ff.
Küpenfarbstoffe 45 f.
Kupplungskomponente 34

Lactose 120
Ladungstrennung 14, 29
L-2,3-Dihydroxypropanal 101
Leiterpolymere 66
Leukoform 45
L-Form 100, 130
linear polarisiertes Licht 100

Linolsäure 74
Löslichkeit 76

Maltose 114 f.
–M-Effekt 29 f.
+M-Effekt 12, 29 f.
mesomere Effekte 30
mesomere Grenzstrukturen 4
- energiegleiche ~ 17, 29
- polare ~ 14
- Regeln 13
- unpolare ~ 14
mesomeres System 28, 42
Mesomeriepfeile 4
Mesomeriestabilisierung 5
Methoxygruppe 30
Methylorange 36
Michaeliskonstante K_M 156
Mineralöle 75
Mischfarbe 26
mobile Phase 40
Momentangeschwindigkeit 148
Monoaminodicarbonsäuren 129
Monoaminomonocarbonsäuren 128
Monocarbonsäuren 72
Monohydroxybenzol 12
Monomere 51
Monosaccharide 97, 104
Mutarotation 108, 110, 116

nachwachsende Rohstoffe 72, 82
Naphthalin 9
Nassspinnen 63
Naturfarbstoffe 40
Nitrogruppe 30
N,N-Dimethylanilin 35
N-Nitrosoverbindung 33
Nylon-(6,6) 59

Oberflächenspannung 88
Octadeca-9,12-diensäure 74
Octadeca-9-ensäure 73
Octadecansäure 73
Öle 75
Ölgewinnung 80
Oligopeptide 136
Oligosaccharide 97
Ölsäure 73
Ölsäuremethylester 82
optische Aktivität 100, 129
optische Antipoden 101
Oszillationstheorie 3
Oxidationszahl 99

Palmitinsäure 73
p-Aminoazobenzol 33
Papierchromatografie 40
Pentosen 97
Peptidbindung 55, 136
pH (I) 131
Phasengrenze 89
Phenol 12
- Acidität 12, 15
Phenolat-Ion 12, 15
Phenylamin 18
Phosgen 60
Phytol 42
π-Elektronen 4
π-Elektronenanregung 28
π-Elektronendelokalisation 4
π-Komplex 6
Pigmente 24, 40
Pyrimidin 9
Plancksches Wirkungsquantum 25
plastischer Zustand 61
Polarimeter 100
Polarisationsfilter 100
Polyacrylnitril (PAN) 52, 65
Polyaddition 56
Polyamide 55
Polyene 27
Polyenfarbstoffe 41
Polyester 55
Polyethylen 51
Polyhydroxyaldehyde 96
Polyhydroxyketone 96
Polykondensation 54
Polymerisationsgrad 53
Polypeptide 136 ff.
Polypropylen 59
Polysaccharide 9, 122
- Hydrolyse 125
Polysiloxan 67
Polyurethane 56
- aufgeschäumte ~ 57
Porphyrinsystem 42
precursor 65
Primärstruktur 136 f.
Proteine 128, 136
- Denaturierung 143
- Einteilung und Funktion 142
- Konformation 138
- Nachweis 138
Proteinhydrolyse 138
Pyranose 109
Pyrolyse 64
Pyrrol 9, 42

Quartärstruktur 142

Racemat 101
Radikale 51
radikalische Polymerisation 51
Raffinose 121
Rapsöl 82
Reaktionsgeschwindigkeit 146
Reaktionsgeschwindigkeits-Temperatur-Regel (RGT-Regel) 150, 156
Rearomatisierung 7
Reinstoff 74
Rekombination 53
Repetiereinheit 54
Reservestoff 72, 122
Resorcinlösung 111
R_f-Werte 40

Saccharose 118 f.
Sättigungswert 156
Säure-Base-Indikatoren 35
Säureempfindlichkeit 91
Schiffsches Reagenz 106
Schlüssel-Schloss-Prinzip 154
Schmelzspinnen 63
Schmierseifen 78
Seifen 72, 87 ff.
Seifenlösungen 91
Sekundärbindungskräfte 61
Sekundärstruktur 138
Seliwanowsche Probe 111
σ-Komplex 6
Silberspiegelprobe 105, 110, 117, 125
siliciumorganische Kunststoffe 67
Silikone 67 ff.
Skleroproteine 142
Solvation 76
Spektralbereiche 25
Spektralfotometer 43
spezifische Drehung 101
Sphäroproteine 142

Spiegelbildisomerie 98
Spritzgießen 63
Stärke 122 f.
Startlinie 40
Startreaktion 52
stationäre Phase 40
Stearinsäure 73
Stereoisomere 103
Stoßtheorie 149
Substitution 3
- elektrophile 6, 34
Substratkonzentration 155
Substratspezifität 154
Sulfanilsäure 35
Suspension 90

Tenside 89
- anionische ~ 89
- synthetische ~ 92
Tertiärstruktur 138, 140
- Stabilisierung 141

Tetrapropylenbenzolsulfonat 92
Tetrosen 97
Textilfärbung 45
Thermoplaste 61
- Verwendung 63
Trehalose 120
Triacylglycerin 73
- homoacides ~ 74
- heteroacides ~ 74
Triglyceride 73
Triosen 97
Tripalmitin 79

Übergangszustand 149
Umesterung 81
unpolarer Alkylrest 87

Verbrennung 64
Verbundkunststoffe 64
Verseifung 78
Verseifungszahl 78 f.
verstrecken 63
Verwertung
- energetische ~ 64
- rohstoffliche ~ 64
- werkstoffliche ~ 65
Viskose 124

Wachstumsreaktion 52
warmformen 63
Weichmacher 63
Wellenlänge 25
Wirkungsspektrum 44
Wirkungsspezifität 155

Xanthophylle 41
Xanthoproteinreaktion 138

Z-Konfiguration 73
Zersetzungstemperaturbereich 62
Zwitterionen 130

Ihre Meinung ist uns wichtig!

Ihre Anregungen sind uns immer willkommen. Bitte informieren Sie uns mit diesem Schein über Ihre Verbesserungsvorschläge!

Titel-Nr.	Seite	Vorschlag

Bitte hier abtrennen

Lernen • Wissen • Zukunft
STARK

Zutreffendes bitte ankreuzen!

Die Absenderin/der Absender ist:

- ☐ Lehrer/in in den Klassenstufen:
- ☐ Fachbetreuer/in
Fächer:
- ☐ Seminarlehrer/in
Fächer:
- ☐ Regierungsfachberater/in
Fächer:
- ☐ Oberstufenbetreuer/in
- ☐ Schulleiter/in
- ☐ Referendar/in, Termin 2. Staats-
examen:
- ☐ Leiter/in Lehrerbibliothek
- ☐ Leiter/in Schülerbibliothek
- ☐ Sekretariat
- ☐ Eltern
- ☐ Schüler/in, Klasse:
- ☐ Sonstiges:

Unterrichtsfächer: (Bei Lehrkräften!)

STARK Verlag
Postfach 1852
85318 Freising

21-V1T_NW
Bitte ausfüllen und im frankierten Umschlag an uns einsenden. Für Fensterkuverts geeignet.

Kennen Sie Ihre Kundennummer?
Bitte hier eintragen.

Absender (Bitte in Druckbuchstaben!)

Name/Vorname

Straße/Nr.

PLZ/Ort/Ortsteil

Telefon privat

Geburtsjahr

E-Mail

Schule/Schulstempel (Bitte immer angeben!)

Bitte hier abtrennen

(Bitte blättern Sie um)

Sicher durch das Abitur!

Effektive Abitur-Vorbereitung für Schülerinnen und Schüler:
Klare Fakten, systematische Methoden, prägnante Beispiele sowie Übungsaufgaben auf Abiturniveau mit erklärenden Lösungen zur Selbstkontrolle.

Physik

Elektromagnetisches Feld und Relativitätstheorie	Best.-Nr. 943028
Mechanik	Best.-Nr. 94307
Abitur-Wissen Elektrodynamik	Best.-Nr. 94331
Kompakt-Wissen Abitur Physik 1 – Mechanik, Thermodynamik, Relativitätstheorie	Best.-Nr. 943012
Kompakt-Wissen Abitur Physik 2 – Elektrizitätslehre, Magnetismus, Elektrodynamik, Wellenoptik	Best.-Nr. 943013
Kompakt-Wissen Abitur Physik 3 Atom-, Kern- und Teilchenphysik	Best.-Nr. 943011

Erdkunde/Geographie

Erdkunde – Atmosphäre · Relief- und Hydrosphäre · Wirtschaftsprozesse und -strukturen · Verstädterung	Best.-Nr. 94909
Geographie 1 – Bayern	Best.-Nr. 94911
Geographie 2 – Bayern	Best.-Nr. 94912
Geographie – Baden-Württemberg	Best.-Nr. 84904
Erdkunde – NRW	Best.-Nr. 54902
Abitur-Wissen Entwicklungsländer	Best.-Nr. 94902
Abitur-Wissen Die USA	Best.-Nr. 94903
Abitur-Wissen Europa	Best.-Nr. 94905
Abitur-Wissen Der asiatisch-pazifische Raum	Best.-Nr. 94906
Abitur-Wissen GUS-Staaten/Russland	Best.-Nr. 94908
Kompakt-Wissen Abitur Erdkunde Allgemeine Geografie · Regionale Geografie	Best.-Nr. 949010
Kompakt-Wissen Abitur – Bayern Geographie Q11/Q12	Best.-Nr. 9490108
Lexikon Erdkunde	Best.-Nr. 94904

Englisch

Übersetzung	Best.-Nr. 82454
Grammatikübungen	Best.-Nr. 82452
Themenwortschatz	Best.-Nr. 82451
Grundlagen, Arbeitstechniken und Methoden mit Audio-CD	Best.-Nr. 944601
Sprachmittlung Deutsch – Englisch Englisch – Deutsch	Best.-Nr. 94469
Sprechfertigkeit mit Audio-CD	Best.-Nr. 94467
Klausuren Englisch Oberstufe	Best.-Nr. 905113
Abitur-Wissen Landeskunde Großbritannien	Best.-Nr. 94461
Abitur-Wissen Landeskunde USA	Best.-Nr. 94463
Abitur-Wissen Englische Literaturgeschichte	Best.-Nr. 94465
Kompakt-Wissen Abitur Themenwortschatz	Best.-Nr. 90462
Kompakt-Wissen Abitur Landeskunde/Literatur	Best.-Nr. 90463
Kompakt-Wissen Kurzgrammatik	Best.-Nr. 90461
Kompakt-Wissen Grundwortschatz	Best.-Nr. 90464

Deutsch

Dramen analysieren und interpretieren	Best.-Nr. 944092
Erörtern und Sachtexte analysieren	Best.-Nr. 944094
Gedichte analysieren und interpretieren	Best.-Nr. 944091
Epische Texte analysieren und interpretieren	Best.-Nr. 944093
Abitur-Wissen Erörtern und Sachtexte analysieren	Best.-Nr. 944064
Abitur-Wissen Textinterpretation Lyrik · Drama · Epik	Best.-Nr. 944061
Abitur-Wissen Deutsche Literaturgeschichte	Best.-Nr. 94405
Abitur-Wissen Prüfungswissen Oberstufe	Best.-Nr. 94400
Kompakt-Wissen Rechtschreibung	Best.-Nr. 944065

Natürlich führen wir noch mehr Titel für alle Fächer und Stufen: Alle Informationen unter
www.stark-verlag.de

21-VIT_NW

Bestellungen bitte direkt an:
STARK Verlagsgesellschaft mbH & Co. KG · Postfach 1852 · 85318 Freising
Tel. 0180 3 179000* · Fax 0180 3 179001* · www.stark-verlag.de · info@stark-verlag.de
*9 Cent pro Min. aus dem deutschen Festnetz, Mobilfunk bis 42 Cent pro Min.
Aus dem Mobilfunknetz wählen Sie die Festnetznummer: 08167 9573-0

Lernen · Wissen · Zukunft
STARK